"十三五"应用型人才培养规划教材

无人机概论

◎ 钟伟雄 韦 凤 主 编
  邹 仁 张富建 副主编

清华大学出版社
北京

内 容 简 介

近年来,无人机市场发展迅猛,无人机人才需求缺口巨大,而国内无人机教育还处在探索和起步阶段。本书以无人机为中心,阐述了无人机相关的基本概念、基本原理、基本技术和基本方法,力求宽而不深、多而不杂、深入浅出、通俗易懂。全书共分 9 章,内容分别为无人机概述、无人机结构与系统、无人机飞行原理、航空气象、无人机飞行管理、无人机法律法规、无人机操纵、无人机的日常维护、无人机行业应用。

本书可作为中等和高等职业院校无人机应用技术及相关专业的配套教材或参考教材,也可作为无人机培训教材和无人机爱好者的参考书。

本书配套课件和无人机相关学习文件请用微信扫码下载。

本书封面贴有清华大学出版社防伪标签,无标签者不得销售。
版权所有,侵权必究。举报: 010-62782989,beiqinquan@tup.tsinghua.edu.cn。

图书在版编目(CIP)数据

无人机概论/钟伟雄,韦凤主编. —北京:清华大学出版社,2019(2025.2重印)
("十三五"应用型人才培养规划教材)
ISBN 978-7-302-51596-8

Ⅰ. ①无… Ⅱ. ①钟… ②韦… Ⅲ. ①无人驾驶飞机－概论－中等专业学校－教材 Ⅳ. ①V279

中国版本图书馆 CIP 数据核字(2018)第 257206 号

责任编辑:张 弛
封面设计:刘 键
责任校对:李 梅
责任印制:沈 露

出版发行:清华大学出版社
网　　址:https://www.tup.com.cn,https://www.wqxuetang.com
地　　址:北京清华大学学研大厦 A 座　　　　邮　编:100084
社 总 机:010-83470000　　　　　　　　　　邮　购:010-62786544
投稿与读者服务:010-62776969,c-service@tup.tsinghua.edu.cn
质量反馈:010-62772015,zhiliang@tup.tsinghua.edu.cn
课件下载:https://www.tup.com.cn,010-62770175-4278
印 装 者:天津安泰印刷有限公司
经　　销:全国新华书店
开　　本:185mm×260mm　　印　张:14　　字　数:337 千字
版　　次:2019 年 1 月第 1 版　　　　　　印　次:2025 年 2 月第15次印刷
定　　价:59.00 元

产品编号:079778-03

前言

无人机概论是中等和高等职业院校无人机相关专业非常重要的一门专业基础课。本书可作为中等和高等职业院校无人机应用技术及相关专业的配套教材或参考教材,也可作为无人机培训教材和无人机爱好者的参考书。

近年来,无人机成为中国制造尤其是人工智能的重点发展和培育对象。习近平总书记在十九大报告中指出"加快建设制造强国,加快发展先进制造业,推动互联网、大数据、人工智能和实体经济深度融合";2015年5月《中国制造2025》围绕实现制造强国的战略目标提出了九项战略任务和重点,其中第六项"大力推动重点领域突破发展……航空航天装备方面,推进无人机产业化"等;2017年7月国务院印发《新一代人工智能发展规划》;同年12月工业和信息化部印发《促进新一代人工智能产业发展三年行动计划(2018—2020)》,指出将重点培育智能无人机等八大类人工智能产品。

伴随着近年来国内无人机市场的井喷发展,无人机行业应用需求逐步形成,无人机人才需求缺口日益显现,而国内无人机教育还处在探索和起步阶段,无人机专业教材几乎一片空白。2014年6月《国务院关于加快发展现代职业教育的决定》提出"院校布局和专业设置应更加适应经济社会需求。要重点提升先进制造业、战略性新兴产业等领域的人才培养能力"。编者结合所在学校无人机应用技术专业的建设和教学实际,编写了本系列教材,希望能为推动我国无人机职业教育的发展贡献一份薄力。

本书的编写以无人机专业相关的基本概念、基本原理、基本技术和基本方法为主线,力求宽而不深、多而不杂、深入浅出、通俗易懂。

本书章节编写分工如下:第1、5、6章由钟伟雄编写;第2章由马娟、韦凤编写;第3章由韦凤编写;第4章由桂佳佳、张富建编写;第7章由邹仁编写;第8章由郑利坤、邹仁编写;第9章由钟伟雄、韦凤、张富建、郑利坤、桂佳佳编写。全书由钟伟雄、韦凤统稿和定稿。

本书在编写过程中得到了各方的大力支持,感谢深圳高科新农技术有限公司、深圳华越无人机技术有限公司、广东能飞航空科技发展有限公司、广州市鑫广飞信息科技有限公司、广州迪飞无人机科技有限公司为本书编写提供的基础资料和有益建议;感谢广州市机电技师学院无人机俱乐部的陈钦荣、陈泳、符召成、冯展鹏为本书的素材编辑付出大量心血；感谢广东技术师范学院机电学院黄景辉对部分图片的编辑。同时，我们也参考了不少互联网上的文章和资料，在此一并向原作者表示衷心的感谢。

  由于编者水平、经验有限，书中不妥之处在所难免，敬请广大读者批评、指正。

编　者

2018 年 11 月

PPT 课件

无人机相关文件

目 录

第1章 无人机概述 … 1
1.1 无人机相关概念 … 1
1.1.1 航空航天 … 1
1.1.2 飞行器 … 2
1.1.3 无人机与无人机系统 … 3
1.2 无人机的特点与分类 … 5
1.2.1 无人机的特点 … 5
1.2.2 无人机的分类 … 6
1.3 无人机的发展历史、现状与未来 … 10
1.3.1 无人机的发展历史与现状 … 10
1.3.2 无人机的发展展望 … 12

第2章 无人机结构与系统 … 14
2.1 无人机结构与系统概述 … 14
2.2 无人机的基本结构 … 14
2.2.1 固定翼无人机的基本结构 … 14
2.2.2 无人直升机的基本结构 … 17
2.2.3 多旋翼无人机的基本结构 … 21
2.3 无人机的动力系统 … 23
2.3.1 电动系统 … 23
2.3.2 油动系统 … 26
2.4 无人机控制站与飞行控制系统 … 30
2.4.1 无人机控制站 … 30
2.4.2 无人机飞行控制系统 … 31
2.5 无人机通信导航系统 … 32
2.5.1 无人机通信 … 33
2.5.2 无人机导航 … 36
2.6 无人机任务载荷系统与发射回收系统 … 39
2.6.1 无人机任务载荷系统 … 39
2.6.2 无人机发射回收系统 … 40

第3章 无人机飞行原理 ... 44

3.1 空气动力学基础 ... 44
3.1.1 大气性质 ... 44
3.1.2 气体流动的基本规律 ... 47

3.2 固定翼无人机飞行原理 ... 50
3.2.1 升力 ... 50
3.2.2 阻力 ... 56
3.2.3 升阻比 ... 60
3.2.4 拉力 ... 61
3.2.5 平衡 ... 64
3.2.6 稳定性 ... 67
3.2.7 操纵性 ... 70

3.3 无人直升机飞行原理 ... 72
3.3.1 升力 ... 72
3.3.2 旋翼运动 ... 72
3.3.3 稳定性 ... 76
3.3.4 操纵性 ... 76

3.4 多旋翼无人机飞行原理 ... 78

第4章 航空气象 ... 83

4.1 大气成分与结构 ... 83
4.1.1 大气成分 ... 83
4.1.2 大气层的结构 ... 84

4.2 气象要素 ... 85
4.2.1 气温 ... 85
4.2.2 气压 ... 86
4.2.3 湿度 ... 87
4.2.4 降水 ... 88
4.2.5 风 ... 90
4.2.6 能见度 ... 92

4.3 气象环境对飞行的影响 ... 93
4.3.1 风切变对飞行的影响 ... 93
4.3.2 云对飞行的影响 ... 95
4.3.3 能见度对飞行的影响 ... 97
4.3.4 湍流对飞行的影响 ... 99
4.3.5 积冰对飞行的影响 ... 100
4.3.6 锋面天气对飞行的影响 ... 102
4.3.7 气压、气温、大气密度对飞行的影响 ... 104

4.4 气象资料及其来源与服务设施 ... 105

  4.4.1 气象图 ………………………………………………………… 105

  4.4.2 气象资料来源 ………………………………………………… 109

  4.4.3 气象服务设施 ………………………………………………… 110

第 5 章 无人机飞行管理 ………………………………………………… 112

5.1 航空器飞行管理 …………………………………………………… 112

  5.1.1 航空器适航管理 ……………………………………………… 112

  5.1.2 航空器飞行环境管理 ………………………………………… 114

  5.1.3 航空器人为因素管理 ………………………………………… 114

  5.1.4 航空器组织运行管理 ………………………………………… 114

5.2 空中交通管理 ……………………………………………………… 114

  5.2.1 空中交通服务 ………………………………………………… 115

  5.2.2 空域管理 ……………………………………………………… 115

  5.2.3 空中交通流量管理 …………………………………………… 117

5.3 无人机飞行管理体系 ……………………………………………… 118

  5.3.1 无人机管控机构 ……………………………………………… 118

  5.3.2 无人机管控技术 ……………………………………………… 119

  5.3.3 无人机管控对象与内容 ……………………………………… 120

  5.3.4 无人机管控法规 ……………………………………………… 121

5.4 无人机空域与飞行计划申请 ……………………………………… 122

  5.4.1 无人机空域的相关法律法规 ………………………………… 122

  5.4.2 隔离空域申请 ………………………………………………… 122

  5.4.3 飞行计划申请 ………………………………………………… 123

第 6 章 无人机法律法规 ………………………………………………… 125

6.1 中国民航法律法规体系 …………………………………………… 125

  6.1.1 法律 …………………………………………………………… 125

  6.1.2 行政法规 ……………………………………………………… 126

  6.1.3 民航规章 ……………………………………………………… 127

  6.1.4 规范性文件 …………………………………………………… 128

6.2 中国无人机法律法规体系 ………………………………………… 129

  6.2.1 无人机监管文件体系 ………………………………………… 129

  6.2.2 飞行管理文件 ………………………………………………… 130

  6.2.3 空中交通管理文件 …………………………………………… 132

  6.2.4 驾驶员管理文件 ……………………………………………… 133

  6.2.5 无人机登记管理文件 ………………………………………… 135

  6.2.6 无人机监管技术支撑文件 …………………………………… 135

第 7 章 无人机操纵 ……………………………………………………… 137

7.1 无人机飞行操纵 …………………………………………………… 137

7.1.1 无人机飞行操纵的类型 ······ 137
7.1.2 无人机遥控器的操纵 ······ 138
7.1.3 无人机遥控器飞行手法 ······ 140
7.1.4 戴氏飞行训练法介绍 ······ 140
7.2 无人机地面站 ······ 142
7.2.1 地面站控制概述 ······ 142
7.2.2 飞控调试 ······ 143
7.2.3 航迹规划 ······ 143
7.2.4 数据监控 ······ 147
7.3 无人机的飞行 ······ 148
7.3.1 多旋翼飞行 ······ 148
7.3.2 固定翼飞行 ······ 154
7.3.3 直升机飞行 ······ 158
7.4 无人机的飞行安全 ······ 159
7.4.1 外部因素 ······ 160
7.4.2 自身因素 ······ 160
7.4.3 外场飞行注意事项 ······ 162
7.4.4 无人机首次飞行 ······ 162

第8章 无人机的日常维护 ······ 165

8.1 无人机飞行手册 ······ 165
8.1.1 概述 ······ 165
8.1.2 正常程序 ······ 165
8.1.3 应急程序 ······ 166
8.1.4 性能 ······ 167
8.1.5 飞行限制 ······ 167
8.1.6 质量和配平/载荷清单 ······ 168
8.1.7 系统描述 ······ 168
8.1.8 运行、保养和维护 ······ 168
8.1.9 附录 ······ 168
8.1.10 安全提示 ······ 168
8.2 无人机的维护 ······ 168
8.2.1 预防性维护 ······ 169
8.2.2 检查性维护 ······ 169
8.2.3 修理和更换 ······ 170
8.2.4 动力系统的维护 ······ 171
8.2.5 植保无人直升机的维护 ······ 172
8.2.6 多旋翼航拍无人机的维护 ······ 175
8.2.7 常用维护工具 ······ 177

第 9 章　无人机行业应用 …………………………………………………………… 179

9.1　无人机在民用领域的应用 ………………………………………………… 179
　　9.1.1　无人机民用领域应用概述 …………………………………………… 179
　　9.1.2　无人机航拍 …………………………………………………………… 179
　　9.1.3　无人机航测 …………………………………………………………… 183
　　9.1.4　无人机植保 …………………………………………………………… 187
　　9.1.5　无人机电力巡检 ……………………………………………………… 189
　　9.1.6　无人机河道巡航 ……………………………………………………… 196
　　9.1.7　无人机物流 …………………………………………………………… 198
　　9.1.8　其他民用领域的应用 ………………………………………………… 201

9.2　无人机在军、警领域的应用 ………………………………………………… 202
　　9.2.1　军用无人机 …………………………………………………………… 202
　　9.2.2　警用无人机 …………………………………………………………… 208

参考文献 …………………………………………………………………………… 213

无人机概述

18世纪后期，热气球在欧洲升空，迈出了人类翱翔天空的第一步。20世纪初期，美国人莱特兄弟的"飞行者"号飞机试飞成功，开创了现代航空的新篇章。20世纪40年代初期第二次世界大战时，德国成功发射大型液体火箭V-2，把航天理论变成现实。1961年，苏联航天员加加林乘坐"东方1号"宇宙飞船在最大高度为301千米的轨道上绕地球飞行一周，揭开了人类载人航天器进入太空的新篇章。

无人机的起源可以追溯到第一次世界大战，1914年英国的两位将军提出了研制一种使用无线电操纵的小型无人驾驶飞机空投炸弹的建议，得到认可并开始研制。1915年10月，德国西门子公司成功研制了采用伺服控制装置和指令指导的滑翔炸弹。1916年9月12日，第一架无线电操纵的无人驾驶飞机在美国试飞。1917—1918年，英国与德国先后研制成功了无人遥控飞机。这些被公认为是有控无人机的先驱。

随后，无人机被逐步广泛应用于靶机、侦察、情报收集、跟踪、通信和诱饵等军事任务中，新时代的军用无人机很大程度上改变了军事战争和军事调动的原始形式。与军用无人机的百年历史相比，民用无人机技术要求低，更注重经济性。军用无人机技术的民用化降低了民用无人机市场的进入门槛和研发成本，使得民用无人机得以快速发展。目前，民用无人机已广泛应用于航拍、航测、农林植保、巡线巡检、防灾减灾、地质勘测、灾害监测和气象探测等领域。

无人机未来将在智能化、长航时、超高速、微型化、隐身化等方向发展，无人机的市场空间和应用前景非常广阔。

1.1 无人机相关概念

1.1.1 航空航天

随着人类生产力和科技水平的进步，人类活动空间从陆地到海洋，从海洋到大气层，从大气层到宇宙空间。航空航天是人类拓展大气层和宇宙空间的产物。

航空是指飞行器在地球大气层中的航行活动。要在稠密的大气层中实现航空，需依靠空气动力学原理提供升力，需克服航空器自身重力及空气的阻力。例如，气球、飞艇利用空气的浮力在大气层内飞行，飞机利用与空气相互作用产生的空气动力在大气层内飞行，飞机上的发动机依靠飞机携带的燃料和大气中的氧气工作。

航天是指飞行器在地球大气层外宇宙空间的航行活动。航天的实现在稀薄的大气层外,模拟自然天体的运动,需克服地球引力或太阳引力。例如,环绕地球运行的人造地球卫星、飞往月球的月球探测器、登月载人飞船,飞往行星及其卫星的行星和行星际探测器、卫星式载人飞船,行星际航行和恒星际航行等。

航空航天技术是高度综合的科学技术,涵盖了力学、热力学、材料学、医学等基础科学,电子技术、通信技术、自动控制技术、计算机技术、制造工艺技术、真空技术、低温技术等应用科学技术,隐身技术、高超声速技术、喷气推进技术、推力矢量技术等航空新技术,以及卫星技术、载人航天和空间站等航天新技术。

1.1.2 飞行器

飞行器(Flight Vehicle)是指由人类制造、能飞离地面、在大气层内或大气层外空间飞行的机械飞行物。

在中国,相传春秋战国时期墨子用三年时间以木头研制成木鸟(又称木鹞、木鸢),是人类最早的风筝起源。后来春秋时期的鲁班(公元前507—公元前444年)用竹子改进风筝材质。直至东汉时期的蔡伦(?—121年)革新造纸术后,坊间才开始以纸作为风筝材质,称为"纸鸢"。春秋战国时期(公元前770—公元前221年)出现的风筝、五代时期(907—979年)出现的孔明灯(又称松脂灯)、东晋时期(317—420年)出现的竹蜻蜓,都被看作是飞行器的早期雏形。

在国外,文艺复兴时期意大利科学家和画家达·芬奇通过长期研究撰写的《论鸟的飞行》被认为是航空科学的先知,1783年法国蒙哥尔费兄弟的热气球成功升空被称为航空先驱,1784年法国罗伯特兄弟制造了第一艘人力飞艇。

按飞行器的飞行环境和工作方式的不同,可以把飞行器分为航空器、航天器、火箭和导弹三大类。

1. 航空器

航空器是指在大气层内飞行的飞行器。

按航空器用途的不同,可把航空器分为军用航空器和民用航空器,如图1-1所示。

按航空器产生升力基本原理的不同,可把航空器分为轻于同体积空气的航空器和重于同体积空气的航空器两大类,如图1-2所示。

2. 航天器

航天器是指在大气层外宇宙空间飞行的飞行器。

按航天器用途的不同,可把航天器分为军用航天器和民用航天器两大类,如图1-3所示。

3. 火箭和导弹

火箭是以火箭发动机为动力,可在大气层内或大气层外飞行的飞行器。

导弹是以火箭发动机、涡轮喷气发动机或冲压发动机等为动力,可在大气层内或大气层外飞行的飞行器。它是一种由制导系统控制飞行轨迹的飞行武器。

按发射点与目标点相对位置的不同,导弹可分为地地导弹、地空导弹、空空导弹和空地导弹。

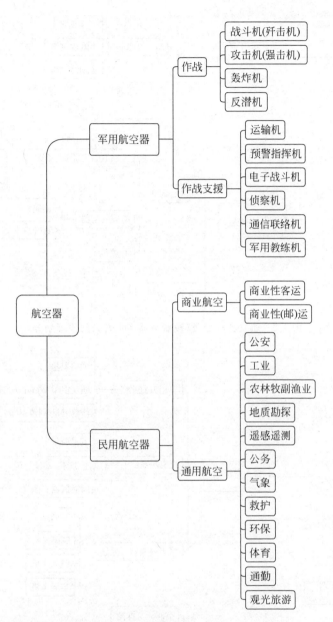

图 1-1 航空器的分类(按用途划分)

1.1.3 无人机与无人机系统

中国民用航空局飞行标准司在 2016 年 7 月 11 日下发的《民用无人机驾驶员管理规定》(AC-61-FS-2016-20-R1)中,对无人机及相关概念作了定义。

无人机(Unmanned Aerial,UA)是指由控制站管理(包括远程操纵或自主飞行)的航空器,也称为远程驾驶航空器(Remotely Piloted Aircraft,RPA)。

无人机系统(Unmanned Aerial System,UAS)是指由无人机、相关控制站、所需的指令与控制数据链路以及批准的型号设计规定的任何其他部件组成的系统,也称为远程驾驶航

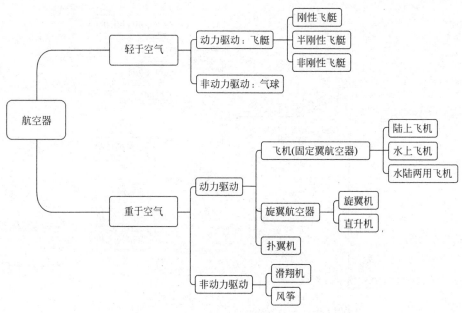

图 1-2 航空器的分类（按航空器产生升力的原理划分）

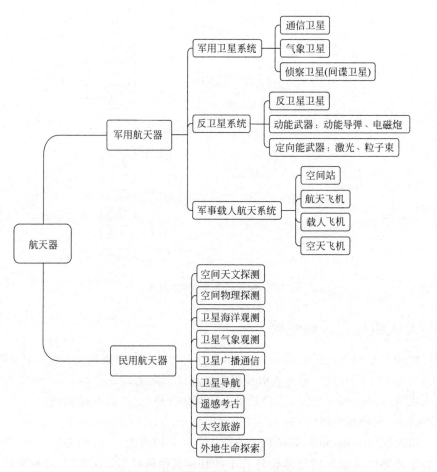

图 1-3 航天器的分类（按用途划分）

空器系统(Remotely Piloted Aircraft Systems,RPAS)。图 1-4 所示是一种典型的无人机系统。

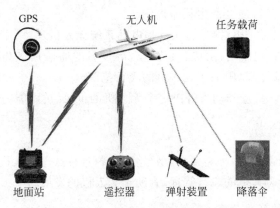

图 1-4　一种典型的无人机系统

无人机系统驾驶员是指由运营人指派对无人机的运行负有必不可少职责并在飞行期间适时操纵无人机的人。

控制站也称遥控站、地面站,是无人机系统的组成部分,包括用于操纵无人机的设备。

指令与控制数据链路(Command and Control Data Link,C2)是指无人机和控制站之间以飞行管理为目的的数据链接。

1.2　无人机的特点与分类

1.2.1　无人机的特点

1. 无人机的优势

与有人机相比,无人机具有以下优势。

(1) 机上没有驾驶员,无须配备生命保障系统,简化了系统、减轻了重量、降低了成本。

(2) 机上没有驾驶员,执行危险任务时不会危及飞行员安全,更适合执行危险性高的任务。

(3) 机上没有驾驶员,可以适应更激烈的机动飞行和更加恶劣的飞行环境,留空时间也不会受到人所固有的生理限制。

(4) 无人机在制造、使用和维护方面的技术门槛和成本相对更低。

制造方面:放宽了冗余性和可靠性指标,放宽了机身材料、过载、耐久等要求。

使用方面:使用相对简单,训练更易上手,且可用模拟器代替真机进行训练,节省了真机的实际使用寿命。

维护方面:维护相对简单,维护成本低。

(5) 无人机对环境要求较低,包括起降环境、飞行环境和地面保障等。

(6) 无人机相对重量轻、体积小、结构简单、应用领域广泛。

2. 无人机的局限性

与有人机相比,无人机具有以下局限性。

(1) 无人机上没有驾驶员和机组人员,对导航系统和通信系统的依赖性更高。

(2) 无人机放宽了冗余性和可靠性指标,降低了飞行安全。当发生机械故障或电子故障时,无人机及机载设备可能会产生致命损伤。

(3) 无人机的续航时间相对较短,尤其是电动系统无人机。

(4) 无人机遥控器、控制站、图传、数传电台等设备的通信频率和地面障碍物等限制了无人机系统的通信传输距离,限制了无人机的飞行范围。

(5) 无人机的体积、重量和动力等决定了无人机的抗风、抗雨能力比较有限。

1.2.2 无人机的分类

目前,无人机的用途广泛,种类繁多,型号各异,各具特点。无人机的分类有助于相关标准规范的确立,有助于无人机的飞行管理,有助于无人机的发展。

1. 按飞行平台构造形式分类

按飞行平台构造形式的不同,无人机可分为固定翼无人机、无人直升机、多旋翼无人机、无人伞翼机、无人扑翼机、无人飞艇和混合式无人机等。

1) 固定翼无人机

固定翼无人机是指由动力装置产生前进的推力或拉力,由机身固定的机翼产生升力,在大气层内飞行的重于空气的无人机。图1-5所示为一种典型的固定翼无人机。

固定翼无人机的特点有载荷大、续航时间长、航程远、飞行速度快、飞行高度高,但起降受场地限制,无法悬停。

2) 无人直升机

无人直升机是指依靠动力系统驱动一个或多个旋翼产生升力和推进力,实现垂直起落及悬停、前飞、后飞、定点回转等可控飞行的无人机。图1-6所示为一种典型的无人直升机。

图1-5 固定翼无人机

图1-6 无人直升机

按旋翼数量和布局方式的不同,无人直升机可分为单旋翼带尾桨无人机直升机、共轴式双旋翼无人机直升机、纵列式双旋翼无人机直升机、横列式双旋翼无人机直升机和带翼式无人机直升机等不同类型。

无人直升机的特点有可垂直起降、可悬停、操作灵活、可任意方向飞行,但结构复杂、故障率较高。与固定翼无人机相比,飞行速度低、油耗高、载荷小、航程短、续航时间短。

3) 多旋翼无人机

多旋翼无人机是指具有三个及以上旋翼轴提供升力和推进力的可垂直起降无人机。图1-7所示为一种典型的多旋翼无人机。

与无人直升机通过自动倾斜器、变距舵机和拉杆组件来实现桨叶的周期变距不同，多旋翼无人机的旋翼总距是固定不变的，通过调整不同旋翼的转速来改变单轴推进力的大小，从而改变无人机的飞行姿态。

多旋翼无人机的特点有结构简单、价格低廉、操作灵活、可向任意方向飞行，但有效载荷较小、续航时间较短等。

图1-7　多旋翼无人机

4）无人伞翼机

无人伞翼机是指以伞翼为升力面，以柔性伞翼代替刚性机翼的无人机。伞翼位于全机的上方，多用纤维织物织成不透气柔性翼面，可收叠存放，张开后利用迎面气流产生升力。图1-8所示为一种典型的无人伞翼机。

图1-8　无人伞翼机

无人伞翼机的特点有体积小、速度慢、飞行高度低等。

5）无人扑翼机

无人扑翼机是一种利用仿生原理，通过机翼主动运动模拟鸟的翅膀振动，产生升力和前行力的无人机。其特征是机翼主动运动、靠机翼拍打空气的反作用力作为升力和前行力、通过机翼及尾翼的位置改变进行机动飞行。图1-9所示为一种典型的无人扑翼机。

图1-9　无人扑翼机

扑翼空气动力学尚未成熟,无人扑翼机的材料和结构也有待进一步研发改进。

6) 无人飞艇

无人飞艇是一种轻于空气、具有操纵和推进系统的无人机。图1-10所示为一种典型的无人飞艇。

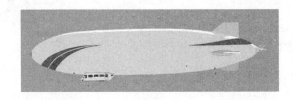

图1-10 无人飞艇

无人飞艇分为硬式、半硬式和软式三种类型。现代无人飞艇多为软式无人飞艇。软式无人飞艇一般由气囊、辅助气囊、吊舱、推进装置以及尾翼、方向舵和升降舵等组成。其中,气囊由涤纶、聚酯纤维、迈拉等人造材料组成,里面充满了轻于空气的气体,如氢气、氦气;辅助气囊通过充气和放气来控制与保持飞艇的形状及浮力;吊舱位于飞艇下方,里面装有发动机;推进装置为飞艇的起飞、降落和空中悬停提供动力;尾翼、方向舵和升降舵为飞艇提供机动能力。

无人飞艇最大的优势是滞空时间和静音性能,但也存在造价昂贵、速度过低等问题。

7) 混合式无人机

混合式无人机是指混合以上两种或多种平台构造形式的无人机。

倾转旋翼无人机就是一种最典型的混合式无人机,它在类似固定翼无人机的机翼处安装可在水平位置和垂直位置之间转动的倾转旋翼系统组件。当倾转旋翼无人机垂直起降时,旋翼轴垂直于地面,呈横列式直升机飞行状态,并可在空中悬停、前后飞行和侧飞;当飞行达到一定速度后,旋翼轴可倾转90°呈水平状态,旋翼当作拉力螺旋桨使用,此时倾转旋翼无人机能像固定翼那样以较高的速度进行远程飞行。图1-11所示为一种典型的倾转旋翼无人机。

图1-11 倾转旋翼无人机

倾转旋翼无人机兼具固定翼机和旋翼机的优点,具有垂直起降、空中悬停和高速巡航飞行的能力。

2. 按应用领域分类

按应用领域的不同,无人机可分为军用无人机、民用无人机和科研无人机。

1) 军用无人机

军用无人机是指应用于军事领域的无人机。无人机最早起源和应用于军事领域,军用无人机具有较强的技术保密性和垄断性。

军用无人机按用途可分为靶机、侦察无人机、诱饵无人机、电子对抗无人机、通信中继无人机和无人战斗机等。

2) 民用无人机

民用无人机是指应用于民用领域的无人机。与军用无人机的百年历史相比,民用无人机技术要求低,更注重经济性。军用无人机技术的民用化降低了民用无人机市场进入门槛和研发成本,使得民用无人机得以快速发展。

民用无人机可分为消费级无人机和工业级无人机。消费级无人机主要用于个人娱乐、个人航拍、青少年科普教育等方面,强调产品的易操作性、便携性和性价比。工业级无人机主要用于各个行业应用领域,强调产品的专业性、稳定性和可靠性。

3) 科研无人机

科研无人机是指应用于科学研究、科学实验或类似用途的无人机。

3. 按飞行航程分类

按飞行航程的不同,无人机可分为超近程无人机、近程无人机、短程无人机、中程无人机和远程无人机,如表 1-1 所示。

表 1-1 无人机的分类(按飞行航程划分)

无人机的分类	无人机的飞行航程/km	无人机的分类	无人机的飞行航程/km
超近程无人机	<15	中程无人机	200~800
近程无人机	15~50	远程无人机	>800
短程无人机	50~200		

4. 按飞行高度分类

按飞行高度的不同,无人机可分为超低空无人机、低空无人机、中空无人机、高空无人机和超高空无人机,如表 1-2 所示。

表 1-2 无人机的分类(按飞行高度划分)

无人机的分类	无人机的飞行高度/m	无人机的分类	无人机的飞行高度/m
超低空无人机	0~100	高空无人机	7000~18 000
低空无人机	100~1000	超高空无人机	>18 000
中空无人机	1000~7000		

5. 按民航法规分类

按中国民用航空局飞行标准司 2016 年发布的咨询通告《民用无人机驾驶员管理规定》(AC-61-FS-2016-20-R1),无人机可分为 9 类,如表 1-3 所示。

表 1-3　无人机的分类（按民航法规划分）

无人机的分类	空机质量/kg	起飞质量/kg
Ⅰ	0＜空机质量/起飞质量≤1.5	
Ⅱ	1.5＜空机质量≤4	1.5＜起飞质量≤7
Ⅲ	4＜空机质量≤15	7＜起飞质量≤25
Ⅳ	15＜空机质量≤116	25＜起飞质量≤150
Ⅴ	植保类无人机	
Ⅵ	无人飞艇	
Ⅶ	超视距运行的Ⅰ、Ⅱ类无人机	
Ⅷ	116＜空机质量≤5700	150＜起飞质量≤5700
Ⅸ	空机质量/起飞质量＞5700	

6. 按运行风险分类

按国务院、中央军委空中交通管制委员会（以下简称国家空管委）组织起草并于2018年年初面向社会公开征求意见的《无人驾驶航空器飞行管理暂行条例（征求意见稿）》中的规定，根据运行风险大小，民用无人机可分为微型无人机、轻型无人机、小型无人机、中型无人机和大型无人机，具体分类如表1-4所示。

表 1-4　无人机的分类（按运行风险划分）

无人机的分类	无人机的运行风险
微型无人机	空机质量小于0.25kg，设计性能同时满足飞行真高不超过50m、最大飞行速度不超过40km/h、无线电发射设备符合微功率短距离无线电发射设备技术要求的遥控驾驶航空器
轻型无人机	同时满足空机质量不超过4kg、最大起飞质量不超过7kg、最大飞行速度不超过100km/h，具备符合空域管理要求的空域保持能力和可靠被监视能力的遥控驾驶航空器（不包括微型无人机）
小型无人机	空机质量不超过15kg，或最大起飞质量不超过25kg的无人机（不包括微型无人机、轻型无人机）
中型无人机	最大起飞质量超过25kg不超过150kg，且空机质量超过15kg的无人机
大型无人机	最大起飞质量超过150kg的无人机

1.3　无人机的发展历史、现状与未来

1.3.1　无人机的发展历史与现状

1. 国外无人机的发展历史与现状

无人机的起源可以追溯到第一次世界大战，1914年英国的卡德尔和皮切尔两位将军向英国军事航空学会提出了研制一种使用无线电操纵的小型无人驾驶飞机，使它能飞到敌方目标区上空投下事先装好的炸弹的建议，该设想得到认可并由A.M.洛教授率领一班人马进行研制。1915年10月，德国西门子公司成功研制了采用伺服控制装置和指令指导的滑翔炸弹。1916年9月12日，第一架无线电操纵的无人驾驶飞机在美国试飞。1917—1918年，

英国与德国先后研制成功了无人机遥控飞机,这些被公认为是有控无人机的先驱。

20世纪30年代,英国政府决定研制一种无人靶机,用于校验战列舰上火炮对目标的攻击效果,于1933年研制成功并试飞。在1934—1943年期间,英国一共生产了420架命名为"蜂王"的全木结构双翼无人靶机。

1945年,第二次世界大战结束后,很多退役或多余的飞机被改装为靶机,成为近代无人机改装趋势的先河。

随后的越南战争、海湾战争和北约空袭南斯拉夫等战争中,无人机都被频繁地应用于军事行动中。

1973年第四次中东战争中,以色列用无人机成功捣毁埃及部署的地空导弹防空网。

1982年加利和平行动(黎巴嫩战争)中,以色列国防军用无人机进行侦察、情报收集、跟踪和通信,侦察者无人机系统担任了重要的战斗角色。

1991年沙漠风暴行动中,美军曾经发射专门欺骗雷达系统的小型诱饵无人机,此后诱饵无人机成为其他国家效仿的对象。

1996年3月,美国国家航空航天局研制出两架试验机:X-36试验型无尾无人战斗机。该机使用分列副翼和转向推力系统,比常规战斗机具有更高的灵活性;水平垂直尾翼减轻了重量和拉力,缩小了雷达反射截面。无人驾驶战斗机在压制敌防空、遮断、战斗损失评估、战区导弹防御以及超高空攻击中都能发挥重要的作用,特别适合在敏感区执行任务。

20世纪90年代后,西方国家充分认识到无人机在战争中的作用,竞相把新翼型、轻型材料、先进的信号处理与通信技术、先进的自动驾驶仪技术等应用于无人机系统上。20世纪末,许多国家研制出新时代的军用无人机,很大程度上改变了军事战争和军事调动的原始形式。

目前,美国的无人机技术处于世界领先水平,以色列是无人机的出口大国,但在技术方面完全依靠美国,欧洲国家中的俄、英、法、德等国家的无人机技术发展较快。我国周边国家如日本、印度、韩国等主要依靠外国进口,自主研发力量较为薄弱。

2. 国内无人机的发展历史与现状

我国无人机的研制始于20世纪五六十年代。1966年12月6日"长空一号"大型喷气式无线电遥控高亚音速无人靶机首飞成功,该机型于1976年年底批准设计定型,之后多次改进,在此基础上改装成的核试验取样机于1977年圆满完成了一次核试验穿云取样任务。"长空一号"开创了我国无人机的先河。1972年11月28日"无侦-5"(又称"长虹1号")高空高亚音速无人驾驶侦察机试飞成功,1980年批准设计定型,1981年开始装备部队,1986年在对越自卫反击战中参加实战,是到目前为止中国唯一参加过实战且在中国正式装备的无人机型号中保持着最大升限和最快飞行速度纪录的无人机。

我国无人机的研制一直着眼军民两用。用于导弹打靶和防空部队训练的"长空一号"经过适当改装,就可执行大气污染监控、地形与矿区勘察等民用任务,并在此基础上研发了WZ-2000隐身无人机、"蜂王"无人机和"翔鸟"无人驾驶直升机等一系列无人机,形成了目前种类繁多、用途多样的无人机研发制造体系。

目前,我国专门从事无人机行业的企事业单位超过300家,其中将近一半具备无人机研发、制造、销售和服务体系。已经研制并投入使用的无人机型多达百余种,小型无人机技术已逐步完善,战略无人机已成功试飞,攻击无人机也已多次成功试射空地导弹。据统计,2002年至2015年7月,我国与无人机相关的专利申请共15 245件,其中,新型专利占比37.48%,发明型技术专利占比57.39%,外观型专利占比5.13%。

另外,我国无人机的发展还存在一些问题。

(1) 行业规划与规范问题。存在低水平重复投资、高端项目攻破困难等问题。

(2) 发动机瓶颈问题。发动机的问题很大程度上制约着我国无人机的发展,涡扇发动机是未来应用的主要走向,目前我国与国外的差距较为明显,达不到无人机对飞行速度、航时等指标的要求。

(3) 无人机行业人才紧缺。截至2016年10月,国内持证从业的无人机飞手、维修和研发等人员不到10 000人,远远达不到市场专业人才的需求。

1.3.2 无人机的发展展望

总体上来说,智能化、长航时、超高速、微型化、隐身化等是无人机未来发展的主要方向。中国工程院樊邦奎院士认为,无人机未来的发展有以下六大方向。

1. 察打一体无人机——以侦察和打击结合(发现即摧毁)为主要目的

在美国无人机的发展路线图中,无人机被分为小、中、大和无人作战4种类型,完成的任务也被分为18种。其中,侦察、精确目标定位和指示总是排在第一位和第二位。现在,无人机肩负着国家哨兵的重任。世界上装备的无人机中大约80%都是侦察机,具体工作包括图像侦察(可见光、红外、光谱、雷达、激光)、信号侦察(气象水文、磁、核生化)等。将侦察和打击两种模式结合在一起,能够很好地实现"发现即摧毁"的作战模式。这种将武器打击模块嵌入侦察无人机中的解决思路备受军方关注。像捕食者、猎人和死神这样的无人侦察机已经开始应用这种模式。

2. 无人作战飞机——以火力打击和空中对抗为主要需求

人们比较熟悉的X47B是在美国福特级航母上配套使用的无人作战飞机;法国牵头、六国共同参与研制的"神经元"无人作战飞机开创了新一代战斗机的纪元;英国的"雷神"无人战斗机、俄罗斯的"电鳐"隐身无人战斗机等都是无人作战飞机的杰出代表。

3. 微小型无人机——以特种侦察和"蜂群"作战为主要目标

近年来,随着新型技术的出现,微小无人机异军突起,例如,像蚊子和蝴蝶这样的昆虫仿生无人机。为什么要研制这样的无人机呢?这样的微小无人机不仅在民用领域有很多的用处,更主要的是应用在军事领域的"蜂群"作战上。

4. 超高速、超长航时无人机——以新型动力技术为主要突破

超高速无人机一般是指巡航速度大于5mach的无人机(1mach约1200km/h),这种无人机需要通过火箭发动机、航空发动机和超燃冲压发动机组合实现超高速飞行。超长航时无人机一般是指续航时间在48h以上的无人机,这种无人机和人们常说的消费级无人机的超长航时概念是完全不一样的,它主要通过太阳能、燃料电池、氢发动机和核动力等动力能源来解决长航时的问题。

5. 智能化无人机——以信息技术为核心

无人机系统是典型的信息化装备,美国在《2013—2038年无人系统综合路线图》中提出了无人机系统面临的 9 项瓶颈技术,其中互操作性、自主性、通信、安全、传感器、计算机 6 项都与信息技术密切相关。20 年来,无人机之所以发展如此迅速,信息技术的发展起到了关键性的推动作用,传统的信息技术解决了遥控遥测、跟踪定位和信息感知处理等问题。

目前,以信息技术为核心的无人机的发展出现了 3 个特点。

(1) 无人机发展与新兴信息技术产业密切相关。大数据、云计算、物联网(含互联网)等新兴信息技术产业的发展正在深刻影响着无人机技术的变革。

(2) 信息基础设施将成为无人机组网测控和飞行管理的重要依托。

(3) 人工智能技术是提升无人机应用能力的颠覆技术之首。从人工智能的角度来看,无人机将从以下 3 个方面发展:单机智能飞行、多机智能协同和任务自主智能。

6. 民用无人机——以低空空域为依托

现在,针对低空飞行开放或者开放程度更大以后,如何面向民用领域来发展无人机,各个国家都出台了相关的政策和规定。未来,民用无人机将在以下领域被广泛应用。

(1) 遥感探测类的数字地球感知领域。

(2) 国土调查领域,气象探测领域,交通监管领域,搜捕、营救和反恐除爆等安全领域。

(3) 工农林业生产领域。

(4) 物流运输领域。

(5) 娱乐消费领域。

第2章 无人机结构与系统

本章中无人机结构主要是指无人机的硬件结构。本章将着重介绍固定翼无人机、无人直升机和多旋翼无人机的硬件结构。无人机系统主要是指无人机动力系统、控制站、飞行控制系统、通信导航系统、任务载荷系统和发射回收系统等。

2.1 无人机结构与系统概述

无人机结构与系统主要包括无人机、动力系统、控制站、飞行控制系统、通信导航系统、任务载荷系统和发射回收系统等。

按飞行平台构造形式的不同,无人机可分为固定翼无人机、无人直升机、多旋翼无人机、无人伞翼机、无人扑翼机和无人飞艇等。

动力系统提供无人机飞行所需要的动力,使无人机能够进行飞行活动。

控制站监测和控制无人机的飞行全过程、全部载荷、通信链路等,并能检测故障及时警报,再采取相应的诊断处理措施。

飞行控制系统作为无人机系统的"大脑"部分,对无人机的姿态稳定和控制、无人机的任务设备管理和应急控制等都有重要影响,对无人机飞行性能起决定性的作用。

通信导航系统是要保证遥控指令能够准确传输,以及无人机能够及时、准确、可靠地接收、发送信息,以保证信息反馈的可靠性、精确性、实时性及有效性。

任务载荷系统是用于实现无人机飞行要完成的特定任务。

发射回收系统是要保证无人机顺利升空以达到安全的高度和速度飞行,并在执行完任务后从天空安全着陆。

2.2 无人机的基本结构

2.2.1 固定翼无人机的基本结构

固定翼无人机大多数都由机翼、机身、尾翼、起落装置和动力装置5个部分组成,其基本结构如图2-1所示。

1. 机翼

机翼的主要功能是产生无人机飞行所需要的升力。固定翼机翼一般都安装有襟翼和副翼,其位置在机翼后缘活动面上,靠近机身一侧的为襟翼,放下襟翼时机翼产生升力增大,常

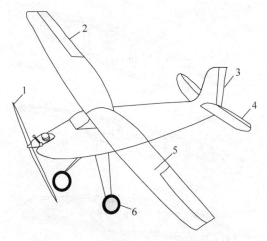

图 2-1　固定翼无人机的基本结构

1—螺旋桨；2—副翼；3—垂直尾翼；4—水平尾翼；5—机翼；6—起落架

用于无人机起飞着陆阶段。靠近翼尖一侧的为副翼，操纵副翼可控制无人机滚转运动。机翼上可安装油箱、武器、起落架等附加设备。

机翼的基本组成结构有翼梁、纵墙、桁条、翼肋和蒙皮等，如图 2-2 所示。

纵向骨架是指沿着翼展方向布置的构件，包括翼梁、纵墙、桁条，翼梁（见图 2-3）作为机翼的主要构件，主要功能是承受力的作用，包括弯矩（缘条）和剪力（腹板）。纵墙与翼梁构造相似，但缘条要细得多，它多布置在靠近机翼前后缘处，与蒙皮形成封闭的合段承受扭矩，与机身连接方式为铰接。桁条是用铝合金挤压或板材弯制而成，与翼肋相连并且铆接在蒙皮内表面，支持蒙皮以提高其承载能力，使之能更好地承受机翼的扭矩和弯矩；并与蒙皮共同将空气动力分布载荷传给翼肋。

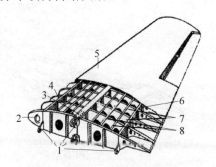

图 2-2　固定翼无人机机翼结构

1—接头；2—加强翼肋；3—翼梁；4—前墙；
5—蒙皮；6—后墙；7—翼肋；8—桁条

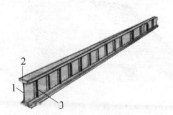

图 2-3　翼梁

1—腹板；2—凸缘；3—支柱

横向骨架是指垂直于翼展方向的构件，主要是指翼肋（见图 2-4），而翼肋又包括普通翼肋和加强翼肋。普通翼肋的作用是将纵向骨架和蒙皮连成一体，把由蒙皮和桁条传来的空气动力载荷传递给翼梁，并保持翼剖面的形状。加强翼肋除了拥有普通翼肋的功能外，还要承受和传递较大的集中载荷。

蒙皮的主要作用是承受局部空气动力和形成机翼外形，早期低速无人机的蒙皮是布质

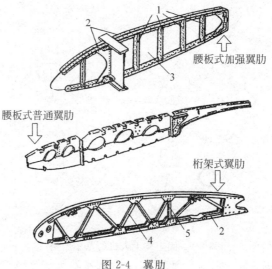

图 2-4 翼肋
1—支柱；2—缘条；3—腰板；4—斜支柱；5—直支柱

的，随着无人机速度逐渐提高，布质蒙皮难以因气动载荷增大而维持外形，被逐步淘汰。现代无人机的蒙皮多是用硬铝板材制成的金属蒙皮。通过铆接的形式与骨架（翼梁、桁条、翼肋）连接成一个整体，承受气动载荷。图 2-5 所示为整体壁板蒙皮用来传递扭矩载荷。

2. 机身

机身的主要功能是装载燃料、设备等，同时作为固定翼无人机安装基础，将机翼、尾翼、起落装置等连成一个整体。机身结构如图 2-6 所示，由外部的蒙皮、纵向骨架桁条、桁梁和横向骨架普通隔框、加强隔框组成。

图 2-5 整体壁板蒙皮

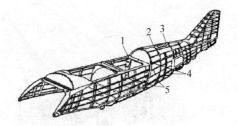

图 2-6 机身结构
1—桁梁；2—桁条；3—蒙皮；4—加强隔框；5—普通隔框

机身蒙皮和机翼蒙皮作用相同，不同方式组合蒙皮和横纵骨架可以形成不同构造形式的机身，如横梁式机身、桁条式机身、硬壳式机身、整体式机身和夹层式机身等。

纵向骨架中机身的桁条和桁梁与机翼的桁条和桁梁作用相似。

横向骨架的隔框有两种：一种是普通隔框，隔框是一个环形结构，剖面尺寸较小，用以维持机身外形并起加强蒙皮的作用；另一种是加强隔框，外形种类较多，还需要承受无人机其他部件如机翼、发动机等通过接头传递过来的集中力。

3. 尾翼

固定翼无人机尾翼由水平尾翼和垂直尾翼两部分组成,水平尾翼水平安装在机身尾部,由固定的水平安定面及其后的可转动升降舵组成。垂直尾翼垂直安装在机身尾部,由固定的垂直安定面及其后的可转动方向舵组成,如图2-1所示。尾翼的主要功能是稳定和控制无人机俯仰及偏转运动。

4. 起落装置

起落装置的主要功能是支撑无人机在地面上的活动,包括起飞和着陆滑跑、滑行、停放。起落装置一般由支柱、减震器、机轮、收放机构几部分组成,如图2-7所示。

支柱主要起支撑作用并作为机轮的安装基础。为了减轻重量,也常将减震器与机轮合为一体称为减震支柱。

减震器的主要作用是吸收着陆和滑跑产生的冲击能量,无人机在着陆接地瞬间或在不平的跑道上高速滑跑时,与地面发生剧烈的撞击,除充气轮胎可起小部分缓冲作用外,大部分撞击能量要靠减震器吸收。

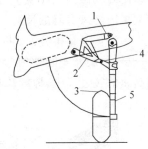

图 2-7　起落架结构
1—收放作动筒；2—撑杆；3—机轮；
4—铰链；5—减震支柱

机轮与地面接触支持无人机的重量,减少无人机地面运动的阻力,可以吸收一部分撞击动能,有一定的减震作用。机轮上装有刹车装置,使无人机在地面上具有良好的机动性。

收放机构用于收放起落架以及固定支柱,飞行时可减少阻力。

5. 动力装置

动力装置的主要功能是产生拉力(螺旋桨式)或推力(喷气式)使无人机产生相对空气的运动。

2.2.2 无人直升机的基本结构

无人直升机是由旋翼提供升力和推进力进行飞行,它的基本机构如图2-8所示,一般由主旋翼、机身、尾桨、起落装置、操纵系统、传动系统、电动机或发动机组成。

图 2-8　单旋翼无人机的基本结构
1—机身；2—主旋翼；3—尾旋翼；
4—操纵系统；5—传动系统；6—起落架

1. 主旋翼

无人直升机的主旋翼(见图2-9)主要由桨叶和桨毂组成,是无人直升机最关键的部位,既产生升力,又是无人直升机水平运动的拉力来源,旋翼旋转的平面是升力面也是操纵面。

(1)桨叶。一般2～8片,按材料构成可分为混合式桨叶、金属桨叶和复合材料桨叶。金属桨叶比混合式桨叶气动效率高,刚度好,加工简单。但近年来复合材料桨叶更受欢迎,制作更方便。目前大部分无人直升机使用2叶桨。

(2) 桨毂。桨毂是各个桨叶安装结合的部位,旋翼轴通过它与桨叶相连。

(3) 旋翼的结构形式。桨叶与桨毂的连接方式叫旋翼的结构形式,它随着材料、工艺和旋翼理论的发展而发展,如全铰式旋翼、无铰式旋翼、半铰式旋翼和无轴承式旋翼 4 种,如图 2-10 所示。

全铰式旋翼的特点是:挥舞铰(也称水平铰)的使用可以使旋翼倾斜而不需要使旋翼主轴倾斜;挥舞铰可以减小因阵风引起的反应,通过单独的桨叶挥舞,而不会将影响传递到机身上;挥舞铰和摆振铰(也称垂直铰)可以释放旋翼安装处的弯曲应力和载荷,尤其在中速到高速前飞过程中,挥舞铰和摆振铰提高了直升机的稳定性。

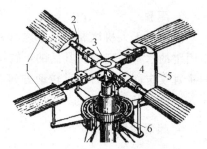

图 2-9 主旋翼结构
1—桨叶;2—桨叶摇臂;3—桨毂;
4—拨杆;5—变距拉杆;6—外环

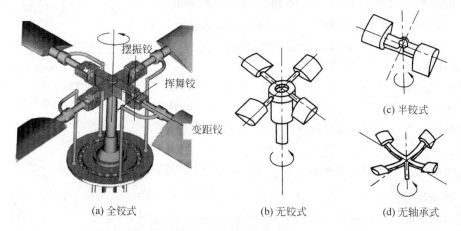

(a) 全铰式　　(b) 无铰式　　(c) 半铰式　　(d) 无轴承式

图 2-10 旋翼的结构形式

无铰式旋翼的桨叶和桨毂连接取消了挥舞铰及摆振铰而只保留变距铰(轴向铰),桨叶的挥舞及摆振运动完全通过根部的弹性变形来实现。

半刚性跷跷板式和万向接头式都属于半铰式旋翼,最普遍的是跷跷板式,其特点是没有摆振铰。与全铰式旋翼相比,其优点是桨结构简单,去掉了摆振铰和减摆器,两片桨叶相连共用一个挥舞铰,此挥舞铰不承受离心力而只传递拉力及旋翼力矩,轴承负荷比较小。

无轴承式旋翼又称刚性旋翼,取消了变距铰、挥舞铰和摆振铰,除了周期变距外,这种桨毂不提供旋翼任何的活动。桨叶的挥舞、摆振和变距运动都是由桨叶根部的柔性元件来完成,与一般无铰式旋翼相比,质量可减轻 50%。这种设计使操纵反应非常快速且准确,通常只应用于小型直升机上。

(4) 铰链结构。图 2-10(a)所示为全铰式旋翼,铰链结构主要有变距铰、摆振铰和挥舞铰,这三大铰链如图 2-11 所示。其他旋翼形式中虽然没有这三大铰链,但是一般通过其桨叶根部的柔性元件来完成三大铰链的作用。

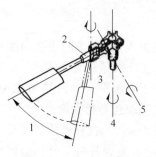

图 2-11 三大铰链
1,3—摆振铰;2—变距;
4—旋翼转轴;5—挥舞铰

变距铰：变距铰的作用是当操纵旋翼桨叶绕变距铰转动时，旋翼的桨距发生变化，从而改变旋翼的拉力，因此称为变距铰。

摆振铰：摆振铰的作用是消除桨叶在旋转面内的摆动（摆振）引起的旋翼桨叶根部弯曲，摆振铰又称垂直铰。为了防止旋翼桨叶摆振，一般在垂直铰处设置减摆器而起阻尼作用，因此摆振铰又称阻尼铰。

挥舞铰：挥舞铰的作用是让旋翼桨叶上下挥舞，消除或减小飞行中在旋翼上出现的左右倾覆力矩，挥舞铰也称水平铰。

铰接式有3个铰，挥舞铰也称水平铰，允许桨叶上下运动，这种运动被称为挥舞运动，其作用主要是补充左右的升力不均匀和减少桨叶的疲劳；摆振或摆振铰也称为垂直铰，允许桨叶前后运动，这种运动被称为摆振运动，其作用主要是补充桨叶挥舞铰上下挥舞造成的科里奥利效应；变距铰能够使每片桨叶变距，即绕桨叶展向轴旋转，这种运动被称为变距运动，其作用主要是控制桨叶的螺距（迎角），从而控制直升机的运动方向。

2. 机身

无人直升机机身与固定翼无人机机身结构和功能类似，主要功能是装载燃料、货物和设备等，同时作为安装基础将各部分连成一个整体。机身具有承载和传力的作用，承受各种装载的载荷，还承受各类动载荷。

3. 尾桨

无人直升机的旋翼旋转产生升力时，会对机身产生反扭矩，反扭矩迫使直升机向旋翼旋转的反方向偏转。因此，一般无人直升机上都需要安装尾桨，如图2-12所示。尾桨的主要作用是产生一个侧向的拉力/推力通过力臂形成偏转力矩，平衡主旋翼的反扭矩并且控制航向，相当于直升机的垂直安定面，可以改善直升机的航向稳定性和提供一部分升力等。

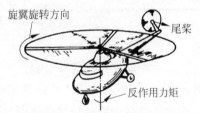

图2-12 尾桨平衡反作用力矩

尾桨一般安装在尾梁后部或尾斜梁或垂尾上。低置尾桨可以减小传动系统的复杂性，有助于减轻结构重量，但容易受不利气动干扰。高置尾桨可以减少气动干扰，提高尾桨效率，但结构复杂。采用底部向前的尾桨较为有利，效率比较高。

尾桨分为推式尾桨和拉式尾桨，尾桨拉力方向指向直升机的对称面的为推式尾桨；从对称面向外指为拉式尾桨。到底采用哪种尾桨需要考虑气动干扰，总地来看，采用推式尾桨较为有利。

4. 起落装置

无人直升机起落装置是用于地面停放时支撑重量和着陆时吸收撞击能量的部件，主要作用是吸收无人直升机着陆时由于下降速度而带来的能量。

无人直升机起落装置的结构形式有轮式、滑橇式和浮筒式。轮式与固定翼无人机起落装置相似，由机轮和减震器组成，可进行收放及方便地面滑行，但结构较复杂，重量大。滑橇式结构简单，重量轻，但无法收放，飞行阻力较大且不方便地面滑行，对起降地点要求高。浮筒式主要用于水上降落。

5. 操纵系统

1) 操纵系统的功能

顾名思义,操纵系统是用来控制无人直升机飞行的系统,驾驶员可以通过操纵系统来改变或者保持飞行状态。无人直升机有4种运动形式:垂直、俯仰、滚转和偏航运动,分别对应操纵系统的4个操纵:总距操纵、纵向操纵、横向操纵和航向操纵。操纵系统由自动倾斜器、座舱操纵机构和操纵线系统等组成。

2) 自动倾斜器的结构

自动倾斜器又名十字盘,是将经无人直升机飞行操纵系统传递过来的驾驶员或自动驾驶仪的指令转换为旋翼桨叶受控运动的一种装置。自动倾斜器的结构原理如图2-13所示。

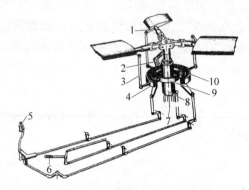

图 2-13 自动倾斜器结构原理

1—桨叶摇臂;2—拨杆;3—变距拉杆;4—旋转环;5—驾驶杆;
6—油门总距杆;7—导筒;8—滑筒;9—内环;10—外环

自动倾斜器由旋转环、内环、外环、滑筒、导筒和变距拉杆等组成。内环通过轴承与旋转环相连,旋转环通过拨杆与旋翼桨毂相连,当桨毂旋转时,旋转环在拨杆带动下同步旋转。变距拉杆连接旋转环与桨叶摇臂,当旋转环向任一方向倾斜时,变距拉杆周期性地改变桨叶安装角。内环通过万向接头固定在滑筒上,滑筒安装在旋翼旋转轴外,但滑筒与内环不随旋转轴旋转而转动。滑筒可以沿着旋转轴上下滑动,从而带动变距拉杆上下移动改变主旋翼上所有桨叶总距大小。

周期变距操纵用于当需要控制无人直升机滚转或俯仰运动时。操控驾驶杆通过各种传动杆传动,能够使自动倾斜器倾斜。由于旋转环通过变距拉杆与桨叶相连,所以当自动倾斜器向任一方向倾斜时,变距拉杆周期性地改变桨叶安装角,以实现直升机的周期变距操纵。

总距操纵用于当需要控制无人直升机垂直运动时。油门总距杆上移,滑筒沿着导筒上滑,此时旋转环和内环上移,即十字盘整体上移,通过变距拉杆的传递作用使桨叶角增大,从而增大桨叶迎角,使旋翼拉力增大;反之,则使旋翼拉力减小。

6. 传动系统

在无人直升机中,发动机提供的动力要经过传动系统才能到达主旋翼和尾桨,从而使主旋翼旋转产生升力,尾旋翼旋转平衡扭矩。

如图2-14所示,传动系统的主要部件由主减速器、传动轴、尾减速器和中间减速器组成。

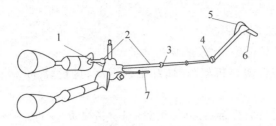

图 2-14 传动系统

1—主减速器；2—传动轴；3—轴承支座；4—中间减速器；
5—尾减速器；6—尾桨轴；7—附件传动

1）主减速器

主减速器的输出轴就是固定旋翼轴，输入轴与发动机输出轴相连，作用主要是将发动机功率从高转速、小扭矩转变成低转速、大扭矩传递给主旋翼轴，并将功率及转速按一定比例传递给尾桨和各附件。所以传动系统的性能在很大程度上决定无人直升机的性能。

2）传动轴

发动机与主减速器之间，主减速器和中间、尾减速器之间以及和附件之间均需有传动轴和联轴节将其相连，以传递功率。传动轴根据其用途可分为主轴、中间轴和尾轴等。

3）中间减速器和尾减速器

中间减速器及尾减速器通常由镁铝合金铸造的壳体和安装在壳体内部的一组混合齿轮组成。中间减速器的功能是用来改变传动方向、转速并将其传递给尾减速器。尾减速器的功能是获得正确的尾桨转速以及改变 90° 的传动方向。

2.2.3 多旋翼无人机的基本结构

多旋翼无人机的基本结构一般由机架、动力装置和飞控等组成，如图 2-15 所示。

图 2-15 多旋翼无人机的基本结构

1—电调；2—电池；3—飞控；4—桨叶；5—电动机；6—机架

1. 机架

机架是多旋翼无人机的机身，和固定翼无人机机身一样，是多旋翼无人机其他结构的安装基础，起承载作用。

根据旋翼轴数的不同，可分为 3 轴、4 轴、6 轴、8 轴甚至是 18 轴等。而根据发动机个数分有三旋翼、四旋翼、六旋翼、八旋翼甚至十八旋翼等。轴数和旋翼数一般情况下是相等的，但也有特殊情况。比如 3 轴六旋翼。是在 3 轴每个轴上下各安装一个电动机构成六旋翼。

1）机架材质

机架材质一般有以下几种。

（1）塑料：价格比较低廉，比较适合初学者。

（2）玻璃纤维：相比塑料机架，玻璃纤维强度高、重量轻、价格贵，中心板多用玻璃纤维，机臂多用管型。

（3）碳纤维：相比玻璃纤维机架，强度更高、价格更贵。

（4）铝合金/钢：适合自己制作。

2）机架布局

常见的机架布局有 X 形、I 形、V 形、Y 形和 IY 形等，如图 2-16 所示。

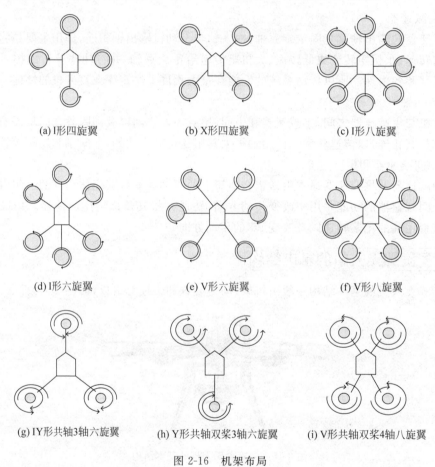

(a) I形四旋翼　　(b) X形四旋翼　　(c) I形八旋翼

(d) I形六旋翼　　(e) V形六旋翼　　(f) V形八旋翼

(g) IY形共轴3轴六旋翼　　(h) Y形共轴双桨3轴六旋翼　　(i) V形共轴双桨4轴八旋翼

图 2-16　机架布局

3）机架的轴距

轴距是机架最重要的数据指标，它是指对角线两个电动机或者桨叶中心的距离，单位为毫米（mm），4 轴 250 表示对角线电动机中心的距离为 250mm，如图 2-17 所示。

2. 动力装置

多旋翼无人机的动力装置通常由电池、电调、电动机和螺旋桨 4 个部分组成。（2.3 节会详细介绍）

图 2-17　4 轴 250

1）电池

电池主要为无人机提供能量,有镍镉电池、镍氢电池、锂离子电池、锂聚合物电池,考虑到电池的重量和效率问题,无人机多采用锂聚合物电池。

2）电调

电调(Electronic Speed Controller,ESC)全称电子调速器,它的主要功能是将飞控板的控制信号进行功率放大,并向各开关管送去能使其饱和导通和可靠关断的驱动信号,以控制电动机的转速;将电源电压转换为5V,为飞控板、遥控接收机供电;将直流电源转换为三相电源,为无刷电动机供电。

3）电动机

电动机工作带动桨叶旋转使多旋翼无人机产生升力,通过对各电动机转速的控制,可使多旋翼无人机完成飞行活动。有刷电动机中的电刷在电动机工作时产生电火花会对遥控无线电设备产生干扰,且电刷会产生摩擦力,噪声大,目前在无人机领域已较少使用,更多采用的是无刷电动机。

4）螺旋桨

通过电动机工作带动桨叶旋转产生拉力或推力,使无人机完成飞行活动。多旋翼无人机采用的都是定距螺旋桨,桨距固定。

3. 飞控

飞控是无人机的大脑,集成了高精度的感应器元件,包括陀螺仪、加速度计、角速度计、气压计、GPS、指南针和控制电路等。能够稳定无人机飞行姿态,并能控制无人机自主或半自主飞行。

2.3 无人机的动力系统

无人机的动力系统为无人机提供了动力,使无人机能够进行飞行活动。无人机的动力系统有3种类型,即以电池为能源的电动系统、以燃油类发动机为动力的油动系统和油电混合系统。目前,油电混合系统更多地应用于汽车中,在无人机领域较少使用。

2.3.1 电动系统

电动系统是将化学能转化为电能再转化为机械能,为无人机飞行提供动力的系统,由电池、电调、电动机和螺旋桨4个部分组成。

1. 电池

电池主要为无人机提供能量,有镍镉电池、镍氢电池、锂离子电池、锂聚合物电池,考虑到电池的重量和效率问题,无人机多采用锂聚合物电池,如图2-18所示。

电压分为额定电压、开路电压、工作电压和充电电压等,单位为伏特(V),符号为U。额定电压是指电池工作时公认的标准电压,例如,锂聚合物电池为3.7V;开路电压是指无负载使用情况下的电池电压;工作电压是指电池在负载工作情况下的放电电

图 2-18 锂聚合物电池

压,它通常是一个电压范围,例如,锂聚合物电池的工作电压为 3.7~4.2V;充电电压是指外电路电压对电池进行充电时的电压,一般充电电压要大于电池开路电压。

电池容量是指电池储存电量的大小,电池容量分为实际容量、额定容量、理论容量,单位为毫安时(mA·h),符号为 C。实际容量是指在一定放电条件下,在终止电压前电池能够放出的电量;额定容量是指电池在生产和设计时,规定的在一定放电条件下电池能够放出的最低电量;理论容量是指根据电池中参加化学反应的物质计算出的电量。

一般充放电电流的大小常用充放电倍率(电池倍率)来表示,符号为 C,即充放电倍率＝充放电电流/额定容量。例如,额定容量为 10A·h 的电池用 4A 放电时,其放电倍率为 0.4C;1000mA·h、10C 的电池,最大放电电流＝1000×10＝10 000(mA)＝10(A)。

2. 电调

电调的主要功能是将飞控板的控制信号进行功率放大,并向各开关管送去能使其饱和导通和可靠关断的驱动信号,以控制电动机的转速。因为电动机的电流是很大的,正常工作时通常为 3～20A。飞控没有驱动无刷电动机的功能,需要电调将直流电源转换为三相电源,为无刷电动机供电。同时电调在多旋翼无人机中也充当了电压变化器的作用,将 11.1V 的电源电压转换为 5V 电压给飞控板、遥控接收机供电,如果没有电调,飞控板根本无法承受这么大的电流,如图 2-19 所示。

图 2-19　电子调速器

电调两端都有接线,输入线与电池相连,输入电流,输出线与电动机相连,用以调整电动机转速,无刷电调有 3 根输出线,信号线与飞控连接,接收飞控信号并给飞控供电。

3. 电动机

电动机旋转带动桨叶使无人机产生升力和推力等,通过对电动机转速的控制,可使无人机完成各种飞行状态。有刷电动机中的电刷在电动机运转时产生电火花会对遥控无线电设备产生干扰,且电刷会产生摩擦力,噪声大,目前在无人机领域已较少使用,更多采用的是无刷电动机。

外转子型无刷电动机的工作原理如图 2-20 所示,电动机的转子在外面,而定子在内部。电动机的定子结构是线圈,也就是电磁铁,定子在内部是固定不动的。利用磁铁异性相吸的原理,给定子线圈通电如图 2-20(a)所示,外面的转子由于异性相吸的原理会逆时针转动,让自己的 N 极靠近定子电磁铁的 S 极,自己的 S 极靠近定子电磁铁的 N 极。此线圈停止通电,让下一个线圈通电,即图中标 B 的线圈通电流。这样永磁铁就开始继续赶路寻找下一个目标。如图 2-20(b)所示,前面有一个电磁铁线圈在吸引永磁铁,后面有一个电磁铁线圈在推动永磁铁。在无刷电动机里安装了霍尔传感器,能准确判断转子永磁铁的位置,能够及时将永磁铁的位置报告给定子线圈控制器,控制器就能根据该信息控制线圈电流流向。

电动机的型号通常用形如"××××"型数字来表示。例如,2212 外转子无刷动力电动

图 2-20　外转子型无刷电动机的工作原理

机,即表示电动机定子直径为 22mm,电动机定子高度为 12mm,如图 2-21 所示。

电动机 kV 值用来表示电动机空载转速,是指电压每增加 1V,无刷电动机增加的每分钟转速,即电动机空载转速＝电动机 kV×电池电压。例如,920kV 的电动机,电池电压为 11.1V,那么电动机的空载转速应该为 920×11.1＝10 212(r/min)。

4. 螺旋桨

安装在无刷电动机上,通过电动机旋转带动螺旋桨旋转。多旋翼无人机多采用定距螺旋桨,即桨距固定,如图 2-22 所示。定距螺旋桨从桨毂到桨尖安装角逐渐减小,这是因为半径越大的地方线速度越大,半径越大的地方受到的空气反作用力就越大,容易造成螺旋桨因各处受力不均匀而折断。同时螺旋桨安装角随着半径增加而逐渐减小,使螺旋桨从桨毂到叶尖产生一致的升力。

图2-21　2212 外转子无刷动力电动机

图 2-22　螺旋桨

螺旋桨的尺寸通常用形如"××××"型数字来表示,前两位数字表示螺旋桨直径,后两位数字表示螺旋桨螺距,单位均为英寸(in),1in 约等于 2.54cm,螺距即桨叶旋转一圈旋转平面移动的距离。

螺旋桨有正反桨之分,顺时针方向旋转的是正桨,逆时针方向旋转的是反桨。

电动机与螺旋桨的配型原则:高 kV 电动机配小桨,低 kV 电动机配大桨。因为电动机 kV 值越小转动惯量越大,电动机 kV 值越大转动惯量越小,所以螺旋桨尺寸越大,无人机产生的升力就越大,需要更大力量来驱动螺旋桨旋转,采用低 kV 电动机;反之,螺旋桨尺寸越小,需要转速更快才能达到足够升力,采用高 kV 电动机。

5. 接线方式

动力系统中电池、电调、电动机之间的接线方式如图 2-23 所示。

多旋翼无人机的多个旋翼轴上的电调,其输入端的红线、黑线需并联接到电池的正负极上;其输出端的 3 根黑线连接到电动机;其 BEC 信号输出线用于输出 5V 电压给飞控供电和接收飞控的控制信号;遥控接收机连接在飞行控制器上,输出遥控信号,并同时从飞控上得到 5V 供电。

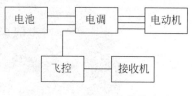

图 2-23 动力系统的接线方式

2.3.2 油动系统

燃油类发动机工作过程是将化学能转化为机械能的过程,常用的燃油类发动机有活塞式发动机和燃气涡轮发动机。

1. 活塞式发动机

1) 活塞式发动机的结构

活塞式发动机也叫往复式发动机,是一种利用气缸内燃料燃烧膨胀产生压力推动活塞运动做功的机器,将化学能转化为热能又转化成了机械能。活塞式发动机是内燃机的一种,靠汽油、柴油等燃料提供动力。活塞式发动机主要由气缸、活塞、连杆、曲轴、气门机构、螺旋桨减速器和机匣等组成。

根据燃料点火方式的不同,活塞式发动机可以分为电火花点燃燃料的点燃式发动机和压缩空气使空气温度升高点燃燃料的压燃式发动机,大部分汽油机都是点燃式,大部分柴油机都是压燃式,如图 2-24 所示。

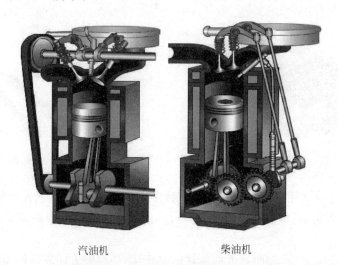

汽油机　　　柴油机

图 2-24 汽油机和柴油机的构造

根据发动机工作原理不同还可以分为二冲程发动机和四冲程发动机。

2) 四冲程发动机的工作原理

活塞从上止点到下止点或者从下止点到上止点称为一个冲程,即曲轴转动半圈。

活塞式航空发动机是由汽车的活塞式发动机发展而来，大多是四冲程发动机，活塞在气缸内要经过4个冲程，依次是进气冲程、压缩冲程、做功冲程和排气冲程，其工作原理如图2-25所示。发动机除主要部件外，还需有若干辅助系统与之配合才能工作。

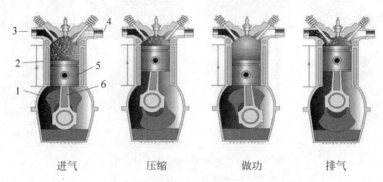

图 2-25　四冲程发动机的工作原理
1—曲轴；2—气缸；3—进气孔；4—排气孔；5—活塞；6—连杆

(1) 进气冲程。进气冲程时气缸的进气门打开，排气门关闭，发动机通过启动系统（发动机启动前）使活塞从上止点向下滑动到下止点为止，气缸内的容积逐渐增大，气缸内气压降低且低于外面的大气压。于是，汽油和空气的混合气体将通过打开的进气门被吸入气缸内。

(2) 压缩冲程。曲轴由于惯性作用继续旋转，此时活塞由下止点向上推动。这时进气门也同排气门一样严密关闭。气缸内容积逐渐减少，混合气体受到强烈压缩。当活塞运动到上止点时，气缸内混合气体体积最小，被压缩在上止点和气缸头之间的"燃烧室"内。压缩气体体积是为了更好地利用汽油燃烧时产生的热量，使限制在燃烧室这个小小空间里的混合气体压强大大提高，以便增加它燃烧后的做功能力。

(3) 做功冲程。在压缩冲程快结束、活塞接近上止点时，气缸头上的点火装置火花塞通过高压电产生了电火花，点燃混合气体，燃烧时间很短，但是燃烧速度很快。气体剧烈膨胀，压强急剧增高。活塞在燃气的强大压力作用下，从上止点向下止点迅速运动，连杆便带动曲轴转起来了。做功冲程是发动机唯一能够获得动力的冲程。其余3个冲程都是为这个冲程做准备的。

(4) 排气冲程。做功结束后，曲轴在惯性的作用下继续旋转，活塞由下止点向上移动。此时进气门继续关闭，而排气门打开并将燃烧后的废气排出气缸。当活塞运动到上止点时，由于活塞的推挤基本已排出气缸内的废气，此时一个循环完成。然后，打开进气门关闭排气门又开始新的循环。

在进气、压缩、做功、排气这一完整的循环中，汽油的化学能通过燃烧转化为热能又转化为推动活塞运动的机械能，从而带动旋翼轴旋转，由于循环中还包含着热能到机械能的转化，所以也叫作"热循环"。

3) 二冲程发动机工作原理

二冲程发动机的工作原理如图2-26所示。发动机完成两个行程作为一个完整的工作循环。进气、压缩、燃烧和排气这4个步骤是曲轴旋转一圈完成的，且曲轴每旋转一圈对外做一次功。二冲程发动机的进气孔和排气孔设置在缸体上，活塞的上下移动就能打开或关闭气孔，实现进气和排气。而四冲程发动机则是由相应的驱动机构定时地打开或者关闭进

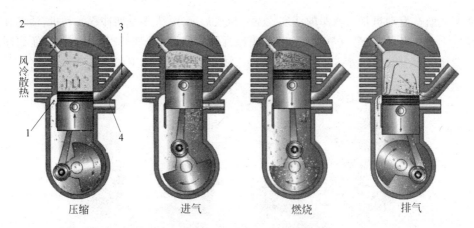

图 2-26 二冲程发动机的工作原理
1—扫气孔；2—火花塞；3—排气孔；4—进气孔

气门和排气门。

第一行程，进行进气和压缩，活塞从下止点向上运动直到上止点。当活塞位于下止点时，排气孔和扫气孔处于开启状态，进气孔被活塞挡住处于关闭状态。这时上一循环中进入曲轴箱内的可燃混合气体通过扫气孔进入气缸，扫出气缸内的废气。随着行程的继续，扫气孔将先关闭，扫气终止。但由于排气孔还未关闭，所以废气和可燃混合气体仍会继续排出，这部分排出的气体叫额外排气。活塞继续上移排气孔，关闭之后，可燃混合气体开始被活塞压缩直至到达上止点。

第二行程，进行燃烧和排气，活塞从上止点向下运动到下止点。当活塞压缩可燃混合气体到达上止点时，点火装置点燃可燃混合气体，气体经燃烧膨胀做功。此时唯有进气孔仍然处于开启状态，扫气孔和排气孔处于闭合状态，可燃混合气体通过进气孔继续流入曲轴箱，直至活塞因燃烧做功推动下移将进气孔关闭为止。活塞继续向下止点移动的过程中，曲轴箱内的可燃混合气体经容积不断减小被预压缩。此后，活塞继续下移，排气孔最先开启，可燃混合气体在气缸内经燃烧产生的废气从排气孔排出，做功结束。随后活塞在曲轴惯性作用下继续下移又将扫气孔开启，曲轴箱内的可燃混合气体经扫气孔进入气缸，扫出气缸内的废气，开始扫气过程，直至扫气孔被关闭为止。

4）发动机系统组成

发动机除主要部件外，还需要有其他相关系统与之相互配合才能工作，主要有进气系统、燃油系统、点火系统、冷却系统、启动系统、散热系统等。

进气系统。为燃烧做功提供燃料和清洁空气并使之混合然后输送到气缸内。进气系统内常装有增压器，作用是用来增大进气压力。

燃油系统。由油箱、油泵、汽化器或燃料喷射装置等组成。作用是为发动机持续不断提供洁净燃油。燃料泵将汽油压入汽化器，汽油在此雾化并与空气混合进入气缸。

点火系统。用于点燃式发动机，点燃空气和燃油的混合气体。点火系统是由磁电动机产生的高压电在规定的时间内产生电火花将气缸内的混合气体点燃。

冷却系统。发动机内燃料燃烧时产生的热量除转化为动能使活塞运动和排出废气带走部分内能外，还有很大一部分传给了气缸壁和其他有关机件。冷却系统的作用就是将这些热量散发出去，以保证发动机的正常工作。

启动系统。发动机由静止到工作需要外力转动曲轴，使活塞开始往复运动直到工作循环能够自动进行。这个过程叫作发动机的启动。

散热系统。为了使发动机产生的热量能及时排出，在合适的温度工作，必须对气缸和气缸盖进行适当地冷却。冷却方法有两种：一种是水冷；另一种是风冷。水冷发动机的气缸周围和气缸盖中都加工有冷却水套，并且气缸体和气缸盖冷却水套相通，冷却水在水套内不断循环，带走部分热量，对气缸和气缸盖起冷却作用。

2. 燃气涡轮发动机

1）燃气涡轮发动机的结构

燃气涡轮发动机主要由进气道、压气机、燃烧室、涡轮和尾喷管5个部分组成，如图2-27所示。其中压气机、燃烧室、涡轮是发动机的核心组成部分，称为"核心机"。

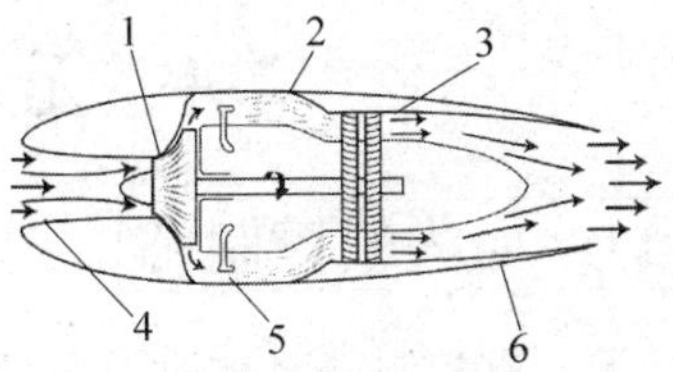

进气道。是气体进入发动机的通道，它的主要功能是消除进入进气道内空气的涡流，保证发动机所需空气量。在高速飞行时进气道将进入其内的高速气流速度降低，使动能转变成压力势能，提高气体压力。

图2-27 燃气涡轮发动机的结构
1—压气机；2—燃烧室；3—涡轮；
4—进气道；5—燃油喷嘴；6—尾喷管

压气机。工作原理是空气流过高速旋转的叶片，叶片对空气做功，空气压力增大，温度升高。

燃烧室。将燃料与经压气机增压增温的空气混合并燃烧的地方，燃料燃烧化学能转变为内能，气体温度和压力升高。

涡轮。燃烧室流出的气体具有很高的能量，流经涡轮时大部分能量转化为机械能使涡轮高速旋转。涡轮的机械能以轴功率的形式由涡轮轴输出，可以用来驱动螺旋桨、压气机以及其他部件。燃气经过涡轮后温度和压力下降，速度增加，流向尾喷管。

尾喷管。一般由中介管和喷口组成，是发动机的排气系统。中介管由整流锥和整流支板组成，能将燃气经涡轮后产生的强烈涡流进行整流。尾喷管的作用是继续膨胀加速从涡轮流出的仍具有一定能量的燃气，使发动机排气速度更大，产生更大的推力。

2）工作原理

新鲜空气进入燃气涡轮发动机的进气道，流经压气机时，压气机工作叶片对气体做功，气体温度升高，压力增大，变成高温高压气体，接着进入燃烧室与燃油喷嘴喷出的燃油混合后进行燃烧成为高温高压燃气。从燃烧室流出的高温高压燃气具有很高的能量，流过同压气机安装在同一条轴上的涡轮时驱动涡轮旋转，从而带动压气机工作，最后从涡轮中流出的温度和压力都下降但速度增大的燃气，在尾喷管中继续膨胀，以高速沿发动机轴向从喷口向后排出。这时发动机排气速度更大，使发动机获得了反作用的推力。

3）涡轮喷气发动机

涡轮喷气发动机具有燃气涡轮发动机的5个主要组成部分，它的结构组成可以认为是燃气涡轮发动机的基本形式。在其基础上增加一些部件可以形成其他涡轮发动机。

组成：进气道、压气机、燃烧室、涡轮、尾喷管。

工作原理：进气道进气→压气机增压→燃烧室加热→涡轮膨胀做功带动压气机→尾喷

管膨胀加速→排气到体外。

4）涡轮螺旋桨发动机

组成：进气道、压气机、燃烧室、涡轮、尾喷管、减速器、螺旋桨。

工作原理：进气道进气→压气机增压→燃烧室加热→涡轮膨胀做功带动压气机和螺旋桨→尾喷管膨胀加速→排气到体外。

5）涡轮轴发动机

组成：进气道、压气机、燃烧室、涡轮、尾喷管、功率输出轴、主减速器等。

工作原理：进气道进气→压气机增压→燃烧室加热→涡轮膨胀做功带动压气机和螺旋桨→尾喷管膨胀加速→排气到体外。

2.4　无人机控制站与飞行控制系统

2.4.1　无人机控制站

无人机控制站又称地面站，通常由显控台和通信设备组成，是无人机系统的重要组成部分，主要功能是监测和控制无人机的飞行过程、飞行航迹、有效载荷、通信链路等，并对一些故障予以及时警示并采取相应的诊断处理措施。控制站是一个集实时采集分析遥测数据、定时发送遥控指令、动态显示飞行状态等功能于一体的综合系统。

1. 控制站功能

（1）导航和目标定位。无人机在执行任务过程中通过数据链路与控制站保持联系。在遇到特殊情况时，需要控制站对其实现导航控制，使无人机按照安全的路线飞行。随着空间技术的发展，传统的惯性导航结合先进的 GPS 导航技术成为无人机系统导航的主流导航技术。目标定位是指飞行器发送给地面的方位角、高度及距离数据需要附加时间标注，以便这些量可与正确的飞行器瞬时位置数据相结合来实现目标位置的最精确计算。为了精确确定目标的位置，必须通过导航技术掌握飞行器的位置，同时还要确定飞行器至目标的矢量，因此目标定位技术和飞行器导航技术之间有着非常紧密的联系。

（2）有效载荷数据的显示和有效载荷的控制。有效载荷是无人机任务的执行单元。地面站根据任务要求实现对有效载荷的控制，并通过对有效载荷状态的显示来实现对任务执行情况的监管。

（3）无人机的姿态控制。在机载传感器获得相应的无人机飞行状态信息后，通过数据链路将这些数据传输到控制站，由控制站计算机处理这些信息，根据控制律算出控制要求，形成控制指令和控制参数，再通过数据链路将控制指令和控制参数传输到无人机上的飞控计算机，通过后者实现对飞行器的操控。

（4）任务规划、飞行器位置监控、航线的地图显示。任务规划主要包括处理战术信息、研究任务区域地图、标定飞行路线及向操作员提供规划数据等。飞行器位置监控及航线的地图显示部分主要便于操作人员实时地监控飞行器和航迹的状态。

（5）与其他子系统的通信链路。该通信链路用于指挥、控制和分发无人机收集的信息。随着计算机和网络技术的发展，现行的通信链路主要借助局域网来进行数据的共享，这样与其他组织的通信不单纯是在任务结束以后，更重要的是在任务执行期间，通过相关专业人员对共享数据进行多层次的分析，及时地提出反馈意见，再由现场指挥人员根据这些意见，对预先规划的任务立即做出修改，从而能充分利用很多资源，从战场全局对完成任务提供有力的支持和合理的建议，使得控制站当前的工作更加有效。

2. 控制站软件

由于小型无人机涉及图像处理、无线传输、先进控制以及多传感器融合等尖端技术，同时具有广阔的应用前景，其研究已经成为国际上的热点，控制站作为小型无人机系统的重要组成部分，也成为热门研究课题。许多国家和地区的科研机构、公司、组织和大学，都将其作为重要研究领域。目前，小型及以下的无人机常用的控制站主要有以下几种。

美国 UAV Flight Systems 公司研发的 GroundPilot 控制站，专门用于该公司 AP40 或 AP50 自动驾驶仪。该控制站较全面地反映了无人机飞行过程中的高度、速度、航向、航迹、姿态等信息，并可以实现对无人机飞行模式、高度、空速、航向、航点的控制。

加拿大 MicroPilot 公司为 MP2028 自动驾驶仪研制的 Horizon 控制站也是一款比较典型的控制站软件。该控制站除具有控制站的基本功能外，还拥有用于测试和训练的任务模拟器，便于工作人员对规划的任务进行分析和修改。

国内的一些高等院校、研究所和企业公司也开展了关于无人机控制站技术的研究，并取得了一定的成果。

北京航空航天大学智能技术与装备实验室 IFLY 研发团队研制出完全自主研发、性能和国外同类产品相当、完全本土化的控制站 GCS300。该控制站适用于所有 iFLY 自动驾驶仪，具备无人机组网功能，最多可分时控制 16 个无人机。1 个控制站可通过网络向另外 15 个控制站发送数据，实现了飞行状态的多终端远程监控。

北京普洛特无人飞行器科技有限公司通过十多年的努力和实际飞行试验，研制出了 UP20 自动驾驶仪和其配套控制站。

3. 控制站硬件

控制站系统地面站系统泛指地面上可以对无人机发出指令以及接收无人机传回信息的设备，它的硬件可以是一个遥控器，也可以是一部手机或一台笔记本电脑。下面简单介绍两种控制站硬件。

遥控器是一种最简单的控制站，集成了数传电台，通过控制摇杆的舵量向无人机发出控制信号，以此实现对无人机的控制。遥控器分美国手和日本手，区别在于一个是左手油门一个是右手油门。通常遥控器可以控制无人机飞行姿态如俯仰运动、滚转运动、偏航运动和控制油门增减无人机飞行动力。

无人机手持控制站控制系统。其特征在于：包括一个壳体，壳体内部的遥控操作模块、遥控传输模块、图传模块、图像显示模块、Android 模块、电源模块和稳压模块，壳体外部的传输天线。电源模块通过稳压模块分别与 Android 模块、图像显示模块、遥控操作模块、图传模块及遥控传输模块电连接；图传模块分别与图像显示模块、Android 模块电连接；遥控传输模块与遥控操作模块电连接。

2.4.2 无人机飞行控制系统

无人机飞行控制系统是控制无人机飞行姿态和运动的设备，由传感器、机载计算机和执行机构三大部分组成。

1. 飞行控制系统的组成

1）传感器

陀螺仪：主要用于记录俯仰、横滚角度。陀螺仪是用高速回转体的动量矩敏感壳体相对惯性空间绕正交于自转轴的一个或两个轴的角运动检测装置。

加速度计：主要记录加速度，是测量运载体线加速度的仪表。加速度计由检测质量（也称敏感质量）、支承、电位器、弹簧、阻尼器和壳体组成。

气压计：主要用于记录海拔高度，气压计是根据托里拆利的实验原理而制成，用以测量大气压强的仪器。

GPS：主要接收 GPS 卫星导航位置信息，进行位置定位。

2）机载计算机

机载计算机是飞行控制系统的核心部件，应具有姿态稳定与控制、导航与制导控制、自主飞行控制、自动起飞及着陆控制的功能。

3）执行机构

执行机构的主要作用是根据飞控计算机的指令，按规定的静态和动态要求，通过对无人机各控制舵面和发动机节风门等的控制，实现对无人机的飞行控制。

2. 飞行控制系统的功能

飞行控制系统实时采集各传感器测量的飞行状态数据、接收无线电测控终端传输的由地面站上行信道送来的控制命令及数据，经计算处理，输出控制指令给执行机构，实现对无人机中各种飞行模态的控制和对任务设备的管理与控制；同时将无人机的状态数据及发动机、机载电源系统、任务设备的工作状态参数实时传送给机载无线电数据终端，经无线电下行信道发送回地面站。

系统主要完成以下功能。

（1）完成多路模拟信号的高精度采集，包括陀螺信号、航向信号、舵偏角信号、发动机转速、缸温信号、动静压传感器信号和电源电压信号等。

（2）输出各类能适应不同执行机构控制要求的信号。

（3）利用多个通信信道分别实现与机载数据终端、GPS 信号、数字量传感器以及相关任务设备的通信。

2.5　无人机通信导航系统

无人机通信导航系统由机载设备和地面设备组成。机载设备也称机载数据终端，包括机载天线、遥控接收机、遥测发射机、视频发射机和终端处理机等。地面设备包括机载天线、遥控发射机、遥测接收机、视频接收机和终端处理机构成的测控站数据终端，以及操纵和监视设备。

机载设备一方面接收处理各个传感器的飞行参数，并将这些数据发送给控制站；另一方面接收来自控制站的遥控指令，以调整无人机飞行参数。地面设备对来自无人机的数据接收处理,也发送指令调整飞行状态。

2.5.1 无人机通信

无人机通信不仅仅体现在遥控操纵方面,还有数据和图像资料的传输方面。通信是通过信号来传输的,所以一般把无人机的无线控制信号分为遥控器信号、数据传输信号和图像传输信号。不过,遥控器终究还是一个通过数传来操纵无人机的简易控制站,使用的还是数据传输的方式。虽然图传和数传使用的手段是相同的,但是一般图传链路和数传链路是相互分开的,这是为了避免一旦图传链路坏了,影响到数传链路。下面介绍一些无人机所使用的通信方法。

1. 频段

1) 2.4G

无人机的遥控器信号大多数采用的是无线通信芯片,用的是2.4G无线技术,也有图传使用2.4G无线技术的,如图2-28和图2-29所示。2.4G无线技术采用的是频段处于2.4000~2.4835GHz之间的信号。这个频段受到的干扰较少,一般用于高速传输情况下,保障了数据有效传输。但是目前手机、蓝牙和WiFi都占用这个频道,导致遥控器信号传输分配的带宽很小,为了保证传输信号的质量,传输距离不能太远,在开阔的无人区最远只能达到1~2km。但是,如果一台无人机上既使用2.4G频段来遥控,又用来图传,这样的结果是相互间干扰较大,不利于飞行。

图2-28 2.4G模块JF24D

图2-29 2.4G图传发射模块

2) 5.8G

5.8G频段包含了3个100MHz频段。

(1) 5.15~5.25GHz,适用于室内无线通信。

(2) 5.25~5.35GHz,适用于中等距离通信。

(3) 5.725~5.825GHz,目前用于社区的宽带无线接入。

(4) 5.8G相比较2.4G而言,优势是比较明显的,实现容易、频谱利用率高、业务种类多、接口简单统一、升级容易、特别适合于非连接的数据传输业务;基于电路的技术时延小、适合于进行传统的语音传送和基于连接的传输业务。但是5.8G也有缺点,波长较短、绕射能力较差、传输带宽也比2.4G要小些。

5.8G也用于遥控器信号传输,但是在画质的处理上,5.8G视频传输器能够完全释放出64位模拟色彩度输出,这是2.4G达不到的,所以航拍一般常用5.8G频段。5.8G图传设备如图 2-30 所示。

3）1.2G

1.2G 频率最低，穿透力最强，所以直线传输距离也最远，但这是军方和政府常用的频段，禁止民用。

2. 传输技术

1）WiFi 传输

WiFi 全称 Wireless Fidelity，是基于 IEEE 802.11b 标准的无线局域网技术，通常使用 2.4G 特高频无线电波或 5.8G 超高频无线电波。WiFi 和蓝牙技术类似，通过该技术，相关电子设备可以接入无线局域网以实现在小范围里高速传输信号。无人机上应用的 WiFi 模块如图 2-31 所示。

图 2-30　5.8G 图传设备

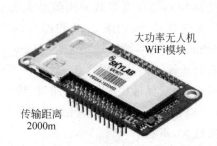

图 2-31　无人机 WiFi 模块

手机端通过 WiFi 沟通地面中继端的 WiFi 模块 SKW77，地面中继端的 WiFi 模块 SKW77 通过 WiFi 再沟通无人机端的 WiFi 模块 SKW77，既可以发送来自地面手机端的控制信号，也可以通过 WiFi 传输无人机航拍的视频数据到手机端，如图 2-32 所示。

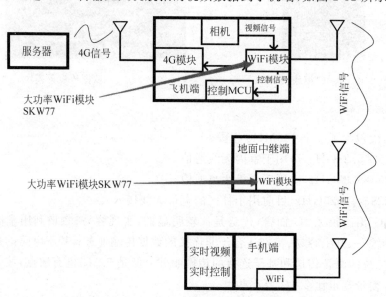

图 2-32　WiFi 模块 SKW77 应用在无人机图传和控制的框架

一般的,无人机上的 WiFi 模块功能有 3 个特点。

(1) 传递控制信号,控制它的飞行方向、距离、速度和倾斜角度等。

(2) 给无人机传输航拍的视频数据。

(3) 增加传输距离。

2) 4G 网络

在航模领域,控制飞行器常用的是遥控器。信号较好的 2.4G、5.8G 遥控器往往能高质量地传输控制信号,但这是在视线以内可直线传输信号的情况下。如果在非视距内的情况下,比如,被建筑物遮挡等,就会出现失控。但如果有了 4G 网络,假设网络信号稳定且时延小到忽略不计,那么 4G 网络无论是作为遥控器信号的辅助,还是完全作为控制信号,无人机的可控范围就会大很多。这就相当于让可以控制的范围扩大到整个 4G 网络信号覆盖区域。

4G 网络的优点是通信传输距离可以很远;缺点是限于低空 200m,所以只能用于低空民用无人机。

3) 数据卫星

4G 通信的最大缺陷是低空控制,那么高空控制就需要卫星来实现。通过发射卫星提供中继服务,可以使无人机控制范围更广,但是成本高,所以这种方式只作为辅助通信使用。传统无人机和卫星无人机通信功能的比较如表 2-1 所示。

表 2-1 传统无人机和卫星无人机通信功能的比较

项目	传统无人机	卫星无人机
飞行控制	无线电遥控设备,最远传输距离大约 100km 以内	卫星数据控制,最远传输距离在 5000km 以上
定位回中	定向天线或无线电回传,当飞出可控范围时,只能进行预设定位飞行	可实时回传定位信息,运动轨迹可完全在平台显示
图传	受通信方式限制,一般最远 5km	在 5000km 范围内,可将无人机所拍摄的实时影像传回控制站显示屏
安装	由于定向天线、无线电远程控制需要调试、架高等,安装麻烦	直接集成在无人机内部。无须调试,直接控制

4) COFDM

在无人机的视频传输方面,一般的做法是采用模拟图传或者 WiFi 图传,但是模拟图传画面质量不够好,WiFi 图传会有马赛克、容易停顿或卡死。COFDM 技术刚好解决了这两个方面的问题。

COFDM 高清图传是指前端摄像机或播放设备通过数字高清接口(HDMI/SDI 数字信号)传送 1920×1080 像素逐行扫描画质的视频给到 COFDM 调制方式的发射机,发射机编码后通过天线用无线微波方式向外传送信号,另外一端接收机通过天线隔空接收信号,解码还原为全高清数字信号(HDMI)输出。COFDM 高清图传设备如图 2-33 所示。

通过 COFDM 技术传输数据量大、距离远,是民用无人机通信的首选。

图 2-33 COFDM 高清图传设备

2.5.2 无人机导航

无人机除了正常的通信以外,在航拍或执行特定任务时还需要一些导航技术。导航是把飞行器从出发地引导到目的地的过程。一般需要测定的导航参数有位置、方向、速度、高度和航迹等。目前,用于无人机的导航技术有无线电导航、惯性导航、卫星导航、图像匹配导航、天文导航和组合导航等。

1. 无线电导航

无线电导航(Radio Navigation)借助于无线电波的发射和接收,测定飞行器相对于导航台的方位、距离等,以确定飞行器的导航参数。其特点是受气候条件限制少、作用距离远、精度高、设备简单可靠、应用广。

无线电导航分类如下。

按测量电信号的参量不同:振幅、频率、相位、脉冲;

按测量的位置线几何形状:测角、测距、测速、测距差;

按有效作用距离:近程、远程、超远程、全球定位;

按机载设备实现的系统功能:自备式、他备式;

按无线电导航台的安装位置:陆基、空基、星基;

按无人机的飞行区域:航路、终端区。

无线电导航根据测量参数不同分为测向无线电导航、测距无线电导航、测距差无线电导航和测速无线电导航。

1)无线电导航测向系统

利用无线电波直线传播的特性,将无人机上的环形方向性天线转到使接收的信号幅值为最小的位置,从而测出电台航向,这属于振幅式导航系统。或利用地面导航台发射迅速旋转的方向图,根据无人机不同位置接收到的无线电信号的不同相位来判定地面导航台相对无人机的方位角,这属于相位式导航系统。

2)无线电导航测距系统

测距系统利用的是无线电波传播需要时间的特点。无人机向控制站发射信号,控制站接收到该信号也向无人机发射信号,无人机接收信号。无人机从发射信号到接收信号会经过一段时间,根据这段时间就可算出无人机与导航台的距离。

3)无线电导航测距差系统

多个导航台同时发射无线电信号,根据各个导航台的信号到达无人机接收的时间差就可相应地求得距离差。

4)无线电导航测速系统

无人机上安装的多普勒导航雷达先向地面发射无线电信号,然后接收由控制站反射回来的信号,根据多普勒效应,发射的信号频率和反射回来的信号频率是不同的,两者存在一个频移,通过这个频移就可求出无人机相对于地面的速度。

2. 惯性导航

惯性导航是通过测量飞行过程中的加速度(注:加速度是指一段时间内速度的变化量与这段时间的比值,反映速度变化的快慢),经过运算得到无人机当时速度和位置的一种综合性导航技术,这是应用较为广泛的导航方式。

惯性导航的优点:自主导航,隐蔽性好,不受外界电磁干扰;可全天候全时间工作于空中、地球表面乃至水下;能提供位置、速度、航向和姿态角数据;数据更新率高,短期精度高,稳定性好。惯性导航的缺点:导航信息由积分产生,定位误差随时间而增大,长期精度差;较长的初始对准时间;设备价格昂贵。

惯性导航原理简述:在二自由度惯性导航中,无人机上装有陀螺平台,平台始终平行于地面,在平台上沿南—北方向和东—西方向分别放置一个加速度计,如图2-34所示,飞行起点为原点,无人机开始飞行后,加速度计随时测量两个方向的直线加速度,最终计算得到速度和位移。

无人机姿态变化会使加速度计因重力而发生变化,因此最终测量的加速度会有误差。为了解决这一问题,人们提出了两种解决方案:平台式惯性导航系统和捷联式惯性导航系统。

(1) 平台式惯性导航系统加装陀螺平台,这个平台不受无人机姿态影响,然后把加速度计安装在陀螺平台上。

(2) 捷联式惯性导航系统没有陀螺平台,直接将3个加速度计安装在无人机上,与3条机体轴相一致,同时还安装有绕三轴的角速度陀螺。这种方式简单、重量轻、可靠、易维护,虽然没有平台,但是计算机会建立"平台"代替陀螺平台。

3. 卫星导航

卫星导航是利用导航卫星发射的无线电信号,求出无人机相对卫星的位置,再根据已知的卫星相对地面的位置计算出无人机在地球上的位置。卫星导航系统由导航卫星、地面台站和用户定位设备3个部分组成,如图2-35所示。

图2-34 加速度计

图2-35 卫星导航示意图

目前,世界上已有的卫星导航系统有美国的卫星全球定位系统(GPS)、俄罗斯的全球导航卫星网(GLONASS)、欧洲的"伽利略"导航卫星系统和中国的"北斗"导航定位卫星系统(BDS)。

1) GPS全球定位系统

GPS系统由空间部分、地面测控部分和用户部分三者组成。GPS的空间部分由24颗卫星组成,其中有21颗工作卫星,3颗备用卫星。地面测控部分由监测站、主控制站、地面天线所组成。用户部分包括GPS接收机和用户团体。

2) GLONASS 全球导航卫星网

GLONASS 系统由星座、地面支持系统和用户设备三者组成。GLONASS 的星座由 27 颗工作星和 3 颗备用卫星组成。地面支持系统由系统控制中心、中央同步器、遥测遥控站(含激光跟踪站)和外场导航控制设备组成。

3) "伽利略"导航卫星系统

"伽利略"导航卫星系统由全球设施部分、区域设施、局域设施、用户端和服务中心 5 个部分组成。全球设施部分由空间段和地面段组成。空间段由分布在 3 个轨道上的 30 颗中等高度轨道卫星(MEO)构成；地面段由完好性监控系统、轨道测控系统、时间同步系统和系统管理中心组成。

4) "北斗"导航定位卫星系统

我国"北斗"导航定位卫星系统(BDS)是中国自行研制的全球卫星导航系统。是继美国 GPS 和俄罗斯 GLONASS 之后第三个成熟的卫星导航系统。

BDS 的空间段部分计划由 35 颗卫星组成，包括 5 颗静止轨道卫星、27 颗中地球轨道卫星、3 颗倾斜同步轨道卫星。5 颗静止轨道卫星定点位置为东经 58.75°、80°、110.5°、140°、160°，中地球轨道卫星运行在 3 个轨道面上，3 个轨道面均匀分布，之间相隔 120°。BDS 目前已实现对东南亚地区全覆盖。

BDS 可在全球范围内全天候、全天时为各类用户提供高精度、高可靠定位、导航、授时服务，并具有短报文通信能力，已经初步具备区域导航、定位和授时能力，定位精度为 10m，测速精度为 0.2m/s，授时精度为 10ns。

4. 图像匹配导航

由于地表特征一般很难发生变化，所以预先拍摄地表图片保存在无人机中，当无人机飞过时，通过辨别原图和当前地表特征来判断飞行位置，从而进行导航。

图像匹配导航分为地形匹配导航和景象匹配导航两种。图像匹配导航的关键数据原图称为数字地图。

5. 天文导航

天文导航是以已知准确空间位置的自然天体为基准，通过天体测量仪器被动地探测天体位置，经计算确定测量点所在载体的导航信息。天文导航不需要其他地面设备的支持，所以具有自主导航特性，也不受人工或自然形成的电磁场的干扰，不向外辐射电磁波，隐蔽性好，定位、定向的精度比较高，定位误差不随时间积累，具有广泛应用性。

常用的天文导航仪器有星体跟踪器、天文罗盘和六分仪等。星体跟踪器能从天空背景中搜索、识别和跟踪星体，并测出星体跟踪器瞄准线相对于参考坐标系的角度；天文罗盘通过测量太阳或星体方向来指示飞行器的航向；六分仪通过对恒星或行星的测量而指示出飞行器的导航信息。

6. 组合导航

组合导航是无线电导航、卫星导航、图像匹配导航和天文导航等一个或几个与惯性导航组合在一起，形成的综合导航系统。因为惯性导航能够提供比较多的导航参数，还能够提供全姿态信息参数，所以一般组合导航中以惯性导航为主。

2.6 无人机任务载荷系统与发射回收系统

2.6.1 无人机任务载荷系统

无人机任务载荷系统是指装备到无人机上,用以实现无人机飞行所要完成的特定任务的设备、仪器及其子系统。无人机系统升空执行任务通常需要搭载任务载荷。任务载荷一般与侦察、武器投射、通信、遥感或货物有关。无人机的设计通常围绕所应用的任务载荷进行。有些无人机可携带多种任务载荷。任务载荷的大小和质量是无人机设计时最重要的考虑因素。

1. 军用任务载荷

军用无人机安装的光电侦察设备主要有CCD、前视红外仪、合成孔径雷达、激光测距和激光雷达等。

CCD(Charge Coupled Device):中文称为电荷耦合元件,也可称为CCD图像传感器。CCD是一种半导体器件,能够把光学影像转化为数字信号,其上植入的微小光敏物质称作像素,像素数越多画面分辨率越高,它的作用就像胶片一样,但它是把图像像素转换成数字信号。与航空照相机相比具有实时信号传输能力,同时体积小、质量轻、寿命长、可靠性高,更适合作为机载设备。

前视红外仪:是具有高光学分辨率的高速扫描热像仪,通常装在无人机的头部,摄取无人机前方和下方景物的红外辐射。前视红外仪是热成像技术在军事上的一项重要应用,可以完成夜间监视、目标捕获、定位和指引,火炮和导弹的瞄准攻击等,也能作为白天或夜间无人机滑行、起飞和着陆时的辅助导航设备。

合成孔径雷达:合成孔径雷达在夜间和恶劣气候时能有效地工作,它能够穿透云层、雾和战场遮蔽,以高分辨率进行大范围成像。目前,轻型天线和紧凑的信号处理装置的发展以及成本的降低,使合成孔径雷达已经能够装备在战术无人机上。

激光测距和激光雷达:是以发射激光束探测目标的位置、速度等特征量的雷达系统。其工作原理是向目标发射探测信号(激光束),然后将接收到的从目标反射回来的信号(目标回波)与发射信号进行比较,做适当处理后就可获得目标的有关信息,如目标距离、方位、高度、速度、姿态甚至形状等参数,从而对无人机、导弹等目标进行探测、跟踪和识别。图2-36所示为激光雷达。

图 2-36 激光雷达

2. 民用任务载荷

民用无人机近年来逐渐进入人们的工作和生活中,为各个领域提供了很多方便,比如,装载了航空照相机、电视机摄像机、红外热像仪、搭载药箱、喷洒设备或者GPS定位系统等任务载荷的无人机,可以完成很多人难以完成的任务。

航空照相机。是一种利用光学成像原理形成影像并使用底片记录影像的设备,是用于摄影的光学器械，装载在无人机上拍摄地面景物来获取地面目标，如图2-37所示。航空照相机具有良好的机动性、时效性和低投入等优点，在航空遥感、测量和侦察等领域发挥了重要作用，主要在昼间实施侦察任务。

图 2-37　航空照相机

电视摄像机。将景物的活动影像通过光电器件转换成电信号，以便于存储或传输。由摄影镜头、摄像管或其他光电转换器、放大器和扫描电路等组成。镜头将景物的影像投射在摄像管或其他光电转换器上，经摄像管内电子束扫描或通过扫描电路对光电转换器按一定次序的转换，逐点、逐行、逐帧地把影像上明暗不同或色彩不同的光点转换为强弱不同的电信号，即得到了"视频信号"。光电信号很微弱，需通过放大器进行放大，再经过各种电路进行处理和调整，最后得到的标准信号再通过录像设备或发送设备将电信号记录或发送出去，能传送景物明暗影像的为黑白电视摄像机；能传送景物彩色影像的为彩色电视摄像机。电视摄像机如图2-38所示。

红外热像仪。利用大气、烟云无法吸收某一波段热红外线的原理，能在无光的夜晚或是烟云密布的战场清晰地观察到地面情况。红外热像仪如图2-39所示，应用于空中探测，能提高无人机全天候实时观测能力，利用红外热像光谱探测器探测地面上具有热泄漏的物体，并将所探测的热泄漏物体图像实时记录并传输至机载电子储存器上。通俗地讲，红外热像仪就是将物体发出的不可见红外能量转变为可见的热图像，热图像上的不同颜色代表被测物体的不同温度。

图 2-38　电视摄像机　　　　　　图 2-39　红外热像仪

2.6.2　无人机发射回收系统

发射回收系统保证无人机顺利完成起飞升空，并在执行完任务后保证无人机从天空安全降落到地面。多旋翼无人机和无人直升机的发射回收一般采用垂直起降的方式，固定翼无人机常采用以下发射回收方式。

1. 发射系统

手抛发射的方式简单可靠，但是受到质量限制，是所有发射方式中最简单的，由操作手投掷到空中，一般适用于微小型低速无人机，靠无人机自身动力起飞。手抛发射如图2-40所示。

零长发射是一台或多台助飞火箭发动机作为助推器产生推力，使安装在零长发射装置上的无人机发射升空，助飞火箭发动机工作时间只有几秒，无人机飞离发射装置后，助飞火箭将被抛离机体,此时无人机由机上的主发动机产生升力并完成飞行任务。一般适用于中小型无人机,如美国的"火蜂""猎人"等。零长发射如图2-41所示。

图2-40　手抛发射　　　　　　　　　　图2-41　零长发射

弹射式发射是将弹性势能转化为机械能,使无人机加速到安全起飞速度。比如,在压缩空气、橡皮筋或者液压等弹射装置产生的弹力作用下,使安装在轨道式发射装置上的无人机发射升空,当无人机飞离发射装置后,由无人机上的主发动机产生升力并完成飞行任务。弹射式发射如图2-42所示。

起落架滑跑起飞。无人机起落架滑跑起飞受到地面环境条件的限制,与有人机起飞方式相似,不同的地方在于以下两点。

(1) 无人机起落架可以采用可弃式起落架,只在起飞阶段用到起落架,起飞后便抛弃,减轻无人机质量,等到回收时用其他回收方式。

(2) 微型无人机一般采用固定起落架,结构简单。而远航飞行的大小型无人机则采用可收放起落架,以减少飞行过程中因起落架产生的阻力。

起落架滑跑起飞几乎适用于任何类型的无人机,如图2-43所示。

图2-42　弹射式发射　　　　　　　　　图2-43　起落架滑跑起飞与着陆

空中发射。无人机一般由直升机携带在两侧或者悬挂在固定翼翼下和机腹的挂架上,由有人驾驶无人机携带无人机到空中,当达到无人机预定所需高度和速度时,先启动无人机发动机再将无人机投放至空中。但无人机空中发射成本较高,除任务特别要求外,一般不采用。空中发射如图2-44所示。

垂直起飞。这种起飞方式对场地要求不高,且多旋翼无人机和固定翼无人机垂直起飞方式不同。

多旋翼无人机垂直起飞以旋翼作为产生升力的部件,动力系统工作带动旋翼旋转产生升力,垂直起飞。

固定翼无人机垂直起飞有两种形式：一种是在发射场上将无人机以垂直的形态放置,由无人机尾部支座支撑,在发动机作用下起飞,如图 2-45 所示。另一种是在无人机上配置专门用于垂直起飞用的发动机,使无人机能够垂直起飞。

图 2-44　母机携带、空中发射

图 2-45　垂直起飞

2. 回收系统

伞降回收。由主伞和减速伞(阻力伞)二级伞组成降落伞,回收方式较为普通。使用伞降方式回收的无人机在回收时,先由无人机接收控制站发送的回收指令,无人机开始无动力飞行,减速降高到合适值时,减速伞打开,减小无人机下降过程中的速度直到合适高度和速度时主伞打开,充气完成的主伞悬挂无人机慢慢着陆,着陆瞬间开关接通主伞脱离。伞降回收如图 2-46 所示。

空中回收。用有人机回收无人机,使用这种回收方式的前提是有人机上必须有空中回收系统,无人机上必须有减速伞、主伞、钩挂伞、吊索和可旋转的脱落机构。它的工作过程是控制站给无人机发出遥控指令,无人机接收指令,减速伞打开,同时使发动机停止,无人机开始下降;当无人机在减速伞作用下降到合适高度和速度时,主伞和钩挂伞打开,钩挂伞高于主伞,吊索方向指向前进的方向。此时有人机逆风进入,勾住无人机钩挂伞和吊索,主伞自动脱离无人机,有人机空中悬挂运走无人机。这种回收方式的好处是不会损伤无人机,不足之处是成本过高,不能大范围使用。空中回收如图 2-47 所示。

图 2-46　伞降回收

图 2-47　空中回收

起落架滑跑着陆如图 2-43 所示。回收方式与有人机相似,无人机起落架滑跑着陆受到地面环境条件的限制,不同之处在于以下几点。

(1) 在跑道要求方面,无人机比有人机要求低。

(2) 有些无人机特意将起落架局部设计成较脆弱的结构,用以吸收无人机着陆时的撞地能量。

（3）有些无人机会在尾部装上尾钩，在回收着陆滑跑过程中，尾钩勾住地面的拦截锁，通过拦截锁的弹性变形吸收无人机的动能，降低速度缩短滑跑距离。

用阻拦网系统回收无人机（撞网回收）是目前世界小型无人机较普遍采用的回收方式之一。阻拦网系统通常由阻拦网、能量吸收装置和自动引导设备组成。能量吸收装置与阻拦网相连，其作用是吸收无人机撞网的能量，免得无人机触网后在网上弹跳不止，以致损伤。自动引导设备一般是一部置于网后的电视摄像机，或是装在阻拦网架上的红外接收机，由它们及时向控制站报告无人机返航路线的偏差。撞网回收如图2-48所示。

"天钩"回收和撞网回收相似，回收时控制无人机飞向绳索，利用无人机翼尖挂钩勾住绳索回收，如图2-49所示。

图2-48 撞网回收

图2-49 "天钩"回收

气垫着陆的方式不需要起落架和降落伞，无人机在着陆前打开气囊，发动机把空气压入气囊，压缩空气从囊口喷出，在机腹下形成高压空气区——气垫，实现无人机着陆时的缓冲目的。但需要注意的是，依靠气囊直接着陆，缓冲能力有限，只适用于微小型无人机。

垂直着陆回收同垂直起飞方式一样，对场地要求不高，且多旋翼无人机和固定翼无人机垂直着陆方式不同。

（1）多旋翼无人机垂直着陆以旋翼作为产生升力的部件，旋翼旋转产生升力，控制旋翼转速能控制升力大小使无人机垂直着陆。

（2）固定翼无人机垂直着陆同固定翼无人机垂直起飞方式相同，实质上是以发动机推力直接抵消重力。

无人机飞行原理

无人机是在大气中实现飞行的,要了解飞行原理,首先应对大气的基本知识有所了解,认识空气低速流动的运动规律;其次,介绍固定翼无人机在大气中飞行的升力和阻力;以及平衡、稳定性及操纵性,在此基础上,进一步介绍无人直升机、多旋翼无人机的稳定性及操纵性,本章概括地对3种无人机机型的飞行原理进行了介绍。

3.1 空气动力学基础

3.1.1 大气性质

1. 大气组成

大气是指包围在地球周围的气体,是由干洁空气、水汽和大气杂质等组成的。干洁空气由78%的氮气、21%的氧气以及1%的其他气体组成,其他气体包含二氧化碳、氩气、氮气、氖气、臭氧等。

无人机在大气层飞行所处的环境称为大气环境,大气环境中的空气密度、温度、压强等因素对无人机的飞行影响很大。飞行的大气层中空气的密度、温度、压强等参数是随高度的变化而变化的。

2. 大气的状态参数和状态方程

大气的状态参数主要包括压力 p、温度 T 和密度 ρ 3个,这3个参数决定了气体状态,组成气体状态方程:

$$p = \rho RT$$

式中,p 为空气的压强(Pa);ρ 为空气的密度(kg/m³);R 为大气气动常数,$R=287.05$J/(kg·K);T 为大气的绝对温度(K),它与摄氏度 t(℃)之间的关系为 $T=t+273$。

根据状态方程,可以分析得出以下结论。

(1) 当温度不变时,压强与密度成正比,即一定质量的气体,如保持温度不变,但压强增大会使气体体积缩小,密度增大;反之,压强减小,密度也随之减小。

(2) 当密度不变时,压强与温度成正比,即一定质量的气体,如保持体积不变,也就是密度不变,当温度升高时,压强会增大。

(3) 当压强不变时,密度与温度成反比,即一定质量的气体,如保持压强不变,温度增高时,会引起空气膨胀,体积变大。

3. 国际标准大气

由大气飞行环境可知,大气的密度、温度和压力等参数随着地理位置、离地面的高度和季节等的变化而变化,从而影响航空器的空气动力和飞行性能。因此,为了适应飞行器设计、试验和分析的需要,准确描述飞行器的飞行性能,就必须建立统一的标准,即标准大气。目前,我国采用的是国际标准大气(以下简称ISA),它是由国际权威性机构或组织颁布了一种"模式大气",依据实测资料,用简化方式近似地表示大气温度、压强和密度等参数的平均值,形成国际标准大气。

比较通用的国际标准大气规定:大气被看成完全气体,服从气体的状态方程;以海平面的高度为零高度;在海平面上,气温为15℃,密度为 1.225kg/m^3,声速为 341m/s,此条件下的大气压力为一个标准大气压。国际标准大气简表如表3-1所示。

表3-1 国际标准大气简表

高度/m	压强/Pa	气温/K	空气相对密度	空气密度/(kg/m³)	声速/(m/s)
−1000	113 937	294.50	1.0992	1.3465	345
0	101 325	288.15	1.0000	1.2250	341
1000	89 876	281.15	0.9073	1.1117	337
2000	79 501	281.65	0.8215	1.0066	333
3000	70 121	275.15	0.7420	0.9092	329
4000	61 660	268.66	0.6685	0.8194	325
5000	54 048	262.17	0.6007	0.7364	321
6000	47 217	255.68	0.5383	0.6601	317
7000	41 105	249.19	0.4810	0.5900	313
8000	35 651	242.70	0.4284	0.5258	309
9000	30 800	236.22	0.3804	0.4671	304
10 000	26 499	229.73	0.3356	0.4135	300
11 000	22 699	223.25	0.2968	0.3648	296
12 000	19 339	216.77	0.2535	0.3119	296
13 000	16 579	216.65	0.2165	0.2666	296
14 000	14 170	216.65	0.1849	0.2279	296
15 000	12 111	216.65	0.1579	0.1940	296
16 000	10 352	216.65	0.1349	0.1665	296
17 000	88 497	216.65	0.1153	0.1423	296
18 000	75 652	216.65	0.0984	0.1217	296
19 000	64 674	216.65	0.0841	0.1040	296

4. 黏性

大气的黏性是空气在流动过程中表现出的一种物理性质,当空气内部各个层间存在相对运动,相邻的两个运动速度不同的层间相互牵扯的特性称为空气黏性。

相邻的具有不同流速的大气层间相互运动时产生的牵扯作用力称为空气的黏性力。

大气的黏性主要是气体分子做不规则运动的结果。假设把流动的大气划分为不同层,如图 3-1 所示,当大气层与层之间的流动速度不同时,假设上层流速 v_1 大于下层流速 v_2,流得快的一层(上层)的大气分子由于其不规则运动侵入下层,进而促使下层大气加速;同样流得慢的一层(下层)气体分子进入上层会使上层大气减速。这样,相邻的两层大气之间就产生了相互牵扯的内摩擦力,即黏性力。

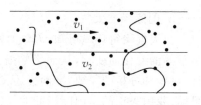

图 3-1 流速不同的相邻大气层

大气流过物体时产生的摩擦阻力与大气的黏性有关,因此,无人机飞行时所产生的阻力与大气的黏性也有很大关系。

不同流体的黏性是不相同的。流体黏性的大小可以用流体的内摩擦系数来衡量,在常温下,水的内摩擦系数为 $1.002×10^{-3}$ Pa·s,而空气的内摩擦系数为 $1.81×10^{-5}$ Pa·s,其值仅为水的 1.81%。因此,空气的黏性很小,不易察觉,在一般情况下,空气对物体的黏性作用力可以不予考虑,但对于像无人机这样在空气中快速运动的物体,由于空气黏性作用在无人机外表面上的摩擦阻力已不是一个小数值量,因此必须加以考虑。

流体的黏性和温度有关。随着流体温度的升高,液体的黏性减小,而气体的黏性将增加。这是因为,液体产生黏性的原因主要是相邻流动层分子间的内聚力,温度升高,液体分子热运动加剧,分子间的内聚力减小了,故黏性也会减小;而对于气体来说,气体产生黏性的原因主要是相邻流动层分子间产生内摩擦力,温度升高,分子间的横向动量交换也加剧,层与层之间的相互牵扯力也增加,故而黏性增大。

当物体在空气中运动速度比较低时,黏性的作用可以达到忽略的程度,此时,可以采用理想流体模型来进行理论分析。通常把不考虑黏性的流体,即流体的内摩擦系数趋于零的流体称为理想流体或无黏流体。

5. 可压缩性

气体的可压缩性是指当空气流过物体时,在物体周围各处,气流速度会有增加或减小的变化,相应气体压强会有减小或增大的变化,进而影响其密度和体积也改变的性质。气体密度的变化就是可压缩性的体现。液体对这种变化的反应很小,因此一般认为液体是不可压缩的;而气体对这种变化的反应很大,所以一般来讲气体是可压缩的。

当大气流过飞行器表面时,由于飞行器对大气的压缩作用,大气压强会发生变化,密度也会随之发生变化。当气流的速度较小时,压力的变化量较小,其密度的变化也很小,因此在研究大气低速流动的情况时,可不考虑大气可压缩性的影响。一般民用固定翼无人机和多旋翼无人机的飞行均认为是低速飞行,不考虑气体的可压缩性。

但当大气流动的速度较高,由于可压缩性的影响,使得大气以超声速流过飞行器表面时与低速流过飞行器表面时情况有很大的差别,在某些方面甚至还会发生质的变化,此时就必须考虑大气的可压缩性。例如,当无人直升机在做大速度飞行时,旋翼翼尖的相对气流速度很大(接近音速)时,该处的空气密度变化程度很大,密度的变化量显著,旋翼翼尖会出现超音速区并产生激波(压强、密度等突变的分界面),激波是一种强的压缩波,从而产生特别大的激波阻力,影响旋翼的正常工作。

3.1.2 气体流动的基本规律

1. 相对运动原理

空气动力是空气和飞行器间有相对运动时产生的,重于空气的飞行器,是靠飞行器与空气做相对运动时所产生的空气动力,克服自身的重力而升空的,没有飞行速度,在飞行器上就不会产生空气动力。因此,要了解飞行原理,首先应该了解飞行器与空气之间的相对运动。

根据牛顿三大定律中的作用与反作用定律:两物体间的作用力和反作用力总是作用在一条直线上,大小相等方向相反。该定律可以用来分析无人机与空气之间的相对运动情况。假设固定翼无人机以 $v=500 \mathrm{km/h}$ 的速度在静止的空气中飞行,如图 3-2(a)所示,气流以 $v=500 \mathrm{km/h}$ 的速度从相反的方向流过静止的无人机,如图 3-2(b)所示,根据作用与反作用定律,可以认为这二者的相对速度都是 $500 \mathrm{km/h}$。在这两种情况下,无人机上产生的空气动力完全相等。因此,可以把以上两种运动情况看成是等效的。

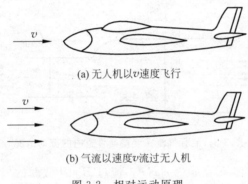

(a) 无人机以 v 速度飞行

(b) 气流以速度 v 流过无人机

图 3-2 相对运动原理

以上两种情况虽然运动的对象不同,但所产生的空气动力效果是一样的。前一种是空气静止,物体运动;后一种是空气流动,物体不动。因此,只要物体和空气之间有相对运动,就会在物体上产生空气动力。

无人机上产生的空气动力与无人机和空气之间的相对运动速度有很大关系,只要有了相对运动,就会在无人机上产生空气动力。在实际飞行中,产生的空气动力是无人机在空气中以一定速度运动,但在实验研究和理论分析中,往往采用让无人机静止不动,而空气以相同的速度沿相反的方向流过无人机表面。在这种情况下产生的空气动力效果与无人机以同样的速度在空气中飞行所产生的空气动力效果完全一样,这就是飞行中所提出的"相对运动原理"。3.2 节将运用相对运动原理来分析无人机上所产生的空气动力及气流的变化规律,风洞实验就是建立在这个原理基础上的。

2. 连续性假设

空气实际上是由大量微小的空气分子组成的,在标准大气状态下,每 $1 \mathrm{mm}^3$ 的空间里大约含有 2.7×10^{16} 个分子空气,分子之间是存在间隙的,同时每个分子在做无规则的热运动,把热运动过程中空气分子两次碰撞之间所经过的平均路程称为空气分子的平均自由行程。

当飞行器在这种空气中运动时,由于飞行器的外形尺寸远远大于气体分子的自由行程,故在研究飞行器和大气之间的相对运动时,气体分子之间的距离完全可以忽略不计,即把大量的、单个分子组成的大气看成连续的介质,这就是在进行空气动力学研究时提出的连续性假设。连续性假设不仅给描述流体的物理属性和流动状态带来很大方便,也为理论研究提供了有力的数学工具。

但是,航天器所处的飞行环境为高空大气层和外层空间,空气分子间的平均自由行程很大,气体分子的自由行程大约与飞行器的外形尺寸在同一数量级甚至更大,在此情况下,大气就不能看成是连续介质了,连续性假设不再适用。

3. 连续性定理

质量守恒定律是自然界基本的定律之一,它说明物质既不会消失,也不会凭空增加,如果把这个定律应用在流体的流动上,可以得出结论:当流体在低速、稳定、连续不断地流动时,流管里的任一部分流体都不能中断或积聚,在同一时间内流进任何一个截面的流体质量和从另一个截面流出的流体质量应当相等。

当气体稳定地、连续不断地流过一个粗细不等的变截面管道时,根据质量守恒定律,流过管道任一截面的气体质量都是相等的,如图3-3所示。

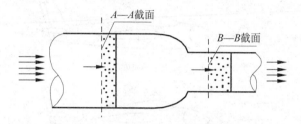

图3-3 流管气流在变截面管道内的流动情况

流过 A—A 截面的气体质量 $m_1 = \rho_1 v_1 A_1$,流过 B—B 截面的气体质量 $m_2 = \rho_2 v_2 A_2$,根据质量守恒定律,流过管道任一截面的气体质量相等,则 m_1 与 m_2 应相等,即

$$m_1 = m_2, \quad \rho_1 v_1 A_1 = \rho_2 v_2 A_2$$

截面可以任意选取,因此可以得出,单位时间内流过任一截面的气体质量都是相等的。

$$\rho v A = 常数$$

式中,ρ 为大气密度(kg/m^3);v 为气体的流动速度(m/s);A 为所取截面的面积(m^2)。

如果在流动过程中气体密度不变,则 $\rho_1 = \rho_2 = \rho$,则可简化为

$$v_1 A_1 = v_2 A_2$$

上式称为不可压缩流体沿管道流动的连续性方程,说明了对于不可压缩气体,当气体流过管道时,流动速度和流管截面积之间的关系。由此看出,当低速定常流动时,气流速度的大小与流管的截面积成反比,这就是连续性定理。也就是说,在截面面积大的地方流速慢,在截面面积小的地方流速快。

流体流动速度的快慢还可用流管中流线的疏密程度来表示,如图3-4所示。流线密的地方表示流管细,流体流速快;反之就慢。需要指出的是,连续性定理只适用于低速(流速低于 $0.3a$,a 为声速)的范围,即可认为流体密度不变,该定理不适合于亚声速,更不适合于超声速的情况。

4. 伯努利定理

在日常生活中,可以观察到当气体流速发生变化时,气压也会发生变化。例如,如果两

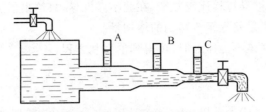

图 3-4 流体在容器和流管中的流动

手各拿一张薄纸,使它们之间的距离为 4~6cm,在这两张薄纸中间吹气,会发生这两张纸不但没有分开,反而相互靠近了,而且吹出来的气体速度越大,两张纸就越靠近。靠得很近的两只船并肩行驶时,也会出现相互靠拢的现象,如图 3-5 所示。这些现象要用到伯努利定理进行解释。

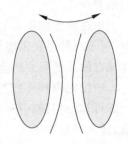

图 3-5 两只船在水中靠拢

能量守恒定律是自然界另一个基本定律。它说明能量不会自行消失,也不会凭空产生,而只能从一种形式转化为另一种形式。伯努利定理便是能量守恒定律在空气动力学中的具体应用,它描述流体流动过程中流体压强和速度之间关系的流动规律。

流体在管道粗细不均、共有 3 处不同截面的流管中流动,然后在这 3 处不同的流管上安装了 3 根粗细一样的玻璃管,流体在玻璃管中的高度实际反映了该处的流体压强,因此,玻璃管实际上起到了"压力表"的作用。

首先,把容器和管道的进口与出口开关都关闭,此时管道中的流体没有流动,不同截面处(A、B、C 截面)的流体流速均为 0,3 根玻璃管中的液面高度同容器中的液面高度一样,这表明,此时不同截面处的流体压强都是相等的,如图 3-6 所示。

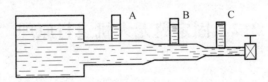

图 3-6 无流动时流体在容器和流管中

其次,把进口和出口处的开关同时都打开,使管道中的流体稳定地流动,并保持容器中的流体液面高度不变,即流入与流出的流体质量相同。通过观察发现,3 根玻璃管中的液面高度变化了,不同截面处的液面高度各不相同,这说明流体在流动过程中,不同截面处的流体压强也不相同。从实验可以看出,在 A—A 截面,管道的截面积较大,流体流动速度较慢,玻璃管中的液面较高,压强较大;在 C—C 截面,管道的截面积较小,流体流动速度较快,玻璃管中的液面较低,压强较小,如图 3-4 所示。

因此,流体在变截面管道中稳定地流动时,流速大的地方压强小;流速小的地方压强大,这种压强和流速之间的变化关系就是伯努利定理的基本内容。严格来讲,管道中稳定流动的不可压缩理想流体在与外界没有能量交换的情况下,管道各处流体的动压和静压之和应始终保持不变,即

$$静压 + 动压 = 总压 = 常数$$

伯努利定理的具体推导过程比较复杂，在此不做推导，只给出伯努利定理的结论。流管中，流入流出两端面的能量差等于流体功的增加量。

在低速状态下，且气体不可压缩时，可得到伯努利方程：

$$P_1 + \frac{1}{2}\rho v_1^2 = P_2 + \frac{1}{2}\rho v_2^2 = P_0$$

式中，P 代表静压；$\frac{1}{2}\rho v^2$ 代表动压；P_0 代表总压，它是动压与静压之和，也是气流速度为 0 时的静压。

由连续性定理和伯努利方程联合分析可知，不可压缩的理想流体在变截面管道中流动时，且不与外界发生能量交换，则流体流过的截面积小的地方，流速大，动压大，静压小；流体流过的截面积大的地方，流速小，动压小，静压大。

根据此内容分析上述自然现象，两只船中间的水流通道变窄，水的流速加快，由伯努利定理可知，两只船中间的水的压强会变小。因此，船外侧的较大水压会把两只船压得越来越近，使之自动靠拢。

连续性定理和伯努利方程是分析与研究飞行器上空气动力产生的物理原因及其变化规律的基本定理。

5. 无人机的空气动力特点

无人机的空气动力理论大部分可参考有人机的空气动力学现有理论，其中，对于尺寸小、重量较轻的无人机，其空气动力特点有一定的特殊性，可参考模型飞机的气动力理论内容；对于飞行速度低于 $0.3a$ 的低速无人机，适用于前面章节介绍的低速空气动力学理论，即有人飞机低速飞行理论；对于高速及超音速的无人机，可参考超音速飞机和导弹的研究成果，在本书中不展开介绍。

3.2 固定翼无人机飞行原理

3.2.1 升力

1. 翼型

1) 定义及几何参数

机翼横截面的轮廓叫翼型或翼剖面，是指沿平行于无人机对称平面的切平面切割机翼所得到的剖面，如图 3-7 所示。直升机的旋翼和螺旋桨叶片的截面也称翼型。

翼型的特性对固定翼无人机性能有很大影响，选用最能满足设计要求和结构、强度要求的翼型是非常重要的。翼型各部分的名称如图 3-8 所示。一般翼型的前端圆钝，后端尖锐，下表面较平，呈鱼侧形。

前端点叫作前缘，后端点叫作后缘，两端点之间的连线叫作翼弦，常用的几何参数如下。

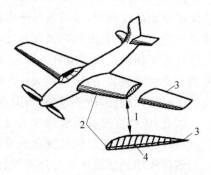

图 3-7 翼型

1—翼剖面；2—前缘；3—后缘；4—翼弦

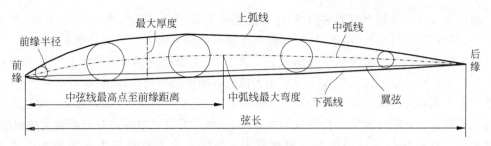

图 3-8 翼型参数

(1) 弦长。连接翼型前缘和后缘的直线段称为翼弦(也称为弦线),其长度称为弦长。

(2) 最大厚度位置。翼型最大厚度所在位置离到前缘的距离称为最大厚度位置,通常以其与弦长的比值来表示。

(3) 相对厚度。翼型的厚度是垂直于翼弦的翼型上、下表面之间的直线段长度,翼型最大厚度与弦长之比称为翼型的相对厚度,并常用百分数表示,低速飞机机翼的相对厚度为12%～18%,亚音速飞机机翼的相对厚度为10%～15%,超音速飞机机翼的相对厚度为3%～5%。

(4) 相对弯度。相对弯度是指翼型的最大弯度与弦长的比值,通常用百分数表示。翼型的最大弯度是指翼型中弧线与翼弦之间的最大垂直距离。翼型的相对弯度说明翼型上、下表面外凸程度的差别,相对弯度越大,翼型上、下表面弯曲程度相差也越大;若中线和翼弦重合,翼型将是对称的。现代飞机翼型的相对弯度为0～2%。

2) 常用翼型

为了适应各种不同的需要,航空前辈们发展了各种不同的翼型,从适用超音速无人机到手掷滑翔机的翼型都有。常用的翼型如图3-9所示。

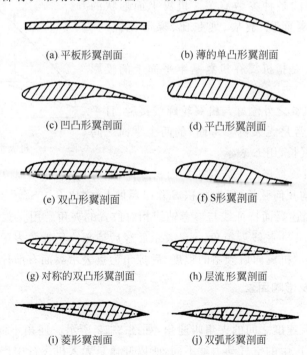

图 3-9 常用的翼型

超音速飞机要求翼型具有尖前缘,已有的超音速翼型有双弧形翼型、菱形翼型,因要兼顾各个速度范围的气动特性,所以,目前低超音速飞机仍采用小钝头的对称翼型。

中小型无人机与一般飞机在气动力上差别不大,翼型的选择可以按常规飞机的设计程序进行。而高空长航时无人机以及微型无人机则有明显的特殊性,由于高空空气稀薄,高空长航时无人机在飞行时要用大升力系数。此外,它又要留空时间长,所以如果用喷气式发动机的无人机机翼升阻比要大。根据这个要求,应选择大升阻比对应的升力系数大的翼型,部分高速无人机机翼和尾翼一般采用对称翼型;而低速无人机机翼大多采用平凸或双凸翼型。

3) 机翼平面形状

机翼的基本平面形状有矩形翼、椭圆翼、梯形翼、后掠翼和三角翼等,如图 3-10 所示。

图 3-10 机翼基本平面形状

各种不同平面形状的机翼,其升力、阻力之所以有差异,与机翼平面形状的各种参数有关。机翼平面形状的几何参数主要有机翼面积、翼展、展弦比、梯形比、后掠角,如图 3-11 所示。

(1) 机翼面积。是指机翼在机翼基本平面上的投影面积,用 S 表示。

(2) 翼展。在机翼之外刚好与机翼轮廓线接触,且平行于机翼对称面(通常是无人机参考面)的两个平面之间的距离称为机翼的展长,用 L 表示。

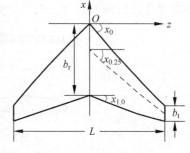

图 3-11 机翼平面形状的几何参数

(3) 展弦比。机翼翼展的平方与机翼面积之比,或者机翼翼展与机翼平均几何弦长(机翼面积 S 除以翼展 L)之比,L^2/S。

(4) 后掠角。描述翼面特征线与参考轴线相对位置的夹角。用 x 表示,通常 x_0 表示前缘后掠角;$x_{0.25}$ 表示 1/4 弦线后掠角;$x_{1.0}$ 表示后缘后掠角。后掠角表示机翼各剖面在纵向的相对位置,也即表示机翼向后倾斜的程度,后掠角为负表示翼面有前掠角。

2. 升力的产生及影响因素

1) 升力的产生

翼弦与相对气流速度之间的夹角叫迎角,如图 3-12 所示。迎角不同,相对气流流过机翼时的情况就不同,产生的空气动力就不同,所以迎角是无人机飞行中产生空气动力的重要参数。迎角有正负之分,相对气流方向与翼弦平面下表面的夹角为正迎角;相对气流方向

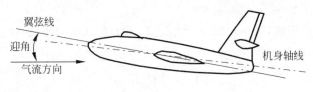

图 3-12 迎角

与翼弦平面上表面的夹角为负迎角。

假设翼型有一个不大的迎角,当气流流到翼型的前缘时,气流分上、下两股,分别流经翼型的上、下翼面。由于翼型的作用,当气流流过上翼面时,流动通道变窄,气流速度增大;而当气流流过下翼面时,由于翼型前端上仰,气流受到阻挡,且流动通道扩大,气流速度减小。根据连续性定理和伯努利定理可知,在翼型的上表面,因流管变细,即流管截面积减小,气流速度大,故压强减小。而翼型的下表面,因流管变化不大,故压强基本不变。这样,翼型上、下表面产生了压强差,形成了总空气动力 R,R 的方向向后向上,总空气动力 R 与翼弦的交点叫作压力中心。根据它们实际所起的作用,可把总空气动力分成两个分力,一个与气流速度垂直,起支托无人机重量的作用,就是升力 Y;另一个与流速平行,起阻碍无人机前进的作用,就是阻力 D,如图 3-13 所示。

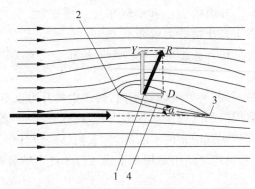

图 3-13 升力产生
1—空气动力作用点;2—前缘;3—后缘;4—翼弦

机翼的升力是由上、下翼面的压力差产生的。机翼各部位升力的大小是不同的,要想了解机翼各个部位升力的大小,就需要知道机翼表面压力分布的情况。

机翼上、下表面各处的压力分布如图 3-14 所示。空气压力是指空气的压强,即物体单位面积承受的空气垂直作用力。凡是比大气压力低的叫吸力(负压力),凡是比大气压力高的叫压力(正压力),机翼表面各点的吸力和压力都可用向量表示,向量的长短表示吸力或压力的大小。向量的方向同机翼表面垂直,箭头方向朝外,表示吸力;箭头指向机翼表面,表示压力。将各个向量的外端用平滑的曲线连接起来就得到了机翼表面的压力。压

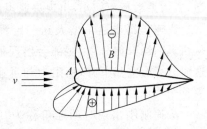

图 3-14 机翼压力分布

力最低(吸力最大)的一点叫最低压力点(B 点);在前缘附近流速为 0,压力最高的一点叫驻点(A 点),由图 3-14 中可以看出,机翼升力主要靠上表面的吸力,而不是靠下表面的压力。

2）升力公式

经过理论和实验证明，可得出以下升力公式，升力公式是分析飞行问题和进行飞行性能计算最重要、最基本的公式。

$$Y = \frac{1}{2} C_y \rho v^2 S$$

式中，Y 为升力（N）；C_y 为升力系数；ρ 为空气密度（kg/m³）；v 为相对气流速度（m/s）；S 为机翼面积（m²）。

由升力公式可知，升力的大小与机翼面积、相对气流速度、空气密度及升力系数有关，而升力系数又与迎角和翼型有关。因此，影响升力的因素主要有以下几个。

（1）机翼面积的影响。升力主要由机翼产生，而机翼的升力又是由于机翼上、下翼面的压力差产生的。因此，如果压强差所作用的机翼面积 S 越大，则产生的升力也就越大，计算时所指的机翼面积应包括同机翼相连的那部分机身的面积，机翼所产生的升力与机翼面积成正比。

（2）相对气流速度的影响。空气动力受相对气流速度 v 的影响较大，当相对气流速度 v 越大时，产生的空气动力也就越大，机翼上产生的升力也就越大，根据升力公式，升力与相对气流速度的平方成正比。

（3）空气密度的影响。升力的大小和空气密度 ρ 成正比，空气密度越大，则升力也越大，当空气很稀薄时，机翼上产生的升力就变小了。

（4）升力系数的影响。升力系数与机翼剖面形状和迎角有关，因此升力系数的影响主要是机翼剖面形状和迎角。

机翼剖面形状和迎角不同，升力系数就不同，则产生的升力也不同。因为不同的剖面形状和不同的迎角会使机翼周围的气流流动状态（包括流速和压强）等发生变化，因而导致升力的改变。随着理论研究和实践探索的不断深入，人们已经设计创造了很多适合于各种不同需要的翼型，并通过实验确定总结出适用于不同飞行条件下的翼型的空气动力特性，供设计者参考。

3）升力系数

翼型和迎角对升力的影响可以通过升力系数 C_y 表现出来，某翼型的升力系数随迎角的变化如图 3-15 所示。在一定的翼型的情况下，升力系数起初随迎角增大而增大；但当随着迎角继续增大，升力曲线逐渐变弯，到临界迎角时，升力系数达到最大值，之后再增大迎角，升力系数反而减小，出现失速现象。

失速是指当迎角增大到一定程度时，气流会从机翼前缘开始分离，尾部会出现很大的涡流区，这时升力会突然下降，而阻力却迅速增大，这种现象称为失速。

失速刚刚出现时的迎角称为"临界迎角"，某翼型在 0°～20° 迎角下模拟飞行状态，如图 3-16 所示，可以看到 16° 是失速迎角，此时尾部出现涡流区。

在低速飞行、高速飞行及转弯飞行 3 种情况

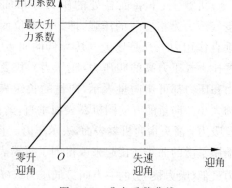

图 3-15 升力系数曲线

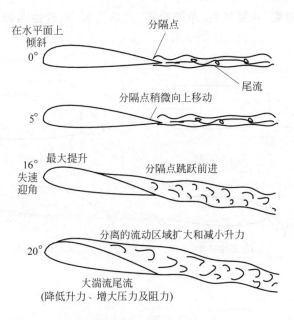

图 3-16　不同迎角的飞行状态

下,迎角容易超过临界迎角。固定翼无人机在平飞时如果飞得太慢也会失速,空速降低时,必须增加迎角来获得维持高速的升力,空速越低,迎角就必须越大。最终,达到一个迎角,它导致无人机不能够产生足够的升力维持自身质量,于是无人机开始下降。如果空速进一步降低,就会失速,由于迎角已经超过临界迎角,机翼上就会出现紊流。

失速时,常常伴随着螺旋,也就是当一侧机翼先于另一侧机翼失速,无人机会朝先失速的一侧机翼方向沿纵轴旋转,称为螺旋。发生螺旋是非常危险的,改出螺旋的基本方法是推杆到底,并向反方向拉杆,如果发动机是高速运转,必须立即收油门,向螺旋相反方向打舵,螺旋停止后,使用失速改平的方法。

3. 增升装置

当无人机高速飞行或巡航飞行时,迎角很小时,升力系数小,但相对气流速度较大,根据升力公式分析,仍能保证有足够维持固定翼无人机的水平飞行;但在低速飞行时,尤其是在起飞或着陆时,相对气流速度较低,即使有较大迎角,升力系数增大,但升力仍然很小,使无人机不能正常飞行,并且,迎角的增大是有限度的,超过临界迎角会产生失速现象,给飞行造成危险。因此,需要采用"增升装置"使无人机在低速下产生足够的升力,提高起飞和着陆性能。

前面已经提到升力与机翼面积、机翼剖面形状、迎角和相对气流速度有关,因此,可通过以下增升原则来进一步提高无人机的升力。

(1) 增大升力系数,改变机翼剖面形状,增大机翼弯度。

(2) 增大机翼面积。

(3) 改变气流的流动状态,控制机翼上的附面层,延缓气流分离。

常见的增升装置根据它们所处机翼上的位置分为前缘增升装置和后缘增升装置。前缘增升装置主要有前缘襟翼、机翼前缘下垂、前缘缝翼和克鲁格襟翼,如图 3-17 所示;后缘增升装置主要有简单襟翼、开裂襟翼、单缝襟翼、富勒襟翼、双缝襟翼和三缝襟翼,如图 3-18 所示。

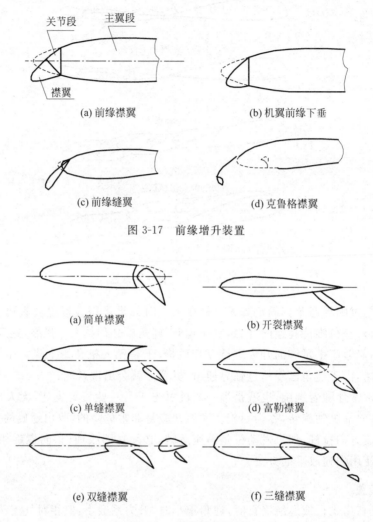

图 3-17 前缘增升装置

图 3-18 后缘增升装置

3.2.2 阻力

1. 阻力的产生及影响因素

只要物体同空气有相对运动,必然有空气阻力作用在物体上,无人机飞行时,不但机翼上会产生阻力,无人机的其他部件如机身、尾翼、起落架等都会产生阻力,机翼阻力只是无人机总阻力的一部分。

低速飞行时,阻力按其产生的原因不同,可分为摩擦阻力、压差阻力、诱导阻力和干扰阻力。

1) 摩擦阻力

摩擦阻力是由于大气的黏性而产生的。当气流以一定速度 v 流过无人机表面时,由于空气的黏性作用,空气微团与无人机表面发生摩擦,阻滞了气流的流动,因此产生了摩擦阻力。

摩擦阻力的大小取决于空气的黏性、无人机表面的状况、附面层中气流的流动情况和同气流接触的无人机表面积的大小。空气的黏性越大,无人机表面越粗糙,无人机的表面积越大,则摩擦阻力越大。为了减少摩擦阻力,可以减少无人机同空气的接触面积,也可以把表面做光滑些,以减少它的摩擦阻力,也可选择升阻比大的翼型,以及减小相对气流速度。

2) 压差阻力

压差阻力是由运动着的物体前后所形成的压力差产生的。在气流中垂直竖立平板,气流流到平板的前面受到阻拦,速度降低,压强增加,形成高压区(用"+"表示),气流流过平板后,压强降低,形成低压区(用"-"表示)并形成许多旋涡,这就是气流分离,由于平板的前面压强大大增加,后面压强减小,前后形成了很大的压强差,因此产生很大的阻力,这种阻力称为压差阻力,如图3-19所示。

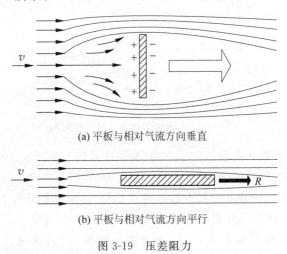

(a) 平板与相对气流方向垂直

(b) 平板与相对气流方向平行

图 3-19 压差阻力

经过研究发现,压差阻力的大小同物体的迎风面积、形状以及在气流中的位置有关。

迎风面积是指物体垂直于迎面气流的剖面积,如图3-20所示,经过实验可知,物体的迎风面积越大,压差阻力也就越大。因此,在保证装载所需容积的情况下,为了减小机身的迎风面积,机身横截面的形状应采取圆形或近似圆形,因为相同体积下圆形的面积数较小。

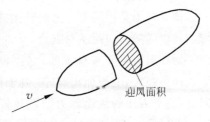

图 3-20 迎风面积

物体形状对压差阻力也有很大的影响。把一块平板垂直放在气流中,平板前面的气流被阻滞,压强升高,平板后面会产生大量的涡流,造成气流分离而形成低压区,这样它的前后会形成很大的压差阻力,如图3-21所示;如果在圆形平板的前面加上一个圆锥体,它的迎风面积并没有改变,但形状却变了,这时平板前面的高压区被圆锥体填满了,气流可以平滑地流过,压强不会急剧升高,显然这时平板后面仍有气流分离低压区存在,但是前后的压强差大为减小,因而压差阻力降低到原来平板压差阻力的1/5左右;如果在平板后面再加上一个细长的圆锥体,把充满旋涡的低压区也填满,使得物体后面只出现很少的旋涡,那么实验证明压差阻力将会进一步降低到原来平板的 1/25~1/20。像这样前端圆钝、后端尖细,像水滴或雨点似的物体,叫作流线型物体,简称"流线体"。在迎风面积相同的条件下,将物体做成前端圆钝、后端尖细的流线型可以大大减小物体的压差阻力,其压差阻力最小。

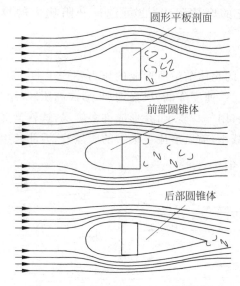

图 3-21　物体形状对压差阻力的影响

除了物体的迎风面积和形状外,迎角也影响到压差阻力的大小。根据实验的结果,涡流区的压强与分离点处气流的压强,大小相差不多。也就是说,分离点靠近机翼后缘,涡流区的压强比较大,压差阻力减小;分离点靠近机翼前缘,涡流区的压强就越小,压差阻力会增大。可见,分离点在机翼表面的前后位置可以表明压差阻力的大小。而分离点的位置主要取决于迎角的大小,机翼迎角越大,分离点越靠近机翼前缘,涡流区压强越低,压差阻力越大。

3) 诱导阻力

诱导阻力是伴随着升力而产生的,如果没有升力,诱导阻力为零。因此,这个由升力诱导而产生的阻力叫作诱导阻力,又叫作升致阻力。

诱导阻力主要来自翼面,当固定翼无人机飞行时,下表面压强大,上表面压强小,由于机翼翼展的长度有限,因此下表面的气流就力图绕过翼尖流向上表面,如图 3-22 所示。这样在翼尖处就不断形成旋涡,随着无人机向前飞行,旋涡就从翼尖向后流去形成翼尖涡流。

翼尖涡流在机翼附近会产生诱导速度场,在整个机翼翼展长度范围内方向都是向下的,称为下洗流 ω,在下洗流的作用下,原来的气流速度由 v 变为 v',如图 3-23 所示,由 v' 所产生的升力 Y' 垂直于 v'。而 Y' 又可分解为垂直于 v 的分量 Y 和平行于 v 的分量 D,其中 Y 起着升力的作用,而 D 则起着阻碍无人机飞行的作用。因

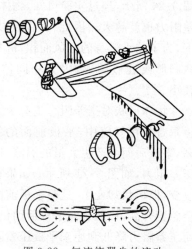

图 3-22　气流绕翼尖的流动

此，由于下洗流的影响产生的这个附加的阻力 D 就是诱导阻力。

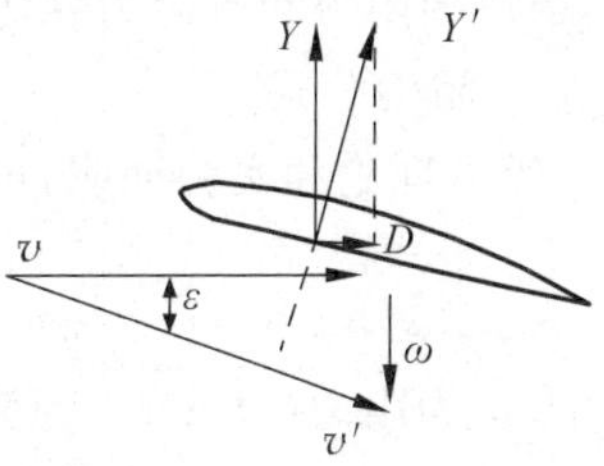

诱导阻力与机翼平面形状、机翼剖面形状、展弦比等有关，可以通过增大展弦比，选择适当的平面形状，增加翼梢小翼等来减小诱导阻力，在相同条件下，椭圆形机翼的诱导阻力最小，矩形机翼的诱导阻力最大。

4）干扰阻力

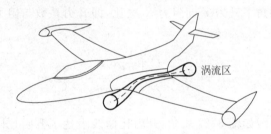

图 3-23　诱导阻力的产生

干扰阻力是无人机各部分之间因气流相互干扰而产生的一种额外阻力。无人机的各个部件如机翼、机身、尾翼等单独放在气流中所产生的阻力总和并不等于把它们组成一架无人机放在气流中所产生的阻力，往往是前者小于后者，多出来的部分就是干扰阻力。

干扰阻力主要产生在机身和机翼、机身和尾翼、机翼和发动机短舱、机翼和副油箱之间。

气流流过机翼和机身的连接处，在机翼和机身结合的中部，由于机翼表面和机身表面都向外凸出，流管收缩；而在后部由于机翼表面和机身表面都向内弯曲，流管扩张，在这里形成了一个截面面积先收缩后扩张的气流通道。根据连续性定理和伯努利方程，气流在流动过程中压强先变小后变大，导致后边的气流有往前回流的趋势，形成一股逆流，逆流与迎面气流相遇，相互干扰，因此叫干扰阻力，如图 3-24 所示。

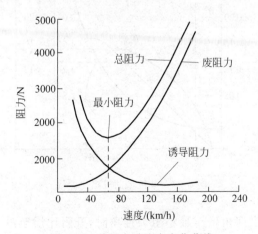

图 3-24　机翼和机身结合部气流的相互干扰

为了减少干扰阻力，在设计中应妥善考虑和安排各部件的相对位置，同时加装整流片，连接过渡圆滑，减小旋涡的产生。

2. 总阻力

1）总阻力分析

低速无人机上主要有摩擦阻力、压差阻力、诱导阻力和干扰阻力 4 种阻力。其中诱导阻力与升力有关，是产生升力时伴随产生的；而摩擦阻力、压差阻力和干扰阻力则与升力无关，因此统称零升阻力或废阻力。总阻力是诱导阻力和废阻力之和，这 4 种阻力对飞行总阻力的影响随着飞行速度和迎角的不同而变化，某翼型的无人机总阻力随速度变化曲线如图 3-25 所示。从图中可见，诱导阻力是随着速度的增大而降低的，而废阻力是随着速度的增大而增大

图 3-25　总阻力随速度变化曲线

的,当诱导阻力和废阻力相等时,总阻力最小。

2) 阻力公式

经过理论和实验证明,可得出阻力公式如下:

$$X = \frac{1}{2}C_x \rho v^2 S$$

式中,X 为阻力(N);C_x 为阻力系数;ρ 为空气密度(kg/m³);v 为相对气流速度(m/s);S 为机翼面积(m²)。

由阻力公式可知,阻力的大小与机翼面积、相对气流速度、空气密度及阻力系数有关,而阻力系数又与迎角和翼型有关。

3) 阻力系数

某翼型的阻力系数曲线如图 3-26 所示,反映了阻力系数随迎角变化的规律,从图中可见,阻力系数随着迎角的增大而不断增大,在小迎角下,阻力系数较小,且增大较慢;在大迎角下,阻力系数增大得较快;超过临界迎角后,阻力系数急剧增大。

3.2.3 升阻比

衡量无人机空气动力性能时,不能单独从升力或阻力一个方面来看,必须两者结合,以较小的阻力获得所需的升力才能提高飞行效率,因此,主要关注升阻比。

升阻比是在相同迎角下升力 Y 同阻力 X 之比,即升力系数与阻力系数之比,升阻比用 K 表示,计算如下:

$$K = \frac{Y}{X} = \frac{C_y\left(\frac{1}{2}\rho v^2 S\right)}{C_x\left(\frac{1}{2}\rho v^2 S\right)} = \frac{C_y}{C_x}$$

某机型的升阻比曲线如图 3-27 所示,升阻比曲线表达了升阻比随迎角变化的规律,从曲线可以看出,升阻比存在一个最大值,叫最大升阻比,此时对应的迎角叫作最小阻力迎角 α_e,也叫有利迎角。

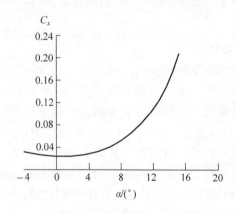

图 3-26 某翼型的阻力系数曲线

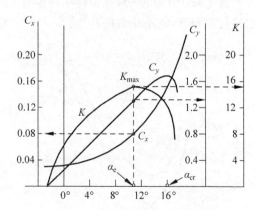

图 3-27 某机型的升阻比曲线

当迎角由小逐渐增大,升阻比也逐渐增大,当迎角增至最小阻力迎角时,升阻比增至最大。迎角再增大,升阻比反而减小。因为,在最小阻力迎角之前,随迎角增大,升力系数成线性增大,而阻力系数增加缓慢,升力系数比阻力系数增大的幅度大,因此升阻比增大,达到最小阻力迎角时,升阻比达到最大值。在最小阻力迎角之后,随迎角增大,升力系数比阻力系数增大的幅度小,因此升阻比减小。迎角超过临界迎角后,由于压差阻力的急剧增大,升阻比急剧降低。在最小阻力迎角下飞行是最有利的,因为这时产生相同的升力,阻力最小,空气动力效率最高。

3.2.4 拉力

固定翼无人机要能实现飞行,必须有足够的相对气流速度,除了少数大型高速无人机采用喷气式发动机外,大部分的轻微型民用固定翼无人机都是依靠螺旋桨产生拉力/推力(实质上,拉力也是推力,只是对于螺旋桨无人机,习惯上称为拉力),进而产生相对气流速度来实现飞行的。因此,螺旋桨的工作情况直接影响无人机飞行性能甚至安全,本节主要对固定翼无人机常用的拉力螺旋桨工作原理进行介绍。

1. 螺旋桨介绍

螺旋桨是指靠桨叶在空气中或水中旋转,将发动机转动功率转化为推进力的装置,可有两个或较多的桨叶与毂相连,螺旋桨的拉力是电动固定翼无人机和油动固定翼无人机常用的前进动力。螺旋桨运作好坏直接影响拉力大小,而拉力大小又关系到无人机的飞行性能。螺旋桨的拉力是由各个桨叶的拉力所构成的,因为桨叶的剖面形状与机翼剖面相似,所以螺旋桨产生拉力的原理和机翼产生升力的原理基本相同。桨叶的平面形状很多,使用较多的有普通桨叶、矩形桨叶和马刀形桨叶3种,如图3-28所示。

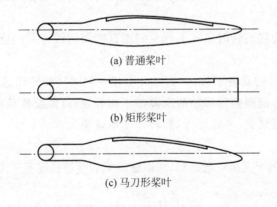

(a) 普通桨叶

(b) 矩形桨叶

(c) 马刀形桨叶

图 3-28 桨叶平面形状

螺旋桨各部分的名称与机翼有很多相似的地方,桨叶相当于机翼的翼面,桨叶也有前缘和后缘,桨叶的剖面形状也和机翼的剖面形状差不多。但是无人机飞行时,螺旋桨一面旋转产生拉力,一面又前进,所以它的工作情况要比机翼复杂得多。

1) 右旋螺旋桨和左旋螺旋桨

当我们站在螺旋桨后面(从机尾看向机头)来观察螺旋桨旋转。如果看到螺旋桨是顺时针方向旋转,这种螺旋桨称为右旋螺旋桨;反之称为左旋螺旋桨。

对于大多数活塞发动都采用右旋螺旋桨,这是因为使用的螺钉和螺纹都是右旋的居多,旋转过程中,螺旋桨相对转轴旋转会变得越来越紧,保证安全。

2）螺旋桨直径

螺旋桨直径是指螺旋桨两个桨尖之间的距离。也可以认为是螺旋桨旋转时最大旋转面的直径。

3）桨叶角

螺旋桨旋转时，通过螺旋桨上一点并且垂直于旋转轴的一个假想的平面称为旋转平面。桨叶角是指桨叶剖面的弦线与旋转平面之间的夹角 φ，如图 3-29 所示。

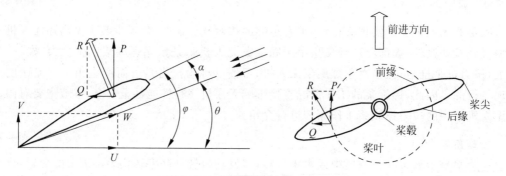

图 3-29　螺旋桨工作原理

V—前进速度；R—桨叶总迎力；P—拉力；Q—旋转阻力；W—合速度；
U—桨叶旋转线速度；φ—桨叶角；α—桨叶迎角；θ—气流角

但是螺旋桨的桨叶角并不是固定不变的，越靠近旋转轴，剖面的桨叶角越大；越接近桨尖，剖面的桨叶角越小。螺旋桨从桨尖到桨根，桨叶角的扭状程度是逐渐增大的。

4）旋转速度

旋转速度是指螺旋桨旋转时桨叶上任一剖面延圆周切线方向的旋转线速度 U。

$$U = 2\pi rn$$

式中，n 为螺旋桨每分钟的旋转圈数；r 为桨叶上任一剖面到旋转轴的距离。

由于螺旋桨桨叶各剖面到旋转轴的距离都不相等，所以螺旋桨旋转时，各个剖面旋转的路线也不相等。越靠近桨尖，半径越大，旋转速度也就越大。

5）前进速度

飞行时，由于桨叶随无人机一起运动，所以螺旋桨的前进速度等于无人机的飞行速度 V。

6）合速度

合速度是指螺旋桨旋转时产生拉力，使无人机向前飞行。这时真正作用在桨叶上的气流是螺旋桨旋转引起的相对气流速度 U 和无人机前进作用在桨叶上的相对气流速度 V 之矢量和 W。

7）桨叶迎角

桨叶迎角是指桨叶剖面的弦线与合速度方向之间的夹角 α。如果无人机没有前进速度，那么桨叶角 φ 就等于桨叶迎角 α。所以，一般情况下桨叶迎角总是小于桨叶角的。

与机翼情况相似，这个角度的大小决定了桨叶剖面产生的拉力大小。

8）气流角

气流角是指合速度 W 与旋转速度之间的夹角 θ。

显然，由于桨叶各剖面处的旋转速度都不相同，所以越靠近桨尖气流角越小。

2. 螺旋桨工作原理

1) 受力分析

空气以一定的迎角流向桨叶时，气流流过桨叶前桨面，就像流过机翼上表面一样，流管变细，流速加快，压力降低；气流流过桨叶后桨面，就像流过机翼下表面一样，流管变粗，流速减慢，压力升高。

气流流近桨叶前缘，受到阻挡，流速减慢，压力升高；气流流近桨叶后缘，气流分离，形成涡流区，压力降低。

这样，在桨叶的前后桨面和前后缘均形成压力差，再加之气流作用于桨叶上的摩擦阻力，就构成了桨叶上的总空气动力 R，根据总空气动力 R 对螺旋桨运动所起的作用，可将它分解成两个分力，一个是与桨轴平行、拉着螺旋桨和无人机前进的拉力 P；另一个是与桨轴垂直、阻碍螺旋桨旋转的旋转阻力 Q，如图 3-29 所示。

2) 影响因素

影响螺旋桨的拉力和旋转阻力的因素与影响机翼的升力和阻力的因素非常类似，主要有桨叶迎角、桨叶切面合速度、空气密度、螺旋桨直径、桨叶数目、桨叶切面形状及维护使用情况等。

结合升力公式分析，与机翼迎角对升力和阻力的影响相似，在一定的桨叶迎角范围内，桨叶迎角增大，则螺旋桨的拉力增大，旋转阻力也增大；超过某一迎角（相当于机翼上的临界迎角）后，迎角增大，拉力减小，而旋转阻力继续增加。

桨叶切面合速度和空气密度增大，桨叶总空气动力增大，故拉力和旋转阻力也增大；反之则减小。

螺旋桨直径增大，一方面相当于增大了桨叶面积；另一方面还引起桨尖切向速度增大，而使合速度增大，故拉力和旋转阻力都将增大。但是，不能认为螺旋桨的直径越大越好，直径太大，有可能导致桨尖速度接近音速，产生激波，不但拉力不一定增大，而且旋转阻力还可能急剧增加。

桨叶数目增多，桨叶总面积增大，故拉力和旋转阻力增大，但桨叶数目过多，各桨叶之间干扰加剧，会使旋转阻力增加的倍数大大超过拉力增加的倍数，这对螺旋桨的工作是很不利的。

3. 螺旋桨的副作用

在工作中，螺旋桨一方面会产生拉力，提供无人机的前进动力；另一方面还会产生一些对飞行不利的副作用。

1) 螺旋桨的进动

当无人机在俯仰运动或转动时，即螺旋桨转轴受到操纵力矩作用时，螺旋桨并不完全按照预定的方向转动，而是会绕另一个方向偏转，这种现象叫作螺旋桨的进动。

如图 3-30 所示，从机尾向机头看去，螺旋桨顺时针转动时；如果拉杆使机头上仰，给螺旋桨一个上仰力矩。当螺旋桨叶转到垂直位置时，上方桨叶受到一个向后的作用力 F_1，产生了向后的加速度，下方桨叶受到一个向前的作用力 F_2，产生了向前的加速度。经顺时针转动，原来的上方

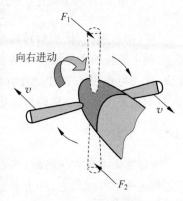

图 3-30 螺旋桨的进动

桨叶转到右边时,出现向后的速度 v,原来的下方桨叶转到左边时,出现向前的速度 v,于是螺旋桨向右进动,并带动无人机向右偏转。

2) 螺旋桨的反作用力矩

螺旋桨在旋转中会对空气产生作用力,根据作用力和反作用力定律,空气也会对螺旋桨产生一个大小相等方向相反的反作用力,即旋转阻力,旋转阻力对桨轴形成的力矩称为螺旋桨的反作用力矩。这个力矩通过发动机传给无人机,迫使无人机向螺旋桨转动的反方向倾斜。假设从机头看向机尾,螺旋桨在逆时针旋转,在螺旋桨反作用力矩的作用下,会使机身产生顺时针滚转,左侧机翼向下倾斜,如图 3-31 所示。

在实际飞行中,螺旋桨反作用力矩的大小与发动机功率有关,发动机功率越大反作用力矩越大。因此,在加减油门的同时,操纵者还应注意压杆修正反作用力矩的影响。

为克服反作用力矩对飞行的影响,一般可通过调整重心位置,使重心偏出对称面一定距离,利用无人机升力对重心的滚转力矩的方法来抵消反作用力矩;还可通过安装发动机的拉力线/推力线与纵轴形成一定夹角的方法来抵消反作用力矩。

3) 螺旋桨滑流的扭转作用

螺旋桨转动时,桨叶拨动空气,使空气后加速流动且还顺着螺旋桨的旋转方向扭转流动,这种由螺旋桨的作用而向后加速和扭转的气流叫作螺旋桨的滑流。假设从机尾向机头看去,螺旋桨顺时针旋转,滑流流过机翼,被分成上、下两层,上层滑流自左向右后方扭转,下层滑流自右向左后方扭转。一般情况下,机身尾部和垂直尾翼都受到滑流上层部分的影响,如图 3-32 所示,螺旋桨产生的上层滑流从左方作用于机身尾部和垂直尾翼,产生向右的空气动力,对无人机重心形成偏转力矩,使机头向左偏转。

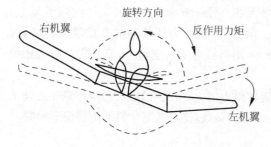

图 3-31 螺旋桨反作用力矩

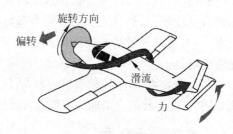

图 3-32 滑流引起的扭转

空气动力越大,机头偏转得越厉害,空气动力主要与发动机功率和飞行速度有关。因此,为制止偏转所需操纵量应结合发动机油门和飞行速度综合考虑,例如,当螺旋桨顺时针转动,在飞行速度不变时,加油门增大发动机功率,则滑流扭转角增大,空气动力也相应增大,为制止无人机向左偏转所需增加右舵量;减小油门时,则操作相反。

3.2.5 平衡

固定翼无人机在飞行时,所有作用于无人机上的外力为零,所有外力对重心所产生的力矩之和也等于零的状态,称为平衡状态,等速直线运动是固定翼无人机的一种平衡状态。

平衡问题归结为纵向平衡、横向平衡和航向平衡的问题。这 3 种平衡状态都满足所有合力为零和合力矩为零的条件,主要表现为将无人机上所有的力分解到垂直方向和水平方向上,所有分解到垂直方向上的合力为零,所有水平方向上的合力也为零,所有绕重心的合力矩为零。在后续分析中不再对合力为零进行分析,主要对力矩平衡进行分析。

1. 重心

无人机部件和机载设备的重量之和称为重力,而重力的作用点就是无人机的重心,如图 3-33 所示,重心位置通常用重心在平均空气动力弦长上的投影点到前缘的距离 $x_重$ 占平均空气动力弦 b_{MC} 的百分数来表示,即

$$X = \frac{x_重}{b_{MC}} \times 100\%$$

平均空气动力弦长是指假想的矩形翼的翼弦,该矩形翼的面积、空气动力以及俯仰力矩等特性都与原机翼等效,如图 3-34 所示。

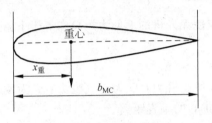

图 3-33 重心位置

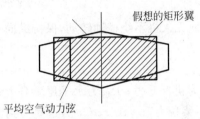

图 3-34 平均空气动力弦

2. 坐标轴

无人机的任何一种运动都可以分解成全机随着重心的移动和绕重心的转动。

研究固定翼无人机飞行运动时选取机体的坐标原点是与机体固连,原点位于机体的重心,如图 3-35 所示。

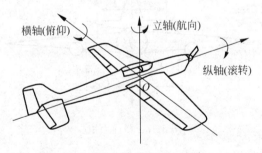

图 3-35 机体轴及对应转动

纵轴通过重心,在无人机对称面内,沿机身轴线,箭头指向机头方向。无人机绕纵轴的转动叫滚转或横滚运动。

立轴通过重心,在无人机对称面内,并与纵轴垂直的直线,箭头指向上方。无人机绕立轴的转动叫偏转或偏航运动。

横轴通过重心并与对称面垂直,箭头指向右机翼。无人机绕横轴的转动叫俯仰运动。

飞行中无人机姿态的改变都是绕着以上 3 个轴中的一个或多个移动或转动的。

3. 纵向平衡

纵向平衡是指无人机在纵向平面内做等速直线飞行,并且不绕横轴转动的运动状态。

当无人机做等速直线飞行时,使其绕横轴俯仰的力矩主要是由作用在机翼、机身和尾翼上的升力、发动机的推力和阻力所产生,如图3-36所示。

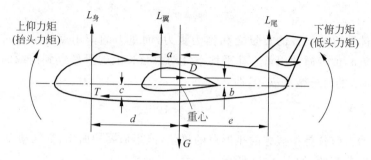

图3-36 纵向力矩

为了使无人机不绕横轴转动,保持纵向平衡,应使无人机的上仰力矩总和等于下俯力矩总和,即

$$L_翼 a + Db + L_身 d + Tc = L_尾 e$$

式中,$L_翼$为机翼升力;$L_尾$为水平尾翼升力;$L_身$为机身升力;D为空气阻力;T为发动机推力(螺旋桨拉力);a、b、c、d、e为这些力到无人机重心的垂直距离。

4. 横向平衡

横向平衡是指无人机做等速直线飞行,并且不绕纵轴滚转的运动状态。

当无人机做等速直线飞行时,使其绕纵轴滚转的力矩主要是由两边机翼上的升力及其重力所产生,如图3-37所示。

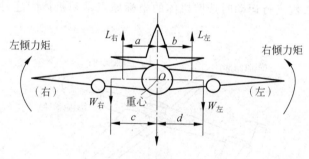

图3-37 横向力矩

为了使无人机不绕纵轴转动,保持横向平衡,应使无人机的右倾力矩总和等于左倾力矩总和,即

$$L_右 a + W_左 d = L_左 b + W_右 c$$

式中,$L_右$、$L_左$为右机翼和左机翼的升力;$W_左$、$W_右$为左机翼和右机翼上的载重;a、b、c、d为这些力到无人机重心的垂直距离。

5. 航向平衡

航向平衡是指无人机做等速直线飞行,并且不绕立轴转动的飞行状态。

当无人机做等速直线飞行时,使其绕立轴转动的偏航力矩主要由两边机翼的阻力和发动机的推力所造成,如图3-38所示。

为了使无人机不绕立轴转动,保持航向平衡,应使无人机的左转航向力矩总和等于右转

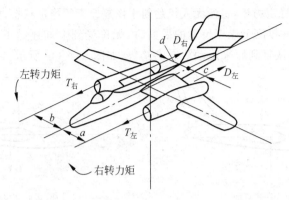

图 3-38 航向力矩

航向力矩总和,即

$$D_左 c + T_右 b = D_右 d + T_左 a$$

式中,$D_左$、$D_右$ 为左侧和右侧的阻力;$T_左$、$T_右$ 为左发动机和右发动机的推力;a、b、c、d 为这些力到无人机重心的垂直距离。

3.2.6 稳定性

固定翼无人机在飞行过程中的平衡状态不是一直保持的,经常会受到各种各样的干扰,这些干扰会使其偏离原来的平衡状态,而在干扰消失以后,无人机能否自动恢复到原来的平衡状态,就涉及无人机稳定或不稳定的问题。

通常将稳定性分为静稳定性和动稳定性。静稳定性是指在飞行过程中,如果无人机受到扰动而偏离原来的平衡状态,扰动消失以后,不经人为操纵,无人机具有自动恢复到原来平衡状态的趋势,则称其具有静稳定性。静稳定性只表明无人机在外界扰动作用后有无自动恢复到原来平衡状态的趋势,并不能代表整个稳定的过程。研究无人机在外界瞬间扰动作用下,整个扰动运动过程的问题则称为动稳定性。在本书中,主要介绍静稳定性。

1. 纵向静稳定性

纵向静稳定性是指当无人机受到微小扰动而偏离原来纵向平衡状态,并在扰动消失以后能自动恢复原来纵向平衡状态的特性。

在飞行过程中,作用于无人机的俯仰力矩主要是机翼力矩和水平尾翼力矩。当纵向平衡受到破坏,导致无人机的俯仰姿态以及迎角变化,在机翼、机身、尾翼上的升力都会发生变化。虽然升力大小发生了变化,但是附加升力的作用点却保持不变,这些附加升力的合力作用点称为无人机的焦点,如图 3-39 所示。

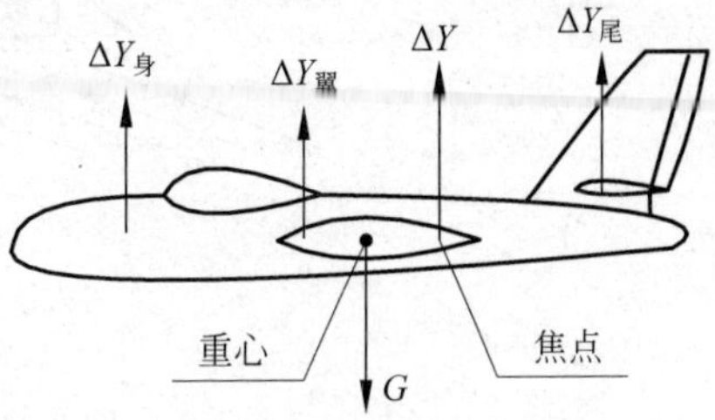

图 3-39 各部分的升力增量

当无人机重心位于焦点位置的前面受到扰动而机头上仰时,机翼和水平尾翼的迎角增大,会产生一个向上的附加升力,则此向上的附加升力 ΔY 会对无人机产生下俯的稳定力矩,使无人机趋向于恢复原来的状态;反之,当无人机受到扰动而机头下俯时,机翼和水平尾翼的迎角减小,会产生一个向下的附加升力,此附加升力对重心形成一个上仰的稳定力矩,也使无人机趋向于恢复原来的稳定状态,如图 3-40(a)所示。

然而,当无人机重心位于焦点位置的后面时,无论受到上仰还是下俯的干扰,附加升力都不能使无人机产生恢复到原来运动状态的趋势,如图 3-40(b)所示。

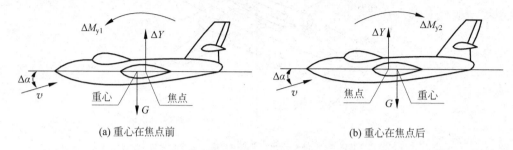

(a) 重心在焦点前   (b) 重心在焦点后

图 3-40 重心位置与纵向静稳定性的关系

因此,无人机的纵向静稳定性主要取决于无人机重心的位置,只有当重心位于焦点前面时,无人机才是纵向稳定的;如果重心位于焦点之后,无人机则是纵向不稳定的。重心前移可以增加无人机的纵向静稳定性,但并不是静稳定性越大越好,例如,由于重心前移使稳定性过大,升降舵的操纵力矩就难以使无人机抬头,进而导致无人机的操纵性变差。

2. 横向静稳定性

横向静稳定性是指无人机受扰动以致横向平衡状态遭到破坏,在扰动消失后,无人机自身能产生一个恢复力矩,使其趋向于恢复原来的平衡状态。反之,就没有横向静稳定性。

影响横向静稳定性的因素主要有机翼上反角、机翼后掠角和垂直尾翼。

1) 机翼上反角的作用

无人机在匀速直线飞行过程中,当有一个扰动从左前方吹来影响到无人机的左翼上,使左翼抬起,右翼下沉,无人机受扰动面产生向右的倾斜,沿着合力的方向,无人机将沿右前下方产生侧滑,如图 3-41 所示。

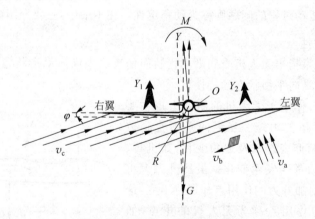

图 3-41 上反角与横向静稳定性

v_a—阵风速度;v_b—侧滑速度;v_c—相对风速;O—无人机重心;M—恢复力矩;φ—上反角

此时,因上反角的作用,右翼有效迎角增大,升力也增大;左翼则相反,有效迎角和升力都减小。左右机翼升力之差形成的滚转力矩图减小或消除倾斜,进而消除侧滑,使无人机具有自动恢复横向平衡状态的趋势。因此,具有机翼上反角的无人机具有横侧向静稳定性。

2) 机翼后掠角的作用

同理,无人机在匀速直线飞行过程中,当有一个扰动从左前方吹来影响到无人机的左翼上,使左翼抬起,右翼下沉,无人机受扰动面产生向右的倾斜,升力也跟着倾斜,无人机将沿着合力 R 的方向产生侧滑,如图 3-42(a)所示。由于后掠角的作用,右翼的有效速度大于左翼的有效速度,如图 3-42(b)所示,所以,在右边机翼上产生的升力将大于左边机翼上产生的升力,左右机翼升力之差形成的滚转力矩力图减小或消除倾斜,使无人机具有横侧向静稳定性。因此,具有机翼后掠角的无人机具有横侧向静稳定性。

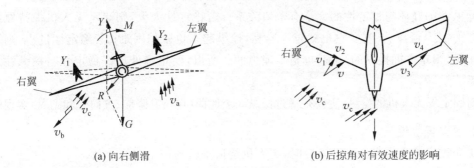

(a) 向右侧滑   (b) 后掠角对有效速度的影响

图 3-42 后掠角与横向静稳定性

v_a—阵风速度;v_b—侧滑速度;v_c—相对风速;M—恢复力矩

3) 垂直尾翼的作用

垂直尾翼也对横向静稳定性有一定作用,当无人机出现侧滑角时,在垂直尾翼上会产生侧力,因为垂直尾翼一般在机身的上方,因此这个侧力能提供一个滚转力矩,即横向恢复力矩。因此,垂直尾翼也具有横向静稳定性作用。

3. 航向静稳定性

航向静稳定性是指无人机飞行受到扰动以致方向平衡状态遭到破坏,而在扰动消失后,无人机能趋向于恢复原来的平衡状态。反之,就没有航向静稳定性。

固定翼无人机飞行主要靠垂直尾翼的作用来保证航向静稳定性。假设当有外界扰动从左前方吹来,使无人机偏离了原来的航向,产生向右的侧滑,相对气流方向和固定翼无人机的对称面之间有一个侧滑角 β,此时,空气从无人机的左前方吹来作用在垂直尾翼上,产生向右的附加侧力 Z,如图 3-43 所示。

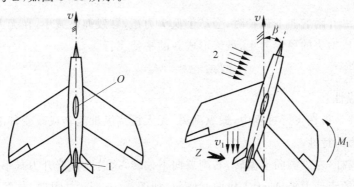

图 3-43 航向静稳定性原理

1—垂直尾翼;2—阵风;Z—附加力;M_1—恢复力矩;O—重心;v_1—相对速度;v—飞行速度

此力对无人机重心形成一个方向稳定力矩,力图使机头左偏,消除侧滑,使无人机趋向于恢复方向平衡状态,因此,垂直尾翼具有航向静稳定性的作用。

3.2.7 操纵性

由于执行任务和飞行阶段的不同,无人机不可能始终用一种平衡状态飞行,还需要经常改变飞行状态。操纵性是指无人机驾驶员通过操纵遥控器来改变固定翼无人机上的操纵舵面(升降舵、方向舵和副翼),实现改变无人机飞行状态的能力。

操纵性的好坏与稳定性的大小有密切关系。若稳定性太大,则表示无人机保持原有飞行状态的能力越强,要改变它也就越不容易,操纵起来也就越困难;若稳定性过小,则操纵力也很小,很难掌握操纵的分量,也是不理想的。所以,要正确处理好稳定性与操纵性之间的关系。

对固定翼无人机的操纵,主要是通过操纵3个舵面(包括升降舵、方向舵和副翼)实现的。

1. 纵向操纵性

纵向操纵性是指当操纵升降舵时,无人机绕横轴转动产生俯仰运动。

通过操纵升降舵向上偏转,在平尾上产生向下的附加升力 $\Delta L_{尾}$,该力对无人机重心形成使无人机抬头的操纵力矩,如图3-44所示。

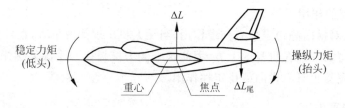

图3-44 纵向操纵性原理

在该力矩作用下,原有的平衡状态即被破坏,无人机便绕横轴转动,使迎角增大,由于迎角增大,产生附加升力 ΔL,作用点是无人机焦点。对于静稳定的无人机,焦点位于重心之后,附加升力 ΔL 对重心形成俯仰稳定力矩,方向与操纵力矩相反,当迎角不断增大,最终使得稳定力矩与操纵力矩相等时,无人机的迎角将不再增大,无人机便在新的迎角下保持平衡飞行。

同理,当操纵升降舵向下偏转时,会产生低头力矩,导致迎角减小,在无人机焦点上向下产生附加力,形成抬头的稳定力矩,最终形成新的平衡飞行。

$$M_{操纵力矩} = M_{稳定力矩}$$

2. 横向操纵性

横向操纵性是指在飞行过程中,操纵副翼,无人机绕纵轴滚转或改变其滚转角速度和倾斜角等飞行状态的特性。

向左压副翼杆,左副翼向上偏转,右副翼向下偏转,这时左机翼升力减小,右机翼升力增大,则产生左滚的滚动力矩,使无人机向左倾斜,如图3-45所示;同理,向右压副翼杆,则右副翼向上偏转,左副翼向下偏转,产生右滚的滚动力矩,无人机便向右倾斜。

副翼杆压杆量越大,副翼偏角也越大,无人机的滚转角速度也越大,压杆杆力的大小及其随速度的变化规律是衡量和评定横向操纵性好坏的重要指标。

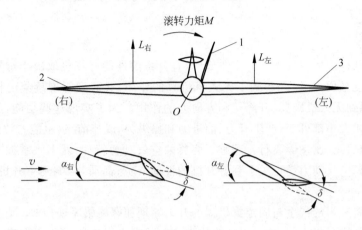

图 3-45　横向操纵性原理

1—驾驶杆；2—右副翼；3—左副翼；O—无人机重心；v—相对风速；δ—副翼偏转角

3. 航向操纵性

航向操纵性是指当操纵偏转方向舵后,无人机绕竖轴转动而改变其侧滑角等飞行状态的特性。

航向操纵主要通过方向舵实现,操纵方向杆向右,方向舵向右偏转,在垂直尾翼上产生向左的侧向力 Y,该力对重心形成使机头向右偏的航向操纵力矩,使无人机产生向右偏航及侧滑角 β,由于侧滑角的出现,在垂直尾翼、机翼、机身等部件上又会引起侧向力,其合力对无人机重心形成使机头向左偏转的航向静稳定力矩,如图 3-46 所示。当其与航向操纵力矩相等时,机头不再偏转,侧滑角也不再增大,无人机便在新的带一定侧滑角的航向平衡状态下继续飞行。

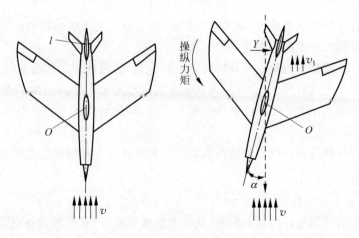

图 3-46　航向操纵性原理

l—方向舵；O—重心；v—相对速度；v_1—相对风速；α—偏航角

3.3 无人直升机飞行原理

3.3.1 升力

旋翼是直升机产生空气动力的主要部件,直升机的性能好坏也取决于旋翼的空气动力特性。对直升机来说,旋翼既起到了无人机机翼的作用,又起到了螺旋桨的作用。不仅如此,旋翼还能起到无人机副翼、升降舵和方向舵的作用。为了实现这些功能,旋翼总的空气动力矢量方向和大小都可变,产生升力、前进力和操纵力,既能前飞,也能有效地完成空中悬停、垂直起落和后飞、倒飞等飞行。理解了旋翼的空气动力特性,就不难掌握有关直升机的飞行原理。旋翼空气动力学也关系到直升机的性能、飞行品质,影响到直升机的可靠性、舒适性。

直升机旋翼升力的产生与固定翼机翼的升力原理和螺旋桨原理相似。直升机在无风条件下做垂直升降或悬停运动,都可以认为旋翼处于垂直飞行状态,也称为轴流状态。在轴流状态下直升机旋翼由发动机带动在空气中旋转,带动空气向下运动,每一片旋翼叶片都产生升力,这些升力的合力就是直升机的升力。单旋翼直升机的旋翼旋转产生升力,并对机身产生反扭矩,反扭矩迫使直升机向旋翼旋转的反方向偏转,尾桨旋转产生推力用来抵消反扭矩。

直升机在垂直飞行状态(轴流状态)时,每片桨叶受到的作用力除桨叶自身重力外,还有桨叶的拉力和惯性离心力。由于旋翼周向气流是对称的,每片桨叶在旋转一周中,拉力和惯性离心力不变,所以,桨叶在各个方向上扬起的角度均相同,主旋翼上的拉力如图3-47所示。

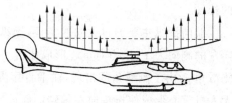

图 3-47 轴流状态下主旋翼的拉力

3.3.2 旋翼运动

直升机上有各种形式的旋翼,旋翼形式参见"第2章 无人机结构与系统",三大铰链的作用是所有直升机飞行中都应满足的。

旋翼桨叶一边旋转一边随着直升机机体一起运动,这两种运动的合成使桨叶的相对气流速度在旋转平面中左右两侧不对称,这就是旋翼运动的突出特点。为了避免由于气流不对称造成直升机倾覆,桨叶在旋转中自由地上下运动,化解气流左右不对称对旋翼拉力的影响。

旋翼运动即挥舞运动,所以,桨叶挥舞是消除桨叶拉力不对称性的主要方式。

1. 挥舞运动

1) 相对气流不对称性

为了便于说明旋翼桨叶所在的位置,从上方俯视旋翼,以桨叶在直升机正后方为0°,按旋转方向计算方位角,对于俯视顺时针旋翼直升机,桨叶在正左方为90°,正前方为180°,正右方为270°;对于俯视逆时针旋翼直升机,桨叶在正右方为90°,正前方为180°,正左方为270°,如图3-48所示。

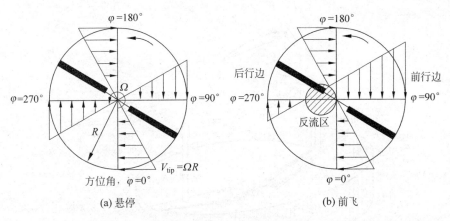

图 3-48 悬停和前飞时相对气流

俯视逆时针旋翼直升机的悬停状态,旋翼桨叶周向气流分布情况如图 3-48(a)所示。在无风情况下,直升机在空中悬停或垂直升降时,旋翼处在轴流状态下,桨叶各切面的周向气流速度的大小等于该切面的圆周速度,且不随方位角改变。从图中可以看出,桨尖的周向气流速度最大,越靠近旋翼轴的桨叶,切面周向气流速度越小,到旋转轴处为零。对桨叶某个切面来说,其周向气流速度是定值,不随桨叶所处的方位角而改变。因此,在轴流状态下,旋翼桨叶的周向气流速度相对旋转中心是对称的。

直升机前飞时,可以认为旋翼处在斜流状态,旋翼桨叶周向气流分布情况如图 3-48(b)所示。在此状态下,桨叶各切面的周向气流速度在不同的方位是不相同的。桨叶各切面的周向气流速度是由旋翼转动和直升机前飞两种情况所引起的周向气流速度合成的。因此,它是随桨叶转到不同方位而改变的,左右两侧气流不对称。

旋翼的相对气流不对称性会使前行桨叶的相对气流速度大,不考虑其他因素,根据空气动力特性,则产生的拉力就大,在方位角 90°处拉力最大,后行桨叶的相对气流速度最小,则产生的拉力小,在方位角 270°处拉力最小,这样,就形成了旋翼左右两边拉力不对称的现象。

2) 迎角不对称性

如果旋翼的桨叶与桨毂采用刚性连接,就会形成较大的横侧不平衡力矩,迫使直升机向一侧翻倒。此外,没有挥舞铰的旋翼,桨叶拉力会使桨叶根部受到很大的弯矩,桨叶拉力发生周期性变化,也会使桨叶根部受到的弯矩发生周期性变化,桨叶在这种交变弯矩作用下很容易疲劳损坏。

为了克服上述问题,最简便的方法就是采用具有挥舞铰的旋翼,如图 3-49 所示。

在安装有挥舞铰的直升机前飞中,在桨叶相对气流不对称的影响下,因挥舞速度不同也会引起桨叶迎角变化,如图 3-50 所示。

在前飞的前行桨叶区,由于流经桨叶的相对气流速度增大,桨叶拉力也增大,桨叶绕挥舞铰向上挥舞,产生自上而下的相对气流,使桨叶迎

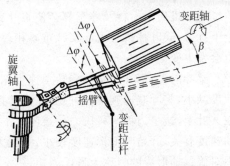

图 3-49 水平铰的挥舞调节

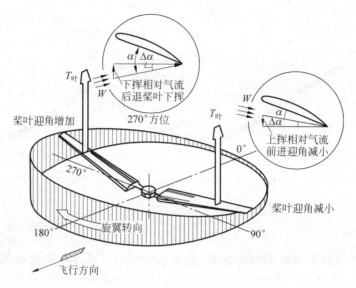

图 3-50 桨叶挥舞时迎角变化

角减小,于是桨叶拉力也减小,桨叶向上挥舞速度越大,桨叶迎角减小越多。可见,桨叶在上挥的过程中可以自动调整自身的拉力,结果使拉力大致保持不变。

同理,在后行桨叶区中,旋翼桨叶绕旋转轴旋转时,由于相对气流速度和拉力减小,桨叶向下挥舞,桨叶向下挥舞所形成的自下而上的相对气流又会使桨叶迎角增大。这样,桨叶下挥过程中也能使桨叶本身的拉力大致保持不变。

3)挥舞铰的作用

由以上分析可知,在桨叶相对气流不对称性的影响下,因挥舞速度不同所引起的桨叶迎角不对称性,前行桨叶区内的迎角小,而后行桨叶区内的迎角大。相对气流不对称性和角不对称性促使桨叶在各个方位的拉力大致保持不变。所以,旋翼装有挥舞铰后,不仅消除了横侧不平衡力矩,就连拉力的不对称也基本消除了。

此外,因挥舞铰不能传递挥舞面内的弯矩,这样,桨叶拉力形成的弯矩在挥舞铰处变为零。因此,采用挥舞铰能大大提高桨叶的抗疲劳强度,并因此减轻桨叶的结构质量。必须指出,不带挥舞铰的旋翼的挥舞运动是通过其他方式实现的,道理是一样的。

2. 摆振运动

1)科氏力

直升机启动运行及停车都会使桨叶旋转的角速度发生变化。当直升机前飞时,桨叶会上下挥舞,桨叶挥舞会引起桨叶重心相对旋翼轴的距离发生周期性变化,桨叶的旋转角速度也会发生变化。

桨叶向上挥舞时,桨叶旋转角速度增大,桨叶加速旋转;桨叶向下挥舞时,桨叶旋转角速度减小,桨叶减速旋转。可见,在桨叶挥舞时,在旋转面内有一个促使转速变化的力作用在桨叶上,这个力称为科氏力。桨叶上下挥舞都会产生科氏力,科氏力的大小与桨叶挥舞运动速度有关,开始时上挥速度较小,科氏力也较小;随着上挥速度增加,科氏力也增大,科氏力对旋翼轴形成的力称为科氏力矩。

由于桨叶的挥舞运动是周期变化的,桨叶加速或减速旋转时,受到的科氏力大小和方向周期变化,这对桨叶的强度极为不利。同时桨叶旋转时也会产生惯性离心力,且惯性离心力是在桨根部位,结构有可能因材料疲劳而被破坏,为解决这个问题就在桨上安装摆振铰。

2) 摆振铰的作用

采用摆振铰可以使桨叶受到科氏力作用后,在旋转平面内绕摆振铰前后摆定角度消除了桨根受到的科氏力的影响,以减小桨叶的受载桨叶上挥,科氏力使桨叶向前摆动;桨叶下挥,科氏力使桨叶向后摆动。桨叶绕摆振铰的摆动角度称为前摆角或后摆角,用 x 表示,如图 3-51 所示。

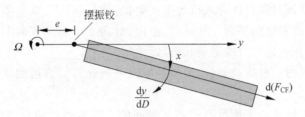

图 3-51 摆振运动的受力状态

桨叶前后摆动角度受到惯性离心力的影响,在最大摆动角上,科氏力和惯性离心力分力相等。由于桨叶惯性离心力很大,所以桨叶在挥舞中的科氏力使桨叶前后摆动的角度很小。

如果桨叶绕摆振铰的摆振角过大,就会使旋翼重心过多地偏离桨毂中心,由此产生不平衡的惯性离心力会引起直升机振动,在某些情况下还会使直升机发生地面共振。为了防止桨叶绕摆振铰摆动过大而引起直升机振动大,部分直升机都在垂直铰上设置有减摆器和限动块,将桨叶的摆振角限制在一个很小的范围内。

摆振铰处也可以安装减摆器,如图 3-52 所示,目的是阻尼桨叶的摆振运动控制旋翼的摆振速率。旋翼加速旋转时,桨叶可以后退一定角度,并利用减摆器吸收加速的冲击力,因而减小了桨叶结构受载。反之,旋翼突然减速时,桨叶可以向前摆动一个角度,减轻桨叶结构受载。

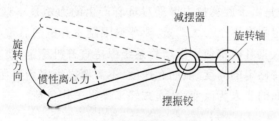

图 3-52 加速旋转时的摆振运动

另外,没有摆振铰的旋翼也存在摆振运动,其桨叶的摆振运动大都靠其他方式实现。

3. 变距运动

桨叶绕变距铰转动来改变安装角或桨叶角,称为桨叶变距,如图 3-53 所示。通常通过操纵总距杆来一起改变所有桨叶的桨距,通过周期变距杆来周期性地改变桨叶的桨距。同时,桨叶的变距还可通过操纵自动倾斜器来实

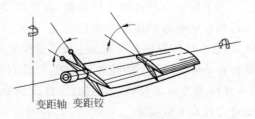

图 3-53 桨叶的变距

施。当自动倾斜器运动时,可使桨叶的桨叶角既可周期变化,也可同时变化。

如果由于非操纵产生旋翼挥舞运动,桨叶上挥和下挥会受到拉杆的限制,在一定条件下造成桨叶角发生变化,此时桨叶的变距运动是由桨叶挥舞运动被动产生的,这主要与桨叶的气动特性、旋翼形式、桨叶翼型和挥舞特性有关。桨叶的变距主要是通过改变桨距,进而改变桨叶与相对气流的迎角,从而实现升力的变化。

3.3.3 稳定性

无人直升机的平衡与固定翼无人机的平衡类似,均是在确定重心和坐标轴的基础上保持纵向平衡、横向平衡和航向平衡。在纵向、横向、航向3个运动方向上实现合力及合力矩为零,无人机保持静止或匀速直线运动状态,即平衡。

稳定性是直升机的一种运动属性,通常是指直升机保持固有运动状态或抵制外界扰动的能力。

直升机的静稳定性是指平衡状态被破坏瞬间的直升机运动趋势,包括3种形式:静稳定、静不稳定和中性稳定。如果直升机受到外界瞬态扰动作用后,不经人为干预,具有自动恢复到原来平衡状态的趋势,则称直升机为静稳定;反之,在外界瞬态扰动后,直升机有扩大偏离平衡状态的趋势,称直升机为静不稳定。直升机受到瞬态扰动后,既无扩大偏离也无恢复到原来平衡状态的趋势,称直升机为中性稳定。

直升机的动稳定性是指做定常飞行的直升机受到扰动而偏离其平衡状态后,在由此而产生的力和力矩作用下所发生的运动性质,直升机的动稳定性较复杂,在此不展开讨论。

影响直升机稳定性的因素很多,主要有以下两点。

(1)飞行速度。在低速前飞时平尾提供静不稳定力矩,但随着前飞速度增加,当旋翼尾流不影响平尾时,平尾能改善直升机的速度稳定性;同时在较大速度下,平尾也能改善直升机的迎角稳定性。

(2)重心位置。直升机重心对迎角稳定性有明显的影响,后重心时的迎角不稳定性要比正常重心时严重,这是由于旋翼拉力增量对重心产生的力矩是不稳定的抬头力矩。为了使旋翼对迎角的不稳定程度不至于太严重,要严格限制直升机的后重心。

许多现代高级无人直升机都使用了增稳系统保持直升机稳定,使直升机不受外界(如阵风等)的干扰影响,保持已定的高度、航向和速度,不需要操纵者始终在摇杆上不停地修正就能自动补偿姿态和航向的非人为改变,从而减轻了操纵工作负荷。

3.3.4 操纵性

1. 操纵方式

为了改变直升机的飞行状态,需要改变直升机操纵面上的空气动力即实现飞行操纵。飞行器在空中运动具有6个自由度,固定翼无人机是通过副翼、升降舵和方向舵来实现操纵,而直升机的操纵都是通过主旋翼及尾桨来实现的,由于直升机的纵向移动与俯仰转动、横侧移动与滚转是不能独立分开的,因此直升机的操纵主要有以下4种方式。

(1)垂直运动操纵。通过总距杆改变旋翼桨叶角而改变旋翼拉力,操纵直升机升降改变升力的大小来实现。

(2)纵向运动操纵。通过改变旋翼纵向倾斜角而改变拉力方向,产生附加纵向力来操纵直升机前进或后退。

（3）横侧运动操纵。通过改变旋翼横向倾斜角而改变拉力方向，产生附加横侧力来实现。

（4）航向运动操纵。通过改变尾桨拉力大小或通过改变尾桨桨距而改变尾桨拉力来保证原定航向或进行左右转弯。

上述操纵是通过3种操纵系统来实现的，即对主旋翼的总距操纵、主旋翼的周期变距操纵和尾翼的航向操纵。主旋翼的总距操纵一般是通过自动倾斜器实现的。

总变距杆移动可以同时等量地改变所有旋翼桨叶的桨叶角，从而改变旋翼拉力。

周期变距杆是用来倾斜旋转的旋翼，即使旋翼向前、向后、向左或向右以及这些方向的合成倾斜。这样就会在这个桨尖旋转面的倾斜方向产生一个作用力，使直升机沿该方向移动。当操纵周期变距杆，就会引起旋翼各个桨叶的桨叶角在转动过程中发生不同的变化，通过改变相应桨叶的桨距来使该桨叶向上或向下运动，从而使旋翼按照操纵要求发生偏转。

航向操纵用于操纵和改变尾桨的转速或桨叶角，但只能改变尾桨各桨叶的总距，而不能够进行周期变距输入。

直升机的飞行操纵是相互影响的，旋翼总距的增加会相应增加旋翼扭矩，这时需要操纵尾桨来抵消因旋翼转动而产生的扭矩。尾桨除了用来抵消扭矩作用外，通过航向操纵还可以实现对直升机航向的控制，即机头转左或转右。

2. 操纵方法

直升机的操纵系统是指传递操纵指令，进行总距操纵、变距操纵和航向操纵的操纵机构与操纵线路。通过总距操纵来实现直升机的升降运动；通过变距操纵来实现直升机的前后左右运动；通过航向操纵来改变直升机的飞行方向。

1）总距操纵

总距操纵是通过操纵自动倾斜器调节变距铰，使各片桨叶的安装角同时增大或减小，进而使主旋翼的总桨距改变，从而改变旋翼拉力F的大小。当拉力F大于直升机重力G时，直升机就上升；反之，直升机则下降，如图3-54所示。总距操纵时，旋翼的需用功率也随之改变。因此，必须相应地改变发动机的油门，使发动机的输出功率与旋翼的需用功率相匹配，以保持旋翼速度不变，同时，还需要配合尾桨转速的变化，以抵消主旋翼产生的反扭矩。在无人机操纵设计中，一般发动机油门操纵和总距操纵通常是交联的，改变总距时，油门开度也相应地改变。因此，总距操纵一般又称总桨距—油门操纵。

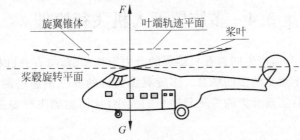

图3-54　总距操纵

2) 变距操纵

变距操纵是通过操纵自动倾斜器调节变距铰,使桨叶的桨距周期性地改变,也就是说,旋翼每片桨叶的桨距在每一转动周期(每转一周)先增大到某数值然后下降到某一最小数值,周而复始,从而使桨叶升力周期改变,并由此引起桨叶周期挥舞,如图 3-55 所示。最终导致旋翼锥体相对于机体向着操纵者控制的方向倾斜,由于升力基本上垂直于桨盘平面,所以拉力 F 也向运动方向倾斜,从而实现纵向(俯仰)及方向(横滚)运动。例如,当拉力前倾时,产生向上的分力 F_1 平衡重力 G,产生向前的分力 F_2,直升机向前运动,如图 3-56 所示;同理,当拉力后倾时,产生向后的分力,直升机向后运动。

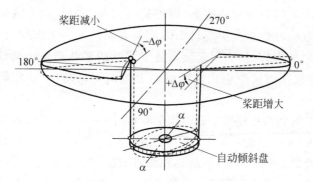

图 3-55　桨距周期性改变

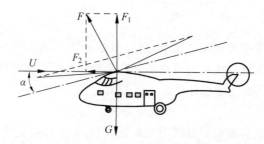

图 3-56　旋翼锥体向前倾斜

3) 航向操纵

航向操纵可以通过改变尾桨的推力(或拉力)大小来实现。当直升机要沿扭矩相反方向偏航时,则需要尾桨产生更多的力来抵消它;当直升机要沿扭矩相同方向偏航时,则需要减小尾桨力而只靠反作用力矩使直升机转向,如图 2-12 所示。

3.4　多旋翼无人机飞行原理

多旋翼无人机的升力产生同直升机旋翼的升力原理相似,与直升机相比结构简单,控制方式简单,因此应用于越来越多的场合。多旋翼无人机的操纵是通过调节各电动机的转速来改变螺旋桨的转速,实现升力的变化及转矩的大小,从而达到飞行姿态变化,飞行原理主要介绍其操纵性。

本书以 X 形布局的四旋翼无人机为例,介绍其操纵性,其余布局的多旋翼无人机操纵方法有差异,但是遵循的基本原则是相同的。

X形四旋翼无人机通过控制电动机 1 至电动机 4 带动螺旋桨旋转,提供无人机升力 F_1、F_2、F_3、F_4。由于电动机和螺旋桨的旋转运动会对机体本身产生反转矩 T_1、T_2、T_3、T_4,若 4 个电动机同时顺时针转动,将导致机体沿逆时针方向自旋。因此,在 X 形四旋翼无人机中,采用对角电动机同向转动、相邻电动机反向转动的方式安排,抵消反转矩。如图 3-57 所示,电动机 1 和电动机 3 逆时针转动、电动机 2 和电动机 4 则顺时针转动,4 个电动机的反转矩彼此抵消。

1. 垂直运动

垂直运动是指无人机克服自身重力进行上升和下降的运动。是其最基本的功能,X 形四旋翼无人机升降运动是指无人机沿着立轴上下垂直运动,4 个旋翼由电动机带动旋转,产生向上的升力 F_1、F_2、F_3、F_4,这 4 个升力的大小相同。因此,产生的总升力 F 为

$$F = F_1 + F_2 + F_3 + F_4$$

式中,F 为无人机总升力。

若要无人机能起飞,总升力 F 必须大于重力 G,当飞行升至规定高度后,要进行升降运动,则通过调节电动机转速来改变总升力 F 的大小实现。当增加电动机转速,无人机受到的总升力 F 增大,大于无人机自身重力 G,此时无人机做垂直上升运动;当降低电动机转速,无人机受到的总升力 F 减小,小于无人机自身重力 G,此时无人机做垂直下降运动,若无人机受到的总升力 F 等于无人机自身重力 G,则无人机处于悬停。

2. 俯仰运动

俯仰运动是指无人机能绕横轴(Y 轴)转动,以无人机机体纵轴(X 轴)正方向为无人机前进方向,X 形四旋翼无人机的俯仰运动示意图如图 3-58 所示。

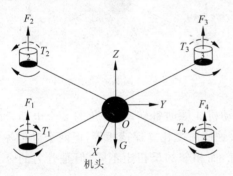

图 3-57 电动机转向示意图

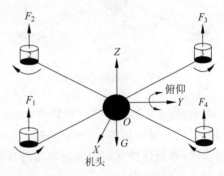

图 3-58 俯仰运动示意图

在无人机处于悬停的状态下,其受力是平衡的,停驻在某个空间位置,要做俯仰运动,通过改变电动机的转速,使得升力 F_1、F_2、F_3、F_4 变化,不再保持相等,在前方的 2 个电动机转速同时变化并保持相等,后方的 2 个电动机转速同时变化并保持相等,但是升力的合力仍然与重力 G 相等,即

$$F_1 = F_4; \quad F_2 = F_3$$
$$F_1 + F_2 + F_3 + F_4 = G$$

当 $F_2 + F_3 > F_1 + F_4$ 时,则无人机在转矩的作用下将绕着横轴(Y 轴)转动,无人机低头,即俯转运动;当 $F_2 + F_3 < F_1 + F_4$ 时,则无人机在转矩的作用下也绕着横轴(Y 轴)转动,无人机抬头后退,即仰转运动。

3. 横滚运动

横滚运动是指 X 形四旋翼无人机能绕纵轴（X 轴）转动，横滚运动的控制方法与俯仰运动相似，X 形四旋翼无人机的横滚运动示意图如图 3-59 所示。

在无人机处于悬停的状态下要做横滚运动，通过改变电动机的转速，使得升力 F_1、F_2、F_3、F_4 变化，不再保持相等，而是在同一侧的 2 个电动机转速同时变化并保持相等，但是升力的合力仍然与重力相等，即

$$F_1 = F_2; \quad F_3 = F_4$$
$$F_1 + F_2 + F_3 + F_4 = G$$

当 $F_3 + F_4 > F_1 + F_2$ 时，则无人机在转矩的作用下将绕着纵轴（X 轴）产生转动，将实现右横滚运动；若 $F_3 + F_4 < F_1 + F_2$ 时，则无人在转矩的作用下将绕着纵轴（X 轴）产生转动，将实现左横滚运动。

4. 偏航运动

偏航运动是指无人机绕着机体坐标系立轴的自旋运动，X 形四旋翼无人机的偏航运动示意图如图 3-60 所示。

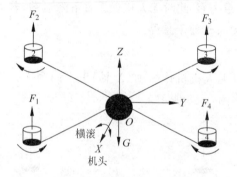

图 3-59　横滚运动示意图

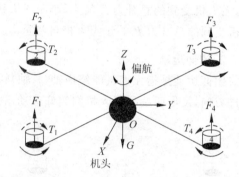

图 3-60　偏航运动示意图

电动机 1、电动机 3 逆时针转动，电动机 2、电动机 4 顺时针转动，对角的 2 个电动机转速同时变化并保持相等，另外对角的 2 个电动机转速同时变化并保持相等，但两个对角各自转速不同，从而使得反转矩满足对角的反扭矩相等，而相邻的反扭矩不同，但是升力的合力仍然与重力相等，即

$$T_1 = T_3; \quad T_2 = T_4$$
$$F_1 + F_2 + F_3 + F_4 = G$$

若 $T_1 + T_3 > T_2 + T_4$ 时，则无人机顺时针转矩大于逆时针转矩，无人机将发生顺时针旋转偏航运动；若 $T_1 + T_3 < T_2 + T_4$ 时，则无人机将发生逆时针旋转偏航运动。

5. 前后运动

前后运动是指无人机沿着纵轴在前后方向发生位移的运动，X 形四旋翼无人机的前后运动示意图如图 3-61 所示，以无人机机体纵轴（X 轴）正方向为无人机前进方向。

在无人机处于悬停的状态下，其受力是平衡的，通过改变电动机转速，使得升力 F_1、F_2、F_3、F_4 变化，不再保持相等，而是在前方的 2 个电动机转速同时减小并保持相等，后方的 2 个电动机转速同时增大并保持相等，并且升力的合力大于重力，但仍然保持对角的反转矩

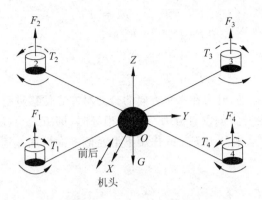

图 3-61 前后运动示意图

之和相同，即

$$F_1 = F_4; \quad F_2 = F_3$$
$$F_2 + F_3 > F_1 + F_4$$
$$F_1 + F_2 + F_3 + F_4 > G$$
$$T_1 + T_3 = T_2 + T_4$$

此时，无人机做俯转运动，升力在水平方向的分力对前后位移进行修正和控制，如图 3-62 所示，俯仰角为 θ，当满足升力的垂直分力与重力相等时，即 $F_{\cos\theta} = G$，在没有外力干扰的情况下，四旋翼无人机将在水平分力 $F_{\sin\theta}$ 的作用下沿前进方向做加速运动，不发生自转及上下垂直运动。

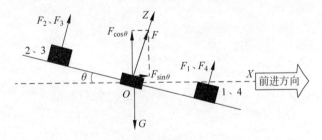

图 3-62 前后运动受力分析

6. 侧向运动

侧向运动是指无人机沿着横轴（Y 轴）左右方向发生位移的运动，X 形四旋翼无人机的侧向运动示意图如图 3-63 所示。

在无人机处于悬停的状态下，其受力是平衡的，通过改变电动机转速，使得升力 F_1、F_2、F_3、F_4 变化，不再保持相等，而是在同一侧的 2 个电动机转速同时减小并保持相等，另一侧的 2 个电动机转速同时增大并保持相等，并且升力的合力大于重力，但仍然保持对角的反转矩之和相同，即

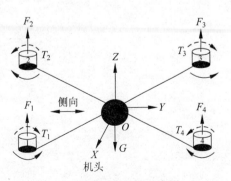

图 3-63 侧向运动示意图

$$F_1 = F_2; \quad F_3 = F_4$$
$$F_1 + F_2 > F_3 + F_4$$
$$F_1 + F_2 + F_3 + F_4 > G$$
$$T_1 + T_3 = T_2 + T_4$$

此时,无人机做横滚运动,升力在水平方向的分力对左右位移进行修正和控制,如图3-64所示,横滚角为 φ,当满足升力的垂直分力与重力相等时,即 $F_{\cos\varphi} = G$,在没有外力干扰的情况下,四旋翼无人机将在水平分力 $F_{\sin\varphi}$ 的作用下沿左侧方向做加速运动,不发生自转及上下垂直运动。

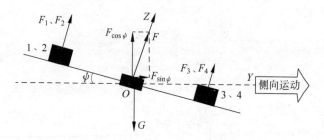

图3-64 侧向运动受力分析

航空气象

无人机飞行不仅要考虑软硬件设备问题以及人为因素,还要考虑气象对无人机的影响。本章结合飞行实际,全面且系统地介绍了与飞行有关的大气环境、恶劣天气的形成、对飞行的影响和应采取的措施以及航空气象资料的分析和应用等有关航空气象和天气分析方面的基本内容。

4.1 大气成分与结构

大气层又称大气圈,是因重力关系而围绕地球的一层混合气体,是地球最外部的气体圈层,包围着海洋和陆地。

4.1.1 大气成分

大气层的成分,按各气体体积所占百分比大小依次为78.1%的氮气,20.9%的氧气,0.94%的稀有气体(氦气、氖气、氩气、氪气、氙气、氡气),0.03%的二氧化碳,0.03%的其他气体、杂质和水蒸气,具体如表4-1所示,这个比例在50km的高度以下基本保持不变。大气层的空气密度随高度而减小,越高空气越稀薄。

表4-1 大气层的成分(气体体积百分比大小)

组成成分	体积百分比(%)
氮气	78.1
氧气	20.9
稀有气体(氦、氖、氩、氡等)	0.94
二氧化碳	0.03
其他气体(臭氧等)、杂质和水蒸气	0.03

大气层的成分,按物质形态的不同可分为干洁空气、水汽和大气杂质3个主要组成部分。其中,干洁空气即人们常说的"空气",是大气最主要的组成部分。

水汽(也称水蒸气)在大气组成中占比很小但很重要,水的补充、降水、蒸发,是海洋、湖泊、河流和植物蒸腾及其他生物与地质过程作用的结果,这也就形成了大气水循环的过程,如图4-1所示。

大气杂质是指大气中除了气体成分以外,由液体和固体杂质或微粒组成的混合物的统

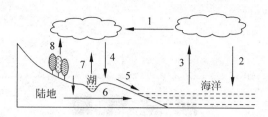

图 4-1 大气水循环过程

1—表示空中水汽传送过程；2、4—表示降水过程；3—表示海水蒸发过程；5—表示地表径流；

6—表示地下径流；7—表示陆上水蒸发的过程；8—表示植被蒸腾作用的过程

称,也可称为气溶胶粒子。大气杂质的来源很广泛,如火山喷发、扬尘、燃烧的物质颗粒和海水飞溅扬入大气后而被蒸发的盐粒,还有细菌、微生物、植物的孢子花粉以及悬浮于大气中的水滴、过冷水滴和冰晶等水汽凝结物等。

按粒径大小的不同,大气杂质(气溶胶粒子)可分为总悬浮颗粒物、飘尘、降尘、可吸入粒子和细粒子,如表 4-2 所示。

表 4-2 气溶胶粒子(按粒径大小分)

名　称	粒径(DP)大小/μm
总悬浮颗粒物(TSP)	DP<100
飘尘	DP<10
降尘	30<DP<100
可吸入粒子	DP≤10
细粒子(PM2.5)	DP<2.5

按颗粒物成因的不同,大气杂质(气溶胶粒子)可分为分散性气溶胶和凝聚性气溶胶。

按颗粒物的物理状态的不同,大气杂质(气溶胶粒子)可分为固态(烟、尘等)、液态(雾)和固液混合(霾、烟雾)等。

4.1.2 大气层的结构

大气层在不同高度上的空气性质是不同的,但在水平方向上的空气性质相对一致,即大气表现出一定的层状结构,根据高度不同,气层气温的垂直分布将大气层分为对流层(变温层)、平流层(同温层)、中间层(中层)、电离层(暖层、热层)和外层(散逸层、外大气层),再上面 1000km 外就是星际空间了,如图 4-2 所示。

1. 对流层

对流层又称变温层,是大气的最低层,从地球表面开始向高空伸展约 12km 高度(地球两极上空约 8km,中纬度区上空约 11km,赤道上空约 17km),随高度的增加平均温度递减率为 6.5℃/km。大气层集中了约 75% 的大气质量和 90% 以上的水汽质量,大气中的水汽几乎都集中在对流层,对流层内不仅有空气的水平流动,也有垂直流动。雨、雪、云、雾、霜、露等气象变化仅仅产生在对流层。

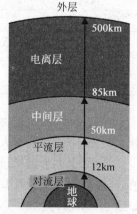

图 4-2 大气层的结构

2. 平流层

平流层又称同温层,从对流层顶到离地面大约 50km 高度之间。平流层内空气只有水平流动,这种水平流动主要是由于地球的自转造成的。平流层内没有垂直的空气流动,没有水汽,晴朗无云,很少发生天气变化,无人机可以非常平稳地飞行。

喷气式旅客机通常都在对流层顶到平流层内飞行,如波音 707 飞行时的高度为 10.6km、协和式超音速客机亚音速飞行时的高度为 11.2km,超音速飞行时的高度为 18.3km。航空器的飞行高度一般是有限的,载人高空飞行器可以达到 34.5km 高度,不载人高空飞行器甚至可以达到 46km 高度,这是大气飞行器的飞行高度极限。大型无人机为了保证飞行的稳定性,大多飞行于平流层。因为平流层具有以下特点。

(1) 受力稳定。平流层的大气比较平稳,不对流,以平流运动为主,无人机飞行比较稳定,无人机驾驶员也轻松很多。

(2) 能见度高。平流层的云雨较少,天气比较晴朗,光线比较好,其他诸如水汽、悬浮固体颗粒、杂质等也较少,所以能见度很高,便于无人机飞行。

(3) 噪声污染小。平流层距离地面较高,无人机在其中飞行,对地面产生的噪声污染相对较小。

(4) 安全系数高。自然界的鸟类飞行的高度一般达不到平流层,无人机飞行安全性就高一点。但在起飞和着陆时,要注意避开飞鸟。还有无人机飞在平流层也避免了与低空人类活动(如滑翔机)发生冲突。

(5) 经济效益好。因为平流层的乱流少,空气阻力就小,无人机飞行节省燃料。另外,平流层的水平气流大,无人机可以借助风力节省燃料。

3. 中间层

中间层又称中层,从平流层顶到离地面约 85km(80～100km)高度之间。该层内以氮气和氧气为主,几乎没有臭氧,温度垂直递减率很大,对流运动强盛。

4. 电离层

电离层又称暖层、热层,从中间层顶到离地面约 500km 高度之间。电离层含有大量的负电离子。它能反射无线电波,这对短波无线电通信具有重要意义。

5. 外层

外层又称散逸层、外大气层,从电离层顶到离地面约 1000km 高度之间。

航空活动主要集中在对流层和平流层,平流层以上各层与航空活动关系不大。

4.2 气象要素

气象要素是表示大气状态的物理量和物理现象。如气温、气压、湿度等物理量和风、云、雨等天气现象都是气象要素;气温、气压和空气湿度更是三大基本气象要素。

4.2.1 气温

气温是表示大气冷热程度的物理量。天气预报中所说的气温,是指在野外空气流通、不受太阳直射下测得的空气温度(一般在百叶箱内测定),这个空气温度一般测的是地面以上

1.25～2m 的大气温度，一般分为定时气温、日最高气温和日最低气温。

气温的度量有 3 种方式：摄氏温标、华氏温标和绝对温标。

(1) 摄氏温标。标准大气压下，规定水的冰点为 0℃，水的沸点为 100℃，根据水的这两个固定温度点来对水银温度计进行划分，100 等份的每一份称为 1℃。摄氏温标是由瑞典人摄氏于 1740 年提出来的。

(2) 华氏温标。选取氯化铵和冰水的混合物的温度为 0℃，人体温度为 100℃，那么水的结冰点就是 32°F（华氏度），沸点为 212°F。以水银为测温介质，制成玻璃水银温度计，把水银温度计从 0℃ 到 100℃ 按水银的体积膨胀距离分成 100 等份，每一份就是 1°F。华氏温标是由德国人法勒海特于 1714 年提出来的。

(3) 绝对温标。规定水的三相点（水的固、液、汽 3 种状态的平衡点）的温度为 273.16K（开尔文）。绝对温标与摄氏温标每刻度的大小是相等的，但绝对温标的 0K，则是摄氏温标的零下 273.15℃。

目前，世界上绝大多数国家采用摄氏温标，而理论研究工作中常用绝对温标表示。其间的换算关系是

$$F = \frac{9}{5}C + 32, \quad C = T - 273.15$$

式中，C 为摄氏温标（℃）；F 为华氏温标（°F）；T 为绝对温标（K）。

4.2.2 气压

气压即大气压强，是指与大气接触的面上所受到的单位面积上的空气分子的作用力。气压的常用单位有毫巴（mb）、毫米水银柱高度（mm·Hg）、帕（Pa）、百帕（hPa）、千帕（kPa），其间的换算关系是

$$1mm \cdot Hg = 4/3mb; \quad 1mb = 100Pa = 1hPa = 0.1kPa$$

国际标准大气压是指温度为 0℃，纬度为 45°的海平面上的气压值。一个标准大气压的值为 1.013×10^5 Pa，在同条件下水银柱高度达到 760mm，如图 4-3 所示。

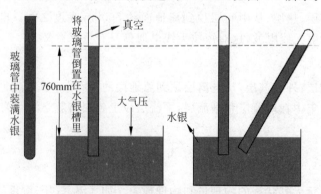

图 4-3 标准大气压下的水银柱高度

气压的大小与高度、温度、密度等有关，大气压值随地理高度的增加而减小，如图 4-4 所示。

气压有年变化和日变化。一年之中，冬季气压比夏季高。一天之中，气压有一个最高值，出现在 9～10 点，一个最低值，出现在 15～16 点，还有一个次高值，出现在 21～22 点，一

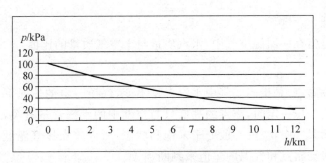

图 4-4 气压与海拔的关系

个次低值,出现在 3~4 点。气压日变化幅度较小,一般为 0.1~0.4kPa,并随纬度的增高而减小。

测量气压常用的仪器有水银气压表、空盒气压表、气压计。

4.2.3 湿度

大气湿度是表示大气中水汽量多少的物理量。大气湿度与云、雾、降水等气象有关。大气湿度用以下几种物理量来表示。

1. 水汽压与饱和水汽压

大气压是大气中所有气体压力的总和。水汽也是大气的一部分,和其他气体一样,也会产生压力。而水汽产生的压力就称为水汽压。水汽压的单位和大气压一样,用 hPa 表示。在一定温度、一定体积下,空气中的水汽含量会有一个限度,一旦达到此限度,空气就会呈现饱和状态,这种情况下的空气就称为饱和空气,这时的水汽压就称为饱和水汽压,也称为最大水汽压,一旦超过这个限度,水汽就要开始凝结。饱和水汽压随温度的升高而增大。

2. 相对湿度

相对湿度是指空气中的实际水汽压与同温度下饱和水汽压的比值的百分数。

相对湿度反映的是空气距离饱和的程度。当其接近 100% 时,表明当时空气接近于饱和。当水汽压不变时,气温升高,饱和水汽压增大,相对湿度就会减小。

测量湿度的仪器种类很多,有干湿球温度表、毛发湿度表、毛发湿度计、通风干湿表、手摇干湿表等。

3. 饱和差

在一定温度下,饱和水汽压与实际空气中水汽压之差称为饱和差。饱和差表示实际空气水汽压距离饱和的程度。在研究水面蒸发时常用到饱和差,它能反映水分子的蒸发能力。

4. 比湿

比湿是指在一团湿空气中,水汽的质量与该团空气总质量(水汽质量加上其他空气质量)的比值。所以,对一特定空气,只要其中水汽质量和干空气质量保持不变,不论体积如何变化,其比湿都保持不变。因此在讨论空气的垂直运动时,通常用比湿来表示空气的湿度。

5. 水汽混合比

水汽混合比是指在一团湿空气中,水汽质量与干空气质量的比值。

6. 露点

露点温度简称露点,是指当空气中水汽含量不变,气压一定的情况下,使空气冷却达到饱和时的温度。当气压一定时,露点的高低只与空气中的水汽含量有关,水汽含量越高,露点就越高。在实际大气中,空气一般处于未饱和状态,所以露点比气温低。因此,空气距离饱和的程度可以根据露点和气温的差值来判断。

上述各种表示湿度的物理量:水汽压(饱和水汽压)、相对湿度、水汽混合比、露点4种表示的是空气中水汽含量的多少。而相对湿度、饱和差、气温和露点的差值则表示空气水汽距离饱和的程度。

4.2.4 降水

降水是指从云中降落水(包括液态水和固态水)的现象,如雨、雪、冰雹等。降水观测包括降水量的观测和降水强度的观测。降水量是指降到地面尚未蒸发、渗透或流失的降水物在地平面上所积聚的水层深度,以毫米为单位。降水强度是指单位时间内的降水量,常用的单位是 mm/10min、mm/h、mm/d。测量降水的仪器有雨量器和雨量计等。依据国家气象部门规定,降水划分为 4 类:24h 内雨量不到 10mm 的雨为小雨;10.0～24.9mm 的雨量为中雨;25.0～49.9mm 的雨量为大雨;达 50mm 及以上的雨量为暴雨。

1. 分类

1) 锋面雨

锋面雨是指冷暖气团相遇,锋面(气团交界处)空气缓慢上升(以每秒厘米的速度计算),在冷气团一侧形成层状的降水,如图 4-5 所示。

2) 对流雨

对流雨是指近地面高温潮湿,空气强烈受热,引起空气的对流运动,湿热空气在上升时遇冷成云而形成的降水,如图 4-6 所示。对流雨的特点是强度大、历时短、范围小,还常伴有暴风、雷电。

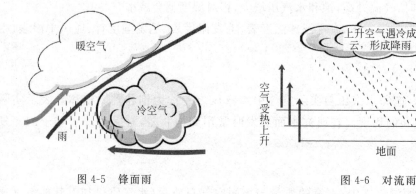

图 4-5 锋面雨　　　　　　　图 4-6 对流雨

3) 地形雨

地形雨是指暖湿气流在沿地表流动的过程中,遇到地形的阻挡,被迫沿着山坡爬行上升,引起水汽凝结而形成的降水,如图 4-7 所示。地形雨一般只发生在山地迎风坡,因为背风坡气流存在下沉,温度不断增高,形成雨影区,不易形成地形雨。

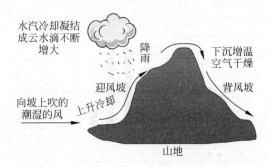

图 4-7 地形雨

4)气旋雨

气旋雨是指地面气压高于空中,气流逆时针旋转上升,形成气旋,气旋中心附近气流上升,引起水汽凝结而形成降水,如图 4-8 所示。常见的有热带气旋和温带气旋带来的降水。

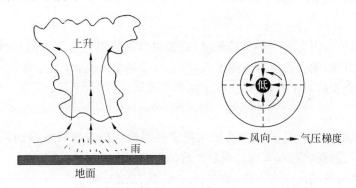

图 4-8 气旋雨

还有一种是反气旋,与气旋相反,空中气压高于地面,气流顺时针下沉。反气旋一般是晴朗天气。

2. 图表

图表是注明各种数字并表示各种进度情况的图册和表格的总称,在这里是指根据探测到降水量的时空变化规律,制成的清晰、明朗的图表。目前,常用的图表有降水柱状图和降水量图。

1)降水量柱状图

降水量柱状图能直观地反映出当地的降水量,能直观地比较当地各个月份降水的多少,易于绘制,易于观看,如图 4-9 所示。

2)降水量图

降水量图是表示降水量的空间分布、时间变化和变异情况的地图。通常表示年降水量和降水日数、各季降水量占全年总降水量的百分率、降水强度和降水变率等内容。降水量图主要以等值线和加色层表示,等值线间距并不完全相等。中国年降水量全国图多使用 25～50～100～200～400～600～800～1000～1200～1400～1600～2000～2500～3000～3500～

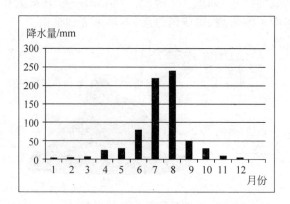

图 4-9　降水量柱状图

4000 这种序列。色层一般采用以下规则：缺资料为白色，无降水用淡黄色，降水量从小到大由浅色向深色、由淡绿色向深蓝色过渡，最大值用红色系。

4.2.5 风

风是由空气流动引起的一种自然现象，它是由太阳辐射引起的。阳光照射在地球表面上，使地表温度升高，地表的空气受热上升，冷空气于是横向流入，上升的空气因逐渐冷却又下沉，然后在地表受热又上升，这样空气不断循环流动，就产生了风。

1. 风向

风向是指风的来向。最多风向是指在规定时间段内出现次数最多的风向。实际应用中，一般用某风向出现次数和风向总观测次数的百分比来表示。

通常人们认为的风向是八方位，即东、西、南、北、东南、西南、东北、西北 8 个方位，如图 4-10 所示。而在气象观测中，风的方向是 16 方位；海上多用 36 个方位表示；在高空则用角度表示。用角度表示风向，是把圆周分成 360°，北风是 0°（360°），东风是 90°，南风是 180°，西风是 270°，其余的风向都可以由此计算出来。

测量风向的常用工具是风向标。风向标外形可分为尾翼、平衡锤、指向杆、转动轴 4 个部分。风向标一般离地面 10～12m 高，如果附近有障碍物，其安置高度至少要高出障碍物 6m 以上，并且指北的短棒要正对北方。风向箭头指向的方位，就表示当时刮风的方向。当风吹过，对空气流动产生较大阻力的一端便会顺风转动，显示风向。风向标的箭头永远指向风的来源。

图 4-10　风向八方位图

2. 风速

风速是指单位时间内空气在水平方向运动的距离，单位是 m/s 或 km/h。某个时段内出现的最大 10min 平均风速值是最大风速值。某个时段内的最大瞬时风速是极大风速值。风速等级有明确划分，如表 4-3 所示。

表 4-3　风速等级划分

风级	名称	平均离地面 10m 处风速/(km/h)	地面景象
0	无风	<1	静,烟直上
1	软风	1～5	烟示风向
2	轻风	6～11	感觉有风
3	微风	12～19	旌旗展开
4	和风	20～28	吹起尘土
5	劲风	29～38	小树摇摆
6	强风	39～49	电线有声
7	疾风	50～61	步行困难
8	大风	62～74	折毁树枝
9	烈风	75～88	小损房屋
10	狂风	89～102	拔起树木
11	暴风	103～117	损毁重大
12	飓风	118～133	摧毁极大
13	—	134～149	—
14	—	150～166	—
15	—	167～183	—
16	—	184～201	—
17	—	202～220	—

3. 分类

阵风给人的感觉是忽大忽小,吹在身上感觉一阵阵的。在气象学上,阵风通常就是指一段时间里最大的瞬时风速。天气预报中风力 4～5 级,阵风 6 级,就是说平均风力 4～5 级,最大瞬时风力可达 6 级。

旋风是指空气携带灰尘在空中飞舞形成旋涡时的风。

焚风是指空气跨越山脊时,由于空气下沉,背风坡上产生的一种暖(或热)而干燥的风。

台风是指发生在热带海洋上的大气涡旋,又叫热带气旋。当涡旋中心最大风力达到 8 级以上时,就叫台风;中心最大风力在 6～7 级叫弱台风;中心最大风力达 8～12 级时,叫强台风。

龙卷风是从积雨云中伸向地面的一种范围很小、破坏力极大的空气涡旋。发生在陆地上的叫陆龙卷,发生在海洋上的叫海龙卷,也称水龙卷。龙卷风是一种旋转力很强的猛烈风暴,风速最大可达 100m/s 以上。

山谷风是指白天在山区风沿山坡或山谷往上吹,夜间风沿山坡或山谷往下吹,这种在山坡和山谷之间,随昼夜交替而转换风向的风。

海陆风是指在近海岸地区,白天风从海上吹向大陆,夜间又从大陆吹向海上,这种昼夜交替、规律改变方向的风。

冰川风是指在白昼和夜间沿着冰川下坡方向所吹的浅层风。

季风是指随着季节交替,风向有规律转换的风。在冬季,大陆空气气压高,海上空气气压低,风从陆地吹向海上,叫冬季风;在夏季,大陆空气气压低,海上空气气压高,风从海上吹向陆地,叫夏季风。我国是季风显著的国家,冬季多偏北风,夏季多偏南风。给我国大部分地区带来了冬干夏湿的季风性气候特色。

信风是在低层大气中,从副热带高压地区吹向赤道地区的持续性风。在北半球,信风盛行风是东北风;而在南半球则是东南风。信风的特征是朝一个方向以几乎不变的力量一整年吹。

反信风是指在赤道上升的热空气到了大气上层分向两级流动的气流。由于地球自转的作用,反信风在北半球偏右,在南半球偏左。反信风不断把空气带到纬度 30°～35°的地带,构成空气聚积的状态,形成副热带高压带,所以在此区域的沙漠较多。

4.2.6 能见度

能见度是反映大气透明度的一个指标,是指视力正常的人在当时天气条件下,能够从天空背景中看到和辨出目标物的最大水平距离。单位用 m 或 km 表示。

影响能见度的因子主要有大气透明度、灯光强度和视觉感阈。大气能见度和当时的天气情况密切相关。当出现降雨、雾、霾、沙尘暴等天气过程时,大气透明度较低,因此能见度较差。

能见度与无人机飞行活动有密切关系,能见度低会直接给驾驶员目视操控无人机飞行造成困难,危及飞行安全。气象台预报的能见度通常是 1km、2km、4km、6km、8km、10km 和 10km 以上几个等级。当能见度在 4km 以下时就称为复杂气象;当能见度大于 10km,就是很好的天气状况。

1. 相关术语

(1) 有效能见度。它是指观测点四周一半以上的视野内都能达到的最大水平距离。判断方法是将各方向能见度不同的区域划分成相应扇区,然后将各扇区按能见度由大到小逐一相加,直到范围刚好超过一半的那个扇区的能见度即为有效能见度。

(2) 主导能见度。它是指观测点四周一半或以上的视野内能达到的最大水平距离。

(3) 跑道能见度。它是指从跑道的一端沿跑道方向可以辨认跑道本身或接近跑道的目标物(夜间为指定的跑道边灯)的最大距离。

(4) 垂直能见度。它是指视力正常者垂直向上(或向下)能识别黑色目标物的最大距离。

(5) 最小能见度。它是指能见度因方向而异时,其中最小的能见距离。

2. 观测方法

测量大气能见度一般可以直接目测,也可以使用大气透射仪、激光能见度自动测量仪等测量仪器测量。目前,能见度的观测以人工目测为主,只是规范性、客观性相对较差。大气透射仪是通过光束透过两固定点之间的大气柱直接测量大气柱透射率,以此来推算能见度的值。激光能见度自动测量仪是通过激光测量大气消光系数的方法来推算能见度。

一般能见度按表 4-4 所示标准划分。

表 4-4 能见度划分标准

1	能见度 20～30km	能见度极好,视野清晰
2	能见度 15～25km	能见度好,视野较清晰
3	能见度 10～20km	能见度一般
4	能见度 5～15km	能见度较差,视野不清晰
5	能见度 1～10km	轻雾,能见度差,视野不清晰

续表

6	能见度 0.3~1km	大雾,能见度很差
7	能见度小于 0.3km	重雾,能见度极差
8	能见度小于 0.1km	浓雾,能见度极差
9	能见度不足 100m	能见度为零

4.3 气象环境对飞行的影响

4.3.1 风切变对飞行的影响

风切变是一种大气现象,是指风向和风速在空中水平或垂直距离上发生明显变化的状况。风影响无人机起飞和着陆的滑跑距离与时间。一般无人机都逆风起降,因为逆风能获得较大的升力和阻力,缩短滑跑距离,从而增大无人机运动开始时的稳定性和操纵性。着陆时逆风便于修改航向,对准跑道,减少对地的冲击力。侧风不能过大,否则无法起降。航线飞行、逆风飞行可增加载重量,但要消耗较多的燃料;顺风飞行需减少载重量,但可节省燃料,并能增大航程和速度,减少时间。最易造成飞行事故的是风切变,其对无人机起降安全的影响据统计占航空事故的 20% 左右。

风切变的特征是诱因复杂、来得突然、时间短、范围小、强度大、易变化。风切变可分为水平风的水平切变、水平风的垂直切变、垂直风的切变。垂直风切变的存在会对桥梁、高层建筑、航空飞行等造成破坏。低空的风切变更是影响着无人机的起飞和着陆。

1. 产生原因

产生风切变的原因主要有两种,一种是天气因素造成的;另一种是地理、环境因素造成的。但有时是两者综合而成的。

1) 天气因素

(1) 强对流天气。强对流天气通常是指雷暴、积雨云等天气。这种天气情况下易产生较强的风切变。尤其是在雷暴云体中的强烈下降气流区和积雨云的前缘阵风锋区更为严重。微下冲气流是对飞行危害最大的一种特别强的下降气流,它是以垂直风为主要特征的综合风切变区。

(2) 锋面天气。无论是冷锋还是暖锋均可产生低空风切变。不过其强度和区域范围不尽相同。这种天气的风切变多以水平风的水平切变和垂直切变为主(但锋面雷暴天气除外)。一般来说,其危害程度不如强对流天气的风切变。

(3) 辐射逆温型的低空急流天气。秋冬季晴朗天气的夜间,由于强烈的地面辐射降温而形成低空逆温层(温度随高度增加而增加的区域)的存在,该逆温层上面风速较大形成急流,而逆温层下面风速较小,近地面往往是静风,所以产生逆温风切变。该类风切变强度通常更小些,但它容易被人忽视,一旦遭遇,若处置不当也会发生危险。

2) 地理、环境因素

这里的地理、环境因素主要是指山地地形、水陆界面、高大建筑物、成片树林与其他自然的和人为的因素。一般山地高差大、水域面积大、建筑物高大,不但容易产生风切变,而且其强度也较大。

2. 对飞行的影响

对无人机起飞和着陆安全威胁最大的是低空风切变,低空风切变是指发生在600m以下的风切变,即发生在着陆进场或起飞爬升阶段的风切变。低空风切变中,顺风风切变会使空速减小;逆风风切变会使空速增加;侧风风切变会使无人机产生侧滑和倾斜;垂直风切变会使无人机迎角变化。而低空风切变又以微下冲气流危害性最大。

微下冲气流是以垂直风切变为主要特征的综合风切变区。微下冲气流存在一个有限的区域内,并且与地面撞击后转向与地面平行而变成水平风,风向以撞击点为圆心四面发散,所以在一个更大一些的区域内,又形成了水平风切变。如果无人机在起飞和降落阶段进入这个区域,就有可能造成失事。比如,当无人机着陆时,下滑通道正好通过微下冲气流,那么无人机会突然非正常下降,偏离原有的下滑轨迹,有可能高度过低造成危险。当无人机飞出微下冲气流后,又进入顺风气流,使无人机与气流的相对速度突然降低,由于无人机在着陆过程中本来就在不断减速,突然的减速可能使无人机的飞行速度小于最小速度,从而进入失速状态,飞行姿态失控。而在如此低的高度和速度下,根本不可能留给驾驶员空间和时间来恢复控制,从而造成飞行事故,如图4-11所示。

图4-11 由微下冲气流引发的风切变示意图

总地来说,风切变使无人机的升力、阻力、过载和飞行轨迹、无人机姿态均发生变化,造成不可忽略的影响。

3. 判断方法

1) 目视判别法

(1) 雷暴冷性外流气流的尘云。雷暴冷性外流气流前缘的强劲气流吹起的尘云随气流移动,通常紧跟在尘云之后就是强烈的风切变。

(2) 雷暴云体下垂的雨幡。雷暴云体下垂的雨幡有强烈下冲气流的重要征兆,雨幡下垂高度越低、个体形状越大,色泽越暗,预示着风切变下冲气流越强。

(3) 滚轴状云。在冷性雷暴中,强冷性外流气流会有涡旋运动结构,并伴有低空滚轴状云。这种云的出现,预示着强低空风切变的存在。

2) 仪表判别法

(1) 空速表。空速表是无人机遭遇风切变时反应最灵敏的仪表之一,其一旦出现异常情况,就应警惕风切变的危害。

(2) 高度表。高度表指示的正常下滑高度是无人机近着陆的重要数据。在下滑过程中,高度表如果在短时间大幅偏离正常值时,必须立即采取措施复飞。

4. 防范措施

飞行中遭遇风切变是一个非常棘手的问题,因为能给驾驶员做出反应、及时采取措施的时间非常短。为了迅速而准确地做出反应,驾驶员应做到以下几点。

(1) 认真了解天气预报,对风切变可能出现的位置、高度、强度要有心理准备。

(2) 注意收听地面气象报告和别的无人机在起飞、进近过程中的报告,了解风切变的存在及其性质,对自己所驾无人机能否通过风切变进行风险评估,从而做出正确的决断。通常应采取避开、等待、备降等措施。

(3) 加强工作人员协同。复杂天气飞行时,各工作人员分工负责。起飞、进近中各种口令要清晰到位。应不间断地扫视仪表,密切注意有无异常现象,对跑道环境、风向风速、复飞程序等要了如指掌。做到一旦有异常情况就能及时发现,立即采取对策。

(4) 不要尝试穿越严重风切变或强下降气流区域,特别是在山区,低高度时更是如此。

(5) 要与雷暴的强下击气流区保持距离。雷暴的外流气流可超越雷暴区域 20~30km。

(6) 在最后进近阶段如遇到风切变时,只要无法重建稳定着陆剖面,就应立即采取相应的措施,脱离切变区进行复飞或到备降场着陆。

(7) 无人机在遭遇并完成脱离风切变后,应立即发出关于风切变报告给飞行管制部门,以避免其他无人机误入其中。

4.3.2 云对飞行的影响

云是大气中的水蒸气遇冷液化成的小水滴或凝华成的小冰晶等混合组成的飘浮在空中的可见混合体。云是地球上大气中水循环的产物。太阳照在地球的表面,水蒸发形成水蒸气,一旦水汽过饱和,水分子就会聚集在空气中的微尘周围,由此产生的小水滴或小冰晶聚集起来就形成云。

1. 云的分类

1) 按云底高度划分
- 低云:云底高度在 2000m 以下;
- 中云:云底高度在 2000~6000m;
- 高云:云底高度在 6000m 以上。

2) 常见的云

常见的云有如下几种,其外形如图 4-12 所示。
- 高云:Cirrus(卷云)、Cirrostratus(卷层云)、Cirrocumulus(卷积云);
- 中云:Altostratus(高层云)、Altocumulus(高积云);
- 低云:Cumulus(淡积云)、Towering Cumulus(浓积云)、Cumulonimbus(积雨云);Stratus(层云)、Stratocumulus(层积云)、Nimbostratus(雨层云);Fractocumulus(碎积云)、Fractostratus(碎层云)、Fractonimbus(碎雨云)。

2. 云对飞行的影响

云对飞行活动的影响很大,许多对飞行有影响的因素中,大都与云的存在有关。

1) 雨层云对飞行的影响

起飞与降落是无人机安全飞行过程中最重要的环节,在这个过程中,能见度和云高往往决定了无人机能否正常起降。有些低云,云的底部距离地面很近,且云中能见度极低,无人机在降落穿越这类云的时候,很容易出现在决断高度仍未目视到跑道的情况,从而造成复

图 4-12 云的种类实体

飞。雨层云便是这类低云的代表。

雨层云多出现在暖锋和静止锋云系中,常常伴随持续性降雨。云层厚而均匀,呈暗灰色,雨层云布满全天,完全遮蔽日月,常有连续性降雨(雪),或布满雨雪幡,云底很乱,漫无定形。云层较厚,下部多由小水滴构成,中部由小水滴和小冰晶构成,上部则是冰晶区。所以雨层云多数为冰水混合的混合云。云顶常达 6000m 以上。雨层云笼罩在空中,通常意味着降水会持续较长时间。

在雨层云中飞行,能见度恶劣,通常只有 15~20m,在雨层云上部常能产生中度或强烈的积冰现象,并且在夏季,雨层云中有时还会隐藏有积雨云,在雨层云中飞行时,风险较大。

与雨层云类似的还有一种云叫碎雨云,云体破碎,随风漂移,是雨层云等降水云层长时间降水后,底层湿度大而形成的碎云,这种云薄而破碎,厚度只有几十米,但云底高度很低,通常在 50~300m,无人机穿过碎雨云时,能见度急剧下降,对无人机降落的影响很大。

2) 积雨云对飞行的影响

一般积雨云有以下几个明显的特点:

(1) 垂直发展明显,垂直尺度明显大于水平尺度,有点像蘑菇云;

(2) 发展成熟时,产生大帽子一样的云砧;

(3) 如果积雨云在你头顶上方,其实就是我们所谓的乌云,底部阴暗模糊,甚至可以看见悬球结构。

积雨云往往伴随有冰雹、闪电、大风、暴雨等天气,这对于飞行在积雨云内或附近的无人机的安全造成了很大威胁。特别是积雨云里强烈的上升和下沉气流,会对无人机的平衡与姿态造成严重影响,其中最著名的就是下击暴流。

如果无人机在起飞降落过程中遇到强烈的上升或者下沉气流，最严重的情况，就会造成无人机失去升力，再加上积雨云内及附近冰雹、闪电的影响，因此积雨云一直以来都是无人机飞行的禁区。

3. 层云对飞行的影响

层云出现时不会伴有较为明显的降水过程，一般不产生降水，偶尔会出现毛毛雨的天气。层云云体均匀成层，呈灰色，似雾，但不与地接，常笼罩山腰。

层云的云底模糊不清，看不出任何结构，很像大雾，而且云底的高度比雨层云还要低，通常只有50~500m，但云层较薄，厚度只有200~600m。

由于夜间降温，或者水汽流入，或者大雨后蒸发，大气的下层潮湿阴冷时能够形成层云。太阳升起后地面加热后大雾也有可能抬升成为层云。薄的层云一般在天亮后，或者在白天逐渐消散。而冬季由于反气旋和逆温的影响，层云可以维持数日不散。

由于层云云底很低，在沿海地区，云底常会低于决断高度，造成无人机在降落时无法正常通过摄像头目视跑道，从而造成无人机复飞。而且层云云体较薄，甚至在层云之上时可以透过层云看到跑道，但无人机降落进入云中能见度突然下降，从而无法目视跑道安全降落。

4. 防范措施

为了防范这类云，就需要提前识别并避开它，常用的方法有目视法和雷达扫描法两种。

目视法是指当飞行高度较高，且距离这类云较远的时候，通过摄像头拍摄的云顶来识别，提前做出相应的应对措施。

雷达扫描法是指经过"技术处理后"的雷达，根据回波强度的不同，提前判断出云的位置与强度。通过雷达扫描来判断和发现这类云的原理是在云存在的位置，雷达回波强度往往很强，相应的回波颜色基本上为红色。因此在雷达上如果看到红色的回波块，基本上便是这类云了，如图4-13所示。

图4-13 雷达扫描示意图

4.3.3 能见度对飞行的影响

能见度是指视力正常的人在当时的天气条件下，能够从天空背景中看到和辨出目标物的最大水平距离。常见的对能见度造成影响的因素主要有雾、烟幕、风沙、浮尘、霾和降水。

1. 雾、轻雾对飞行的影响

雾是指悬浮于近地面气层中的大量小水滴或小冰晶（高纬度地区出现冰晶雾）使能见度

变坏的现象。雾的能见度小于1km,有时只有几十米;轻雾是指微小水滴或由湿粒构成的灰白色稀薄雾幕,能见度大于或等于1km而小于10km。

雾与飞行的关系十分密切,当机场有雾时会严重妨碍无人机的起飞和着陆,处理不好会危及飞行安全;当航线上有雾时会影响地标领航;在军事飞行活动中,当目标区有雾时对军事空投、航拍、侦察等活动会有严重影响。浓雾时遮挡摄像头使驾驶员看不清地面不能判断所在位置,导致操作失误,很容易造成飞过跑道或飞错跑道,降落不到规定的位置而造成事故。在大雾中飞行,无人机的仪表会受到水蒸气的影响导致指示不准确也是发生事故的原因之一。

2. 烟幕对飞行的影响

烟幕是指近地面气层中聚集大量的烟粒,致使能见度小于10km的现象。烟幕呈灰色或黑色,透过烟幕看太阳,太阳呈红色。浓的烟幕可以闻到烟味,能见度小于1km。

烟幕对能见度的影响很大。烟幕的高度往往在500m以下,直接影响驾驶员的视线,对驾驶员判断航线和跑道的关系位置有很大的影响,给驾驶员的目视着陆带来了困难。

3. 浮尘、风沙、霾对飞行的影响

风沙是指大量的尘土、沙粒被强风卷入空中使能见度小于10km的现象。

浮尘、风沙和霾主要对低空飞行的直升机和小型无人机影响大,如同雾一样严重影响其能见度,使驾驶员看不清地面从而造成迷航和错觉。还有沙粒与无人机蒙皮之间的摩擦会产生静电,严重干扰无线电通信。另外,如果沙粒被发动机吸入机体内会造成机件磨损、油路堵塞、仪表卡制等损坏现象,严重影响飞行安全。

4. 降水对飞行的影响

降水对低空航空器和直升机的影响比较大,对大型无人机的起飞和着陆也有一定的影响。降水时,摄像头等仪器设备上形成的水流或黏附的雪花会使驾驶员观测到的能见度比气象观测员观测到的更坏,飞行速度越大这种现象越严重。当气温降到-4℃时直升机和低空航空器就会开始结冰,会严重危及飞行安全。在雨中飞行可能会导致电气设备的电路接触不良或短路,对无线电设备也有一定的干扰。

5. 防范措施

(1) 预防及处置大雾天气的办法。首先驾驶员要严把天气关,及时了解空中的天气变化趋势,尤其是在秋冬季的早晨,雾来得比较快,所以要及时了解情况,为盲降做好准备;其次要求驾驶员及时报告空中情况,当降落场雾大时不要勉强实施目视降落,可选择盲降。

(2) 预防及处置烟幕的办法。尽量避免在烟幕中飞行,由于烟幕区主要影响无人机的起飞和着陆,因此在烟幕较大影响目视着陆的机场降落时应打开盲降系统实施盲降。定期检查无人机重要部件的腐蚀情况,加强保养以免因机械部件的故障而造成大的飞行事故。

(3) 预防及处置沙尘的办法。首先,要在无人机上安装防沙装置,在没有安装防沙装置的情况下严禁在沙尘地带飞行和起降。其次,开放机场要严格把握天气实况,如果风沙较大可能会危及飞行安全,要禁止开放。

(4) 预防及处置降水的办法。尽量避免在大的降水中飞行尤其是严禁在带有雷电的云层中飞行,如果航线上有降水就需要改变高度飞行或绕开降水区飞行。还有在进入降水区前打开无人机的防结冰系统并且密切关注无人机的结冰情况,如发现有结冰需尽快改变高度防止发生意外。另外,下雨着陆时要注意跑道上的水对着陆的影响,预防无人机滑出跑道出现意外事故。

4.3.4 湍流对飞行的影响

大气湍流是一种空气运动特征,除主要的定常运动状态外,还存在各种尺度的空气涡旋运动,表现为速度场的时间不规则性和空间不均匀性。当大气湍流的尺度与无人机的尺度相近时,才容易引起无人机升力和迎角的显著变化,造成无人机颠簸。这种尺度的大气湍流也称为飞行湍流。

1. 湍流的产生原因

根据产生的垂直高度可将大气湍流分为低空湍流(低于6000m)和晴空湍流(6000m以上),根据产生的原因又可以将低空湍流分为热力湍流、动力湍流、无人机尾涡湍流、锋面湍流和地形波。

(1) 热力湍流是由空气中的水平温度分布不均匀引起的,例如,下垫面的热力性质不一致,附近空气增温的不均匀性,或由于空气垂直温度层结不稳定产生的空气对流等。

(2) 动力湍流是指在风力的作用下,由于地面摩擦、地形起伏引起的小尺度湍流和波动,其强度随风速、地面粗糙度或地形起伏特征以及大气稳定度而变化。地面越粗糙,风速越大,近地面层越不稳定,动力湍流越强。动力湍流也可由大气中的风切变产生,当风的垂直切变超过某一临界值时,空气就会自发地产生小尺度波状起伏。而这些波状起伏发展的过程就称为切变不稳定。由切变不稳定产生的小尺度运动频谱称为切变湍流,风切变越大,切变湍流越强。

(3) 无人机尾涡湍流是指无人机飞行时,由翼尖附近分离出来的,一堆绕翼尖成反方向的闭合涡旋簇,也称翼尖诱导涡流。在机身后狭长的尾流区内,可产生相当强的湍流,在两条尾涡之间为向下的涡流(下洗流),在两条尾涡的外侧为向上的涡流(上洗流)。尾涡的寿命和强度取决于产生尾涡的无人机重量、无人机速度和机翼尺度及形状,其中主要取决于无人机重量。尾涡湍流的强度和寿命随无人机重量和载荷因素的增加而增大,也随飞行速度的减小而增大。

(4) 锋面湍流是指冷暖空气交汇,暖空气被抬升,以及锋面移动引起垂直气流和水平气流的切变而形成的湍流。

(5) 地形波是指气流经过山区时受地形影响而形成的波状铅直运动。地形波中的铅直气流可使无人机的飞行高度突然下降,严重的可造成撞山事故;地形波中强烈的湍流可造成无人机颠簸;在地形波中铅直加速度较大的地方会使无人机的气压高度表指示产生误差。

地形波中的背风波对飞行的影响很大。背风波中下降气流的垂直速度通常为5~10m/s,有时可能更大,无人机进入这种波动气流后,往往在一两分钟内可下降几百米高度,而后又上升,如此反复多次,在夜间或云中飞行尤其危险。而且背风波也使气压高度表读数偏高,极易导致严重事故。

(6) 晴空湍流是指出现于6000m以上的高空,且与对流云无关的大气湍流。由于它不伴生可见的天气现象,无人机驾驶员难以发现,对飞行威胁很大。晴空湍流归因于切变不稳定。在层结稳定的大气中,当存在风速的垂直切变时,在风的作用下便产生重力波,当风速足够大且垂直切变大于某一能产生切变不稳定的临界值时,重力波出现切变不稳定,使得波的振幅随时间增长,当增幅增长至一定程度,完整的波形受到破坏,流体就分解成小尺度的湍流运动。这种小尺度湍流可称为切变湍流,在航空上称为晴空湍流。

2. 湍流对飞行的影响

1) 对无人机结构的影响

湍流易造成无人机飞行中出现颠簸,无人机各部件结构都要经受忽大忽小的载荷变化,颠簸越强,载荷变化越大。如果无人机长时间受到强烈载荷变化的作用,或受到超过无人机所能承受的最大载荷,无人机的某些部位(例如机翼或尾翼)就可能变形甚至因疲劳而损坏。

2) 对操纵无人机的影响

无人机出现颠簸时,其高度、速度以及飞行姿态(包括俯仰角速度、偏转角速度和滚转角速度)都会不断地发生不规则变化,颠簸强烈时,飞行高度变化可达数十米至数百米,飞行速度和飞行姿态的变动也很剧烈。这样就容易失去对无人机的操纵,酿成事故。

3. 防范措施

对于无人机驾驶员而言,应了解飞行区内或航线上的天气情况,尽可能避免进入有强烈扰动气流的区域。一旦遭遇较强的颠簸,驾驶员应保持沉着冷静,同时可采取下列措施。

(1) 操纵动作要柔和,保持无人机平飞。扰动气流或不规则、粗猛的修正动作,都可能产生不良后果。低空飞行遭遇颠簸时,应注意保持安全高度。

(2) 采用适当的飞行速度。应按最大垂直阵性气流下无人机结构可以承受的最大颠簸强度来确定飞行速度的上限,按最大垂直阵性气流不失速来确定飞行速度的下限。在颠簸区飞行保持在上述两者之间,可达到安全航行的目的。

(3) 飞行速度和飞行高度选定后,不必严格保持。仪表指示摆动,往往起因于颠簸,不一定表示飞行速度和高度的真实变化,过多地注意这些变化,只会引起载荷产生更大的变化。同样在颠簸区飞行,无人机俯仰角的变化,主要依靠无人机本身的稳定性来平衡和恢复迎角,飞行员不必过多地干预俯仰姿态的改变,否则因操纵动作总是落后于飞行姿态变化,结果反而可能导致无人机要承受更大的载荷因素。

(4) 适当改变高度和航线,脱离颠簸区。在低空出现强颠簸时,应拉起向上距离;在高空出现颠簸时,可根据无人机与急流的相对位置,考虑无人机性能确定脱离的高度和方向;误入积雨云中发生颠簸时,应迅速脱离云体,在云外绕行。避开帽状云、滚轴云和荚状云等有强烈的湍流和升降气流的云层。

4.3.5 积冰对飞行的影响

1. 产生原因

积冰是指各种降水或雾滴与地面或空中冷却物体碰撞后冻结在其表面上的现象。过冷水滴是指温度低于0℃而仍未冻结的云滴或雨滴。在层状云和积状云中过冷水滴与冰晶的分布如下。

(1) $-20 \sim 0$℃:大、小过冷水滴共存;

(2) $-40 \sim -20$℃:小过冷水滴存在,大过冷水滴冻结成冰;

(3) -40℃以下:非常小的过冷水滴存在,其他过冷水滴冻结成冰。

积冰根据特征可分为明冰、雾凇、毛冰和霜4种,如图4-14所示。

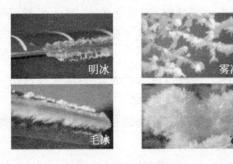

图4-14 积冰的类型

明冰的特点:①光滑透明,结构坚实;②一般形成于冻雨或积状云中;③一般形成于-10~0℃的云中;④由大过冷水滴组成的云中。

雾凇的特点:①不透明,表面粗糙,结构松脆;②一般形成于毛毛雨或层状云中;③一般形成于-20~15℃的云中;④由小过冷水滴组成的云中。

毛冰的特点:①表面粗糙,结构坚固;②明冰和雾凇的混合体;③一般形成于-15~-5℃的云中;④大、小过冷水滴共存。

霜的特点:①由水汽在寒冷的机体表面直接凝华而成的;②无人机从寒冷的高空迅速下降到温暖潮湿但无云的气层时形成的;③从较冷的机场起飞,穿过明显的逆温层时形成的。

无人机结冰是指无人机机体表面某些部位聚集冰层的现象。它主要由云中过冷水滴或降水中的过冷雨碰到无人机机体后结冰形成的,也有的是水汽直接在机体表面凝华而成。不仅无人机在云中飞行时间过长易导致积冰,在寒冷的季节,地面露天停放的无人机也会形成积冰,具体体现了以下3种特征。

(1) 轻度结冰:如果在这种环境下长时间飞行(超过1h)可能会受影响。如果间断使用除冰/防冰设备除掉或防止冰的积聚,则不会影响飞行。

(2) 中度结冰:积聚率很快,甚至短时间内就会构成危险,因此需要使用除冰/防冰设备或改航。

(3) 严重结冰:积聚率非常快,除冰/防冰设备也不能减少或控制危险,必须立即改航。遇到这种情况需要及时向ATC(空中交通管制服务部门)报告。

2. 积冰对飞行的影响

(1) 积冰使无人机升力面积减小。根据调查和分析显示,无人机在空中飞行时,无人机积冰在机翼和尾翼前缘最多,一旦积冰,使无人机的空气动力特性和飞行特性显著变坏,机翼形状变形,破坏空气绕过翼面的平滑流动,使无人机升力减小,阻力增大,流线型部位的形状发生变化后,导致摩擦阻力和压差阻力都增大。

(2) 起落架装置上的结冰。会在收放轮时损坏起落架装置,积聚在起落架上的冰雪脱落,也会损坏地面设施和砸伤地面人员。

(3) 无人机动、静压孔积冰。这两处积冰,会使速度表、高度表、迎角指示器、M数指示器、升降速度表等一些重要驾驶仪表失效或者失真,使飞行员失去判断飞行状态的依据;如果是自动驾驶系统,一旦提供了错误的信息,就会出现非指令性飞行状态。

(4)发动机进气道口和动力装置积冰。积冰出现在进气道口,阻滞气流,使气流发生局部分离;积冰还可在道口产生大的冰圈,当冰屑脱离,进入发动机的叶片,从而造成叶片机械损伤,危及飞行安全,同时会使发动机的功率降低,影响发动机正常工作,造成发动机损坏或熄火。

(5)无人机摄像镜头积冰。这种情况会严重影响驾驶员视线,在航拍等远距离操作时影响严重。

(6)无人机天线积冰。这种情况会影响通信效果甚至中断联络,严重积冰能使天线同机体相接,发生短路,无线电航行设备失灵。

3. 防范措施

1)地面做好预防,提倡无污染起飞

首先是飞行前认真研究起降场和航线天气情况,实况和预报相结合,充分了解自己所飞航线区域的天气情况,收集积冰预报资料,确定可能积冰的条件,制定出预防措施和应急措施(如脱离结冰区的办法、返航、备降等)。

仔细检查无人机除冰设备是否处于良好状态,做好防冰/除冰的准备工作。如果机身已有冰霜,则必须彻底清扫干净;判断机身是否有冰霜可以观察无人机的表面和观察机坪周围参照物的可见霜层,来做初步判断,也可以通过周围积霜情况,判断机翼上表面是否有积霜,最好用手去触摸无人机表面来判断。

2)空中保持无线电畅通,熟练使用气象机载设备

飞行时,经常观察无人机外部是否有云区,打开气象雷达,选择避开或者进入较轻结冰区的路线。原则是尽量避开 20km 以上的距离,尽量朝着雷暴的上风方向飞行;尽可能不要从云体上方通过。

4.3.6 锋面天气对飞行的影响

锋面天气主要是指锋面附近的云、降水、风等气象的分布情况。由于锋面是多种气象要素的组合,所以对飞行造成的也是多方面的影响。锋面天气多种多样,有的锋面相对平静温和,有的锋面天气却非常恶劣。所以在穿越锋面飞行前,应当获取一份完整的天气报告,以便了解可能遇到的天气状况。

1. 气团

气团是指巨大空气团,它的范围通常有数千千米,同时在水平方向上具有均匀的温度和湿度属性。

气团的分类方法主要有 3 种:

(1)按气团的热力性质不同,划分为冷气团和暖气团;

(2)按气团的湿度特征的差异,划分为干气团和湿气团;

(3)按地理位置分类,常分为北极大陆气团、南极大陆气团、极地大陆气团、极地海洋气团、热带大陆气团、热带海洋气团、赤道海洋气团 7 类。

气团的物理性质也是会变化的,当气团在移动过程中,暖气团遇冷会变成冷气团,冷气团遇暖也会变成暖气团。当冷暖气团相遇时,就产生了锋。

2. 暖锋天气

暖锋是指暖气团推动锋面向冷气团一侧移动的锋。如图4-15所示，暖锋过境后，暖气团就占据了原来冷气团的位置。暖锋的锋面坡度小，移动速度慢；云系的分布序列（后面简称云序）依次是卷云、卷层云、高层云、雨层云；连续性降水常出现在锋前，发生在雨层云中；锋下冷气团中水汽充沛，常有层积云、层云和碎积云；若暖气团不稳定，地面锋线附近会出现雷阵雨天气。

暖气团稳定时，云中气流比较平稳，对飞行影响较小，但能见度很差，对飞行产生一定影响；暖气团潮湿不稳定时，在云层之中常形成积雨云；其次，暖锋中也容易产生积冰，而锋两侧的较大温差（可达5～10℃）使两侧积冰区的高度不同。甚至当地面报告有冰丸时，在较高的高度上就会碰到冻雨。

一般的应对措施是避开暖锋或在云上飞行。

3. 冷锋天气

冷锋是指冷气团推动锋面向暖气团一侧移动的锋。如图4-16所示，冷锋产生的天气通常取决于它的移动速度。冷锋根据其移动速度，可分为急行冷锋和缓行冷锋。

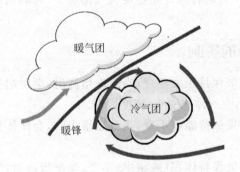

图4-15　暖锋示意图

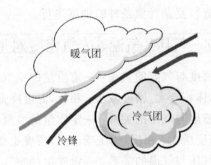

图4-16　冷锋示意图

急行冷锋：常沿锋线产生一条狭窄的积雨云带；强对流天气变化迅速，常出现大风。

缓行冷锋：云和降水主要出现在地面锋线后，云序依次是雨层云、高层云、卷层云、卷云，与暖锋相反；若大气不稳定，会产生积雨云。

急行冷锋和缓行冷锋的共同特征是常生成积状云，有强阵性降水和较强的乱流，同时伴有强烈阵风。锋面过境后天气晴好，能见度高。

气团稳定时，在靠近锋面附近可能有轻到中度颠簸、积冰，降水区内能见度较坏；气团不稳定时，因有强烈颠簸和严重积冰、雷电甚至冰雹等现象，故不宜飞行。

冷锋与暖锋的比较如表4-5所示。

表4-5　冷锋与暖锋的比较

	项　目	冷　锋	暖　锋
相同点	气团位置	冷气团在锋下，暖气团在锋上	
	过境时	都会出现阴天、降水等天气现象，降水主要集中在冷气团一侧	
	过境后	多晴朗天气	

续表

项　　目		冷　锋	暖　锋
不同点	锋面坡度	较大	较小
	雨区范围以及位置	雨区窄,降水主要集中在锋后	雨区宽,降水主要集中在锋前
	天气特征　过境前	暖气团控制,温暖晴朗	冷气团控制,低温晴朗
	过境时	阴天、大风、降温、降雨、降雪	多为连续性降水
	过境后	冷气团控制,气温低、气压高、天气转晴	暖气团控制,气温高、气压低、天气转晴
	天气实例	北方夏季暴雨,冬季寒潮,春季沙尘暴	夏季雨带的北移

4. 准静止锋

准静止锋是指当冷暖气团势力相当,锋面很少移动时的锋。准静止锋的锋面坡度最小,云层和雨区比暖锋更为宽广;一般出现降水强度小、持续时间长的连阴雨天气,但当暖空气不稳定时,就会出现积雨云和雷阵雨天气。

在准静止锋区域飞行有类似在暖锋区域飞行的特点。在稳定天气形势下,可利用准静止锋进行复杂气象条件的训练飞行。

4.3.7　气压、气温、大气密度对飞行的影响

密度与气温的关系:一定质量的空气,如果保持压力不变,当温度增高时,会引起空气膨胀,体积变大,密度减小;相反,温度降低时,空气体积变小,密度增大。

密度与气压的关系:一定质量的空气,如果保持温度不变,当气压增大时,会使体积变小,密度增大;相反,气压减小时,密度也变小。

气压与气温的关系:一定质量的空气,如果保持体积(或密度)不变,温度增高时,气压会变大;相反,温度降低时,气压会变小。

1. 气压影响

无人机飞起来是因为机翼上面的压力小于下面的压力,在机翼上下表面形成了压力差。在大气中,气压是随着高度的增加而减小的,这就导致无人机越往高空飞行,飞行所获得的升力就越小。

提升无人机飞行高度的方法如下。

(1) 增大机翼面积。当机翼面积增大后,所获得的总升力也会相应增大,但是机翼增大也增加了无人机的稳定性,失去了灵活运动的特点。

(2) 增大发动机的功率。发动机的威力增大后,无人机获得的推力也就越大。

2. 气温影响

目前,航空器经历的极端低温环境的温度可能在 $-55℃$ 以下(11km 以上恒温层大气温度为 $-56℃$),极端高温环境温度可以在 $60℃$ 以上。无人机机载电子电气设备、液压系统、燃油系统等正常工作也有一定的温度限制。温度太低会导致电子电气设备无法正常启动,还会导致液压油或燃油结冰,温度太高也会导致电子电气设备性能下降、结构材料承载能力下降等问题出现。

3. 大气密度影响

空气密度变大会导致无人机所受到的升力和阻力都会变大。这是因为,当空气密度变大时,速度一旦变大,作用在机翼上表面的吸力和下表面的正压力也都增大。科学研究证明,空气密度增大为原来的两倍,升力和阻力也增大为原来的两倍,即升力和阻力与空气密度成正比。显然,由于高度升高,空气密度减小,升力和阻力也就会减小。

4.4 气象资料及其来源与服务设施

4.4.1 气象图

1. 卫星云图

卫星云图是由卫星观测到地球上的云层覆盖和地表特征的图像,可以识别不同天气,确定其位置,并估计强度和趋势。

1) 卫星云图上识别云的判断依据

(1) 结构形式:指不同明暗程度物象点的分布式样,如高层高积云常表现为带状、涡旋状等,开口细胞状云系是由积云、浓积云组成等;

(2) 范围大小:指云系的分布尺度,由云系尺度可以推断形成云的物理过程,尺度小的云系常与中小尺度天气系统相关;尺度大的则与大尺度的天气系统联系。

(3) 边界形状:不同类型的云边界不尽相同,如积云、浓积云边界不整齐,层云边界较整齐。

(4) 色调:指物象的亮度。可见光卫星云图上云的色调与云厚和云的成分有关,红外线卫星云图上则与云顶温度相关。

(5) 暗影:指在一定太阳高度角下,高的云在低的目标物上的投影。

(6) 纹理:用来表示云顶表面粗糙程度,如层云云顶表面均匀、光滑;而积云、浓积云表面多起伏、不均匀。

2) 卫星云图上各类云的特征

(1) 卷状云:在可见光卫星云图上,卷状云的反照率低,呈深灰色;若可见光卫星云图卷云呈白色,则其云层很厚,或与其他云相重叠;在红外线卫星云图上,卷状云顶温度很低,呈白色。无论可见光卫星云图还是红外线卫星云图,卷状云都有纤维结构。

(2) 中云(高层云和高积云):在卫星云图上,中云与天气系统相连,表现为大范围的带状、涡旋状、逗点状;在可见光卫星云图上,中云呈灰白色到白色,色调的差异判定云的厚度;在红外线卫星云图上,中云呈中等程度灰色。

(3) 积雨云:无论可见光卫星云图还是红外线卫星云图,积雨云的色调最白;当高空风小时,积雨云呈圆形,高空风大时,顶部常有卷云砧,表现为椭圆形。

(4) 积云、浓积云:在可见光卫星云图上,积云、浓积云的色调很白,但由于积云、浓积云高度不一,在红外线卫星云图上的色调可以从灰白色到白色不等,纹理不均匀,边界不整齐。其形式表现为积云线和开口细胞状云。

(5) 层云(雾):在可见光卫星云图上,层云(雾)表现为光滑均匀的云区;色调从白色到灰白色,若层云厚度超过300m,其色调很白;层云(雾)边界整齐清楚,与山脉、河流、海岸线走向相一致。在红外线卫星云图上,层云色调较暗,与地面色调相似。

云的种类如图 4-12 和图 4-17 所示。

图 4-17 云的种类

3)气象卫星云图分类

(1)红外线卫星云图。它是利用卫星上的红外线仪器来测量云层温度。温度低的云层会以亮白色来显示,即此处的云层较高,暗灰色的部分则代表云层高度较低,因为越接近地面的云层温度越高。简单而言,即以云顶的不同温度来判断云层的高度,如图 4-18 所示。

图 4-18 红外线卫星云图(图片来源:中央气象台 20190622 FY4A 红外)

(2)可见光卫星云图。它是利用云顶反射太阳光的原理制成,故仅能在白天进行摄影。可见光卫星云图可显示云层覆盖的面和厚度,比较厚的云层反射能力强,会显示出亮白色,云层较薄则显示出暗灰色,还可与红外线卫星云图结合做出更准确的分析,如图 4-19 所示。

(3)水汽图。大气中水汽含量的多少决定了卫星接收到辐射的强弱。大气中水汽含量越多,接收的辐射越小;大气中水汽含量越少,大气低层的辐射越可以透过水汽到达卫星,则卫星接收的辐射越大。在水汽图上,色调越白,辐射越小,水汽越多;反之越少,如图 4-20 所示。

(4)增强红外卫星云图。它属于红外线卫星云图的一种,针对对流云设计,主要目的是为凸显对流现象。对流越强,云顶发展越高,云顶温度越冷,如图 4-21 所示。

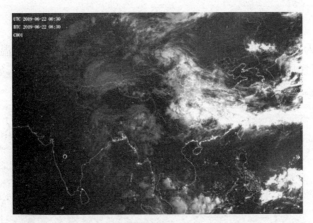

图 4-19 可见光卫星云图(图片来源:中央气象台 20190622 FY4A 可见光)

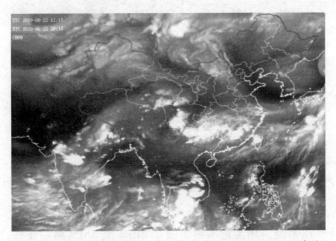

图 4-20 水汽图(图片来源:中央气象台 20190622 FY4A 水汽)

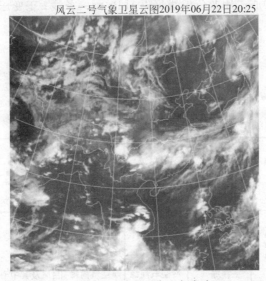

图 4-21 增强红外卫星云图(图片来源:中央气象台 20190622 天气分析)

2. 地面天气图

地面天气图是天气分析和预报业务中最基本的天气图,包含地面气温、露点、风向、风速、水平能见度、海平面气压、一些高空气象要素和短期气象要素等变化趋势,如图4-22所示。

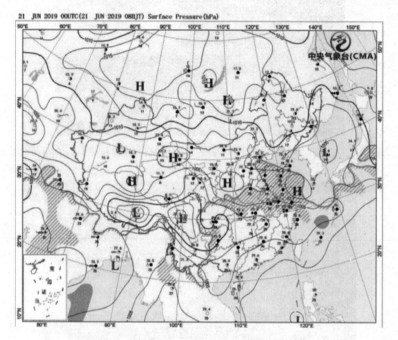

图4-22 地面天气图(图片来源:中央气象台20190621天气分析)

地面天气图从以下4个方面分析。

(1)等压线及气压系统。用黑色实线每隔2.5hPa或5hPa画一条线;高压用蓝色"高"标出,低压用红色"低"标出,并在下面注明高、低气压值。

(2)3h变压及其中心。用蓝色虚线每隔1hPa画一条线;正变压用蓝色标出变压值,负变压用红色标出变压值。

(3)天气符号如图4-23所示。

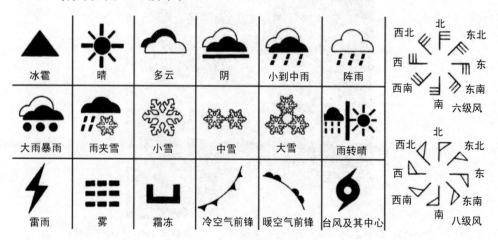

图4-23 常见天气符号

(4) 锋。冷锋用蓝线条加三角表示,三角形标在暖气团一侧;暖锋用红线条加半圆表示,半圆标在冷气团一侧,如图4-24所示。

3. 天气预报图

天气预报图常见的有日常航空天气报告,其填图格式如图4-25所示。

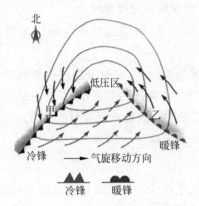

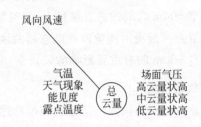

图4-24 冷锋和暖锋符号　　图4-25 日常航空天气报告的填图格式

某日某地的航空天气预报如图4-26所示,在某年12月18日4点,风速为2m/s,风向为西北向,温度8℃,露点6℃,天气现象是大雾,总云量为6等级,场面气压为992hPa,高积云为3600m高度,普通层积云为1000m高度且云量为3级。

时间	04 点	05 点	06 点	07 点
某地区 12月18日	2 8　⌐　992 =　⑥ 5　ω　3600 6 3 ⌣ 1000	3 8　⌐　994 =　⑥ 3　ω　3000 6 4 ⌣ 600	1 7　⌐　995 =　⑥ 2　ω　2700 6 5 ⌣ 400	○

图4-26 日常航空天气报告表

4.4.2 气象资料来源

目前,国内气象资料获取的主要途径有民航气象预报、气象台站和互联网查询。

1. 民航气象预报

民航气象预报一般包括民航机场预报、着陆预报、起飞预报、区域预报、重要气象情报、低空气象情报、机场警报和风切变警报等。

民航机场预报应包含对机场特定时段预期气象情况的简要说明,并在特定时间发布。

着陆预报应采取趋势预报形式发布。趋势预报应由机场天气报告附带的该机场气象情况预期趋势的简要说明组成。

起飞预报应描述一个特定时段的预期情况,它包含跑道综合区的预期的地面风向和风速及其变化、气温、修正海平面气压以及气象部门与航空营运人之间协定的任何其他要素的情况。

区域预报和航路预报应包含高空风和高空大气温度、航路上重要天气现象及与之结合的云。这一预报应覆盖所要飞行的时间和空间范围。

重要气象情报应对有关航路上发生或预期发生的可能影响航空器飞行安全的天气现象,以及这些天气现象在时间和空间上的发展做简要说明。

低空气象情报应对未包括在已发布的低空飞行区域预报中的有关航路上可能影响低空飞行安全的天气现象,以及这些现象在时间和空间上的发展做简要说明。

机场警报应对可能严重影响地面航空器和机场设备、设施安全的气象情况做简要说明。

风切变警报应对观测到的或预期出现的风切变做简要说明,即对可能严重影响跑道面与其上空500m之间的进近航径上、起飞航径上或盘旋进近期间的航空器,以及在跑道上处于着陆滑跑或起飞滑跑阶段的航空器的风切变做简要说明。因地形原因而产生的高度超过跑道上空500m的有重要影响的风切变,则不受500m的限制。

2. 气象台站

气象台站是为国民经济建设和国防建设服务的气象机构。其职能是进行气象观测,积累、整编气象资料,发布天气预报、警报,开展气象科学研究,负责对气象站进行技术指导,如各地的气象局部门以及天文台等机构。

中国的气象台建制大致有4级,即中国气象局国家气象中心、区域气象中心、省(市、自治区)气象台和地区气象台。它们分别负责制作和发布责任区范围内的天气预报,并指导下一级的预报。

气象站是能自动实时观测气象和环境数据的一整套观测系统。根据用途、安装及精确度可分为便携式气象站、高精度气象站、高速公路气象站、森林火险气象站、校园气象站、电力气象站、光伏气象站、景区气象站、社区气象站。

3. 互联网查询

现在互联网非常方便快捷,网上资源十分丰富,很多关于气象的内容也都能在其中找到。相关的网站有中国天气网、中国气象网、中央及各地气象台网站和电视《天气预报》栏目等。

4.4.3 气象服务设施

气象服务设施是指气象探测设施、气象信息专用传输设施和大型气象专用技术装备等。气象服务设施是集气象资料收集、传输、分析各个功能于一体的所有设备的总称。

气象卫星和气象雷达是现代重要的航空气象设备。

气象卫星是人造地球卫星的一种,专门进行气象观测的。卫星通过接收和探测地球及大气层中的可见光、红外和微波辐射,并将其转换成电信号传送给控制站。地面站将卫星传来的电信号复原,绘制成各种云层、地表和海面图片,再经进一步处理和计算,得出各种气象资料。气象卫星有观测范围广、观测次数多、观测时效快、观测数据质量高、不受自然条件和地域条件限制等优点。

气象雷达是专门用于大气探测的雷达,它属于主动式微波大气遥感设备。气象雷达是用于警戒和预报中小尺度天气系统(如台风和暴雨云系)的主要探测工具之一。常规雷达装置大体上由定向天线、发射机、接收机、天线控制器、显示器和照相装置、电子计算机和图像传输等部分组成。气象雷达是气象监测的重要手段,在突发性、灾害性的监测、预报和警报中具有极为重要的作用。

除了气象卫星和气象雷达外,气象设备还包括现代遥感仪器,如激光雷达、风廓线仪、微波辐射仪和计算机及特殊辅助设备等。

无人机飞行管理

无人机作为航空器家族的成员之一,其飞行管理与其他航空器的飞行管理有很多相似之处。另外,无人机作为一种无人驾驶的航空器,在安全冗余设计与生产、飞行空间、普及程度等方面与其他航空器又存在较大的差别,所以其飞行管理有其特殊之处。

5.1 航空器飞行管理

航空器作为一种空中高速移动物体,与地面的汽车和火车、水上的轮船一样需要进行管理,以避免航空事故的发生。如航空器的自身质量、飞行员的操作水平、空中的飞行环境、航空器的组织运行等环节的管理,均会影响航空安全。

航空器飞行管理主要包括航空器适航管理、航空器飞行环境管理、航空器人为因素管理和航空器组织运行管理4个方面。

5.1.1 航空器适航管理

民用航空器的适航性是指航空器各部件及子系统的整体性能和操纵特性在预期运行环境与使用限制下安全性和物理完整性的一种品质,该品质主要是通过适航认证与管理来实现。

民用航空器适航管理是以保障民用航空器的安全性为目标,以适航证件为核心的管理模式。民用航空器适航管理是全方位、全过程的控制管理,分为初始适航管理和持续适航管理理两个阶段。

1. 初始适航管理

初始适航管理是指航空器在交付使用之前,依据各类适航标准和规范,对航空器产品设计和制造环节进行适航审定、监督与管理,使民用航空器满足"型号设计具有型号合格证、生产系统具有生产许可证、单架航空器具有适航证"3个适航证件的条件。

民用航空器的适航认证,其核心就是对飞机的"适航性"进行判定。通俗来讲,需要过"三关":即型号合格审定、生产审定和单机适航审定。

1) 型号合格审定

型号合格审定是指航空器的型号设计是否满足最低安全标准——适航标准,即用适航标准进行评判和审查。当然,随着对环境保护的日益重视,评判和审查飞机的型号设计是否能满足环境保护标准也成为型号合格审定工作的另一重要组成部分。根据《民用航空产品和零部件合格审定规定》(民航总局令第183号,中国民用航空规章第21部)第三十一条的规定,型号设计包括设计图纸、技术规范以及确定航空器结构强度所需要的尺寸、材料和工艺资料等。

完成了型号合格审定过程,中国民用航空局将为飞机型号的设计单位颁发型号合格证,对该航空器能够满足适航标准和环境保护标准予以批准与确认。

2)生产审定

生产审定是指在航空器的型号设计得到批准(颁发了型号合格证)之后,对航空器的生产是否能按照批准型号持续稳定地生产出合格的航空器进行评判和审查。

完成了生产审定过程,中国民用航空局将为航空器型号的生产单位颁发生产许可证,对该航空器生产线能够按照经批准的型号设计持续稳定的生产出合格的航空器予以批准和确认。

3)单机适航审定

单机适航审定是指在航空器设计得到批准(颁发了型号合格证)和生产线得到批准(颁发了生产许可证)之后,对即将交付运行的单架航空器是否"适航"进行评判和审查。

完成了单机适航审定过程,中国民用航空局将为该架航空器颁发适航证,对该单架航空器的"适航性"予以批准和确认。

民用航空器适航管理,由中国民用航空局按照航空器的不同类别、不同用途为航空器的生产单位颁发不同的型号合格证和生产许可证,为单架航空器颁发不同的适航证。

2. 持续适航管理

持续适航管理是指在航空器获得适航认证并投入运行后,依据各种维修标准和规则,对使用、维修的控制与管理,使适航性得以保持和改进。

持续适航管理中各方的责任如下。

1)适航管理部门

对使用过程中航空器的适航性进行评估,包括签发适航证件,对维修大纲、维修方案、可靠性大纲和可靠性方案的评估,对重大维修、改装的批准等。

2)航空器设计制造厂商

对使用过程中航空器的重大故障问题进行收集,提出纠正措施,编发技术服务通告等。

3)航空器使用和维修部门

具备完备的维修设施、设备和器材,具备合格的维修人员和维修管理人员,具备完整的维修程序。

3. 有关适航的中国民航规章

现有有关适航的中国民航规章有以下几种。

(1) CCAR-21-R3-2007 民用航空产品和零部件合格审定规定;

(2) CCAR-23-R3-2004 正常类、实用类、特技类和通勤类飞机适航规定;

(3) CCAR-25-R3-2001 运输类飞机适航标准;

(4) CCAR-27-R1-2002 正常类旋翼航空器适航规定;

(5) CCAR-29-R1-2002 运输类旋翼航空器适航规定;

(6) CCAR-31-2007 载人自由气球适航规定;

(7) CCAR-33-R1-2002 修订《航空发动机适航标准》;
(8) CCAR-34-2002 涡轮发动机飞机燃油排泄和排气排出物规定;
(9) CCAR-36-R1-2007 航空器型号和适航合格审定噪声规定;
(10) CCAR-37-AA-1992 民用航空材料、零部件和机载设备技术标准规定;
(11) CCAR-39-AA-1990 民用航空器适航指令规定。

5.1.2 航空器飞行环境管理

航空器飞行环境包括自然环境和社会环境。

航空器飞行的自然环境是指对流层、平流层内飞行空域和航路中的气象、地形地貌等。

航空器飞行的社会环境是指机场、机场配套设施（如灯光、标志、通信设备等）及相关运行机制。

航空器飞行环境管理就是要建立一个能确保飞行安全的自然环境和社会环境，内容涉及机场选址，机场配套设施建设，空域和航路规划，气象监测与预报，机场管制，机场的通信、导航和管制等。

5.1.3 航空器人为因素管理

随着航空器设计和制造技术的发展，航空器的可靠性得到了很大的提高，与航空器相关的人，因其随意性和偶然性，成为引发事故的主要因素。

据统计，20世纪后期，飞机机械原因导致的事故比例从80%下降到20%，人为因素造成的事故比例则上升到70%，航空器的可靠性已远远高于人的操作可靠性。

航空器人为因素管理是指对涉及航空器飞行安全的相关人员，包括飞行人员、机务维护人员、航空管制人员和各种勤务保障人员，进行工作人为差错枚举分析、人为差错原因分析，制定可行措施纠正偏差，对带有普遍性、程序性的问题通过制定或完善相关的规则章程和法律法规，促使相关人员严格按规章办事，尽量避免人为因素的负面影响。

5.1.4 航空器组织运行管理

航空器组织运行管理是指在组织航空器安全飞行的过程中，利用各种先进的管理工具，严格遵循预定的管理规程，对航空器进行科学有效的管理安排，确保飞行进度和质量。主要内容涉及航空器飞行资源管理、飞行人员管理、航空器质量维护管理和飞行保障管理等。主要任务包括制订飞行计划，安排飞行人员，检查并保障飞行设施、设备和人员的工作状态，协调并监督涉及飞行的各类人员的工作，及时发现并纠正工作偏差等。

5.2 空中交通管理

空中交通管理（Air Traffic Management, ATM）的主要任务是有效维护和促进空中交通安全，维护空中交通秩序，保障空中交通畅通。

空中交通管理包括空中交通服务、空域管理和空中交通流量管理3大部分。

5.2.1 空中交通服务

空中交通服务(Air Traffic Service,ATS)由空中交通管制单位为飞行中的民用航空器提供,包括空中交通管制服务、飞行情报服务和告警服务。

1. 空中交通管制服务

空中交通管制服务(Air Traffic Control,ATC)旨在防止民用航空器之间、民用航空器与障碍物体之间干扰或相撞,维持并提升空中交通秩序的活动。

按管制范围,空中交通管制服务可分为航路管制、进近管制和机场管制3个部分,如图5-1所示。

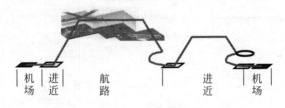

图5-1 空中交通管制服务

2. 飞行情报服务

飞行情报服务(Flight Information Service,FIS)旨在为飞行前或飞行中的航空器提供有助于安全和有效实施飞行建议的情报,如危险天气及各种限制性空域等信息。飞行情报服务可分为航图、航行资料和气象报告3类。

3. 告警服务

告警服务(Alerting Service,AS)旨在当民用航空器遇险需要搜寻援救时,向相关部门发出搜寻救援通知,并协助搜寻援救。

5.2.2 空域管理

1. 空域及其相关概念

空域是指地球表面以上可供航空器运行的一定范围的空气空间,是航空器运行的环境。其主要组成要素包括一定的空间范围,位置点,航路或航线,飞行高度、方向、位置和时间等限制,通信、导航和监视设施。

空域资源具有介质性、有限性和连续性等自然属性,也具有公共性、主权性、安全性和经济性等社会属性。

与空域相关的两个概念是仪表飞行规则和目视飞行规则。

仪表飞行规则(Instrument Flight Rules,IFR)一般用于高空飞行和恶劣天气情况下。干线飞机上都按IFR飞行。

目视飞行规则(Visual Flight Rules,VFR)与IFR相对,在IFR不可用时使用,如自动驾驶仪损坏时使用VFR。多数小型飞机没有IFR设备,使用VFR飞行。

2. 空域分类

空域分类的目的是为了满足公共运输航空、通用航空和军事航空3类主要空域用户对不同空域使用需求,确保空域得到安全、合理、充分和有效的利用。

国际民航组织(International Civil Aviation Organization,ICAO)将空域划分为 A、B、C、D、E、F、G 7 类;美国将空域划分为 A、B、C、D、E、G 6 类。

我国将民用空域分为飞行情报区、空中交通服务空域和特殊空域,具体分类如图 5-2 所示。

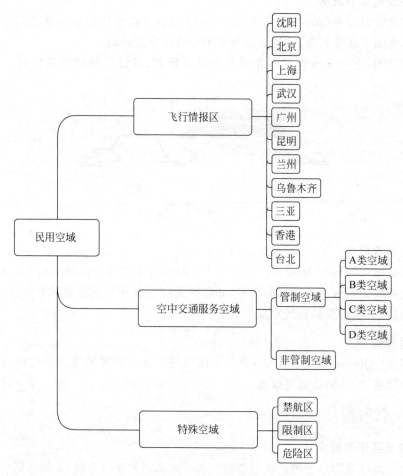

图 5-2 我国民用空域分类

1) 飞行情报区

飞行情报区(Flight Information Region,FIR)是为提供飞行情报服务和告警服务而划定范围的空域。

飞行情报区由国际民航组织(ICAO)划定,用来区分各个国家或地区在该区的航管及航空情报服务的责任区,与领空、领海主权无关。

经国际民航组织批准,我国境内划设了 11 个飞行情报区(括号内为其 ICAO 代号)。

- 东北地区:沈阳飞行情报区(ZYSH)。
- 华北地区:北京飞行情报区(ZBPE)。
- 华东地区:上海飞行情报区(ZSHA)、台北飞行情报区(RCAA)。
- 中南地区:武汉飞行情报区(ZHWH)、广州飞行情报区(ZGZU)、香港飞行情报区

(VHHK)、三亚飞行情报区(ZJSA)。
- 西南地区：昆明飞行情报区(ZPKM)。
- 西北地区：兰州飞行情报区(ZLHW)、乌鲁木齐飞行情报区(ZWUQ)。

2) 空中交通服务空域

空中交通服务空域分为管制空域和非管制空域两大类。

(1) 管制空域。管制空域分为 A 类、B 类、C 类、D 类 4 类空域。
- A 类空域：高空管制空域，为 6300m(含)以上空间 IFR；
- B 类空域：中低空管制空域，为 6000m(含)以下至最低高度层以上空间 IFR；
- C 类空域：进近管制空域；
- D 类空域：塔台管制空域。

(2) 非管制空域。非管制空域是指未被指定为管制空域以外的空域。在此空域内不提供空中交通管制服务，但是也要申报飞行计划和飞行动态。

3) 特殊空域

特殊空域是指为了政治、军事、科学实验或公共安全需要，经国务院、中央军委批准，划定限制或禁止民用航空器进入的空域。

特殊空域分为禁航区、限制区和危险区。

(1) 禁航区(Prohibited Area)。禁航区是指在一个国家的陆地或领水上空，禁止航空器飞行的划定区域，在航图上常用醒目的字母 P 加以标注。《中华人民共和国民用航空法》第七十八条规定"(民用航空器)除按国家规定经特别批准外，不得飞入禁区"。

(2) 限制区(Restricted Area)。限制区是指在一个国家的陆地或领水上空，根据某些规定的条件，在时间上或高度上限制航空器飞行而划定的区域，在航图上常用字母 R 加以标注。《中华人民共和国民用航空法》第七十八条规定"(民用航空器)除遵守规定的限制条件外，不得飞入限制区"。

(3) 危险区(Danger Area)。危险区是指在规定时限内，对航空器飞行存在危险而划定的空域，在航图上常用字母 D 加以标注。在规定时限内，禁止无关航空器飞入危险区；在规定时限外，允许符合条件的航空器飞入危险区。

3. 空域管理

空域管理(Air Space Management，ASM)是指依据既定空域结构条件，实现对空域的充分利用，尽量满足空域使用各方的需求。

空域管理的主要内容包括空域划分、流量平滑、航路优化设计、飞行程序设计和飞行管制等。

通常对空域进行时分共用，按照各种短期需求划分空域，以满足不同类型用户的需要。

5.2.3 空中交通流量管理

空中交通流量是指单位时间内流向或通过某空域的航空器数量。

空中交通流量管理(Air Traffic Flow Management，ATFM)是指有助于空中交通安全、有序和快捷地流通，以确保最大限度地利用空中交通管制服务(ATC)的容量并符合有关空中交通服务当局公布的标准和容量，保证空中交通最佳地流向或通过特定区域；为飞机运营者提供及时、精确的信息以规划和实施一种经济的空中运输，为尽可能准确地预报飞行情报、减少延误而设置的服务。

造成空中交通拥挤的原因通常有恶劣天气、持续增长的空运需求、节假日高峰、军民航协调不足、各管制区空管能力差异、流量管理理论缺乏等。

解决空中交通拥挤的传统方法有机场扩建、缩短放行时间或距离间隔、提升飞行情报(气象)服务。

5.3 无人机飞行管理体系

5.3.1 无人机管控机构

无人机的管控机构较多,各管控机构间的管控职能有主次、有配合,并存在一定的交叉。随着时间的推移,管控机构的管控职能会有一定的调整。

1. 空管部门

目前,我国实行的是"统一管制、分别指挥"的空管体制,即在国务院、中央军委空中交通管制委员会的领导下,由空军负责实施全国的飞行管制。军用飞机由空军和海军航空兵实施指挥,民用飞行和外航飞行则由民航实施指挥。

国务院、中央军委空中交通管制委员会(以下简称国家空管委)领导全国的飞行管制工作。

就民航内部来说,空管系统实行"分级管理"的体制,即各级空管部门分别隶属于民航总局、地区管理局、省(市、区)局以及航站。总局空管局对民航空管系统实行业务领导,其余工作包括人事、财务、行政管理及基本建设等均由各地区管理局、省(市、区)局以及航站负责。

2. 民航部门

民航部门负责民航空中交通管理、民航机场建设和安全运行的监督管理;承担民航飞行安全和地面安全监管、民航空防安全监管、航空运输和通用航空市场监管责任;起草相关的法律法规草案、规章草案、政策和标准,推进民航行业体制改革;拟定民用航空器事故及事故征候标准,按规定调查并处理民用航空器事故等。

3. 公安部门

公安部门负责对违法违规飞行无人机的单位或个人的查处,组织协调重大活动期间无人机地面防范管控工作,配合相关部门对无人机飞行实施管理等。

4. 工商部门

工商部门负责对企业生产销售无人机进行登记管理,配合相关部门对未经许可私自生产销售无人机、违法违规飞行无人机的单位或个人进行查处。

5. 海关部门

海关部门负责对进境无人机及其散装组件进行进境监管。

6. 安全监管部门

安全监管部门负责协调并参与无人机安全事故的调查与处理,配合相关部门做好无人机生产经营单位的日常安全管理和安全教育培训等工作。

5.3.2 无人机管控技术

1. 无人机"感知-避让"技术

无人机"感知-避让"技术是指无人机通过自身携带的传感器对当前空域内的环境进行探测,利用通信网将周围态势向合作目标进行传输,系统预测未来一段时间内的飞行路线上是否存在飞行冲突,自动生成决策指令并执行规避动作以应对突发威胁,确保飞行安全的技术。感知-避让过程分为环境态势感知、飞行冲突预测和飞行冲突解脱3个部分。

《民用无人驾驶航空器系统空中交通管理办法》(MD-TM-2016-004)第七条规定:"民用无人驾驶航空器在空域内运行应当符合国家和民航有关规定,经评估满足空域运行安全的要求,评估内容包括民用无人驾驶航空器系统的感知与避让能力。"

2. 无人机固件设定禁飞区

在无人机出厂前,无人机生产厂家将禁飞区固化在具有卫星定位功能的无人机内部的地图中,后期通过强行升级固件的方式不断增加或调整禁飞区。当无人机的GPS定位到当前位置处于禁飞区时,无人机将无法启动或自动降落或按失控模式返航。

3. 雷达探测

通常,体积越小、速度越慢、飞行高度越低,雷达探测的难度越大。目前很多国家纷纷投身于低空、慢速、小目标(以下简称低慢小目标)雷达探测技术的研发,美国、加拿大、以色列、英国等国在该技术与应用方面比较领先,我国也有多家公司和研究所在该技术与应用上取得了一定成绩。

低慢小目标雷达探测系统通常由雷达设备、光电设备和无人机处置设备等组成,先由雷达对空域进行360°全方位不间断探测,发现目标后由光电设备进行二次确认,最后根据目标情况由处置设备对无人机进行干扰、迫降、返航和接管等处理,实现查打一体。

4. 无线电干扰

通过发射2.4GHz和5.8GHz等特定频带的干扰信号与卫星定位干扰信号,对无人机的飞控信道、卫星定位信道和上下行通信信道进行阻塞式干扰反制,使无人机的导航系统失去信号、图传和数传无法回传、遥控失灵、地面站失联等,触发无人机模式转换、异常迫降、失控返航等保护程序,从而使无人机返航、降落或坠落。

5. 无线电监测测向

通过无线电监测,确定无人机用频情况,尤其是非法用频情况,可发射无线电干扰信号对非法无人机进行压制干扰。

通过对飞控信道测向,定位无人机控制器范围,并结合移动式或便携式监测测向设备进行测向定位。

6. 无人机综合监管系统

无人机综合监管系统是一个针对无人驾驶航空器的综合管控和信息服务平台,它综合应用全球定位、互联网、大数据、云计算等技术,实时监测低空空域的无人驾驶航空器的飞行状态,包括航迹、高度、速度、位置、航向等,系统根据这些实时监测数据进行相关的预警、避让工作,为空域安全和监管提供保障。

目前,国内主流的无人机综合监管系统有 U-Cloud 优云管理系统、U-Care 无人机综合监管云系统、GEO(Geospatial Environment Online)地理空间环境在线系统等。

5.3.3 无人机管控对象与内容

1. 空域的管理

目前,我国民用无人驾驶航空器系统使用的空域分为融合空域和隔离空域。

融合空域是指有其他载人航空器同时运行的空域。

隔离空域是指专门分配给无人驾驶航空器系统运行的空域,通过限制其他载人航空器的进入以规避碰撞风险。

《民用无人驾驶航空器系统空中交通管理办法》(MD-TM-2016-004)规定:"民用无人驾驶航空器飞行应当为其单独划设隔离空域,明确水平范围、垂直范围和使用时段。可在民航使用空域内临时为民用无人驾驶航空器划设隔离空域。飞行密集区、人口稠密区、重点地区、繁忙机场周边空域,原则上不划设民用无人驾驶航空器飞行空域。"

2. 无人机的管理

对无人机的管理主要包括无人机产品信息的登记注册和适航管理。

1)登记注册

中国民用航空局航空器适航审定司于 2017 年 5 月 16 日下发了管理程序——《民用无人驾驶航空器实名制登记管理规定》(AP-45-AA-2017-03),要求在中华人民共和国境内最大起飞重量为 250g 以上(含 250g)的民用无人机,自 2017 年 6 月 1 日起必须按照管理规定的要求进行实名登记,2017 年 8 月 31 日后未按照管理规定实施实名登记和粘贴登记标志的,其行为将被视为违反法规的非法行为,其无人机的使用将受影响,监管主管部门将按照相关规定进行处罚。

民用无人机制造商在"无人机实名登记系统"(https://uas.caac.gov.cn)中填报其所售产品的相关信息,包括:

(1)制造商名称、注册地址和联系方式;

(2)产品名称和型号;

(3)空机重量和最大起飞重量;

(4)产品类别;

(5)无人机购买者姓名和移动电话。

2)适航管理

目前,我国无人机适航标准和适航管理体系建设仍处于调研阶段,我国无人机适航管理面临三大挑战:

(1)管理规章欠缺,适航标准、专业技术标准空白;

(2)机型多,技术更新快,运行环境复杂;

(3)管理机构人力资源不足,业界人才储备不足,缺乏经验。

在 2018 年民用无人驾驶航空器发展国际论坛上,中国民用航空局适航审定司司长徐超群表示,我国未来的无人机适航管理,中国民用航空局将利用物联网技术、大数据技术、区块链技术等,进行运行风险评估,面向"智慧化、数据化、生态化"方向发展,建立无人机适航标准和适航管理体系。

3. 人的管理

对人的管理主要包括对无人机拥有者和无人机驾驶员的管理。

1) 无人机拥有者

《民用无人驾驶航空器实名制登记管理规定》(AP-45-AA-2017-03)明确规定,最大起飞重量为250g以上(含250g)的民用无人机拥有者必须在"无人机实名登记系统"中实名登记其拥有产品的信息,并将系统给定的登记标志粘贴在无人机上,否则将被视为违反法规的非法行为,其无人机的使用将受影响,监管主管部门将按照相关规定进行处罚。

个人民用无人机拥有者在"无人机实名登记系统"中登记的信息包括以下几点。

(1) 拥有者姓名;
(2) 有效证件号码(如身份证号、护照号等);
(3) 移动电话和电子邮箱;
(4) 产品型号、产品序号;
(5) 使用目的。

单位民用无人机拥有者在"无人机实名登记系统"中登记的信息包括以下几点。

(1) 单位名称;
(2) 统一社会信用代码或者组织机构代码等;
(3) 移动电话和电子邮箱;
(4) 产品型号、产品序号;
(5) 使用目的。

2) 无人机驾驶员

中国民用航空局飞行标准司于2016年7月11日下发了咨询通告——《民用无人机驾驶员管理规定》(AC-61-FS-2016-20-R1),对我国民用无人机系统驾驶人员的资质管理进行了明确规定。

针对不同类别的民用无人机、不同的飞行环境,对无人机驾驶员给出了以下3种不同的分类管理方案。

(1) 无人机系统驾驶员自行负责,无须证照管理;
(2) 无人机驾驶员由行业协会实施管理,中国民用航空局飞行标准司可以实施监督;
(3) 无人机驾驶员由局方实施管理。

5.3.4 无人机管控法规

目前,我国无人机的监管文件体系相对滞后,在民航法律法规、无人机法律法规、无人机规范性文件与无人机标准体系文件方面陆续出台了一系列监管文件和标准体系文件,其中很多文件仍处于征求意见稿、试行阶段,亟待进一步完善。

行政法规方面: 2018年年初下发了《无人驾驶航空器飞行管理暂行条例(征求意见稿)》。

规范性文件方面: 下发了一些咨询通告和管理文件。

现存有效的咨询通告有《轻小无人机运行规定(试行)》(AC-91-FS-2015-31,2015/12/29)、《民用无人机驾驶员管理规定》(AC-61-FS-2016-20-R1,2016/7/11)。

现存有效的管理文件有《民用无人驾驶航空器系统空中交通管理办法》(MD-TM-2016-004,2016/9/21)、《民用无人驾驶航空器实名制登记管理规定》(AP-45-AA-2017-03,2017/5/16)。

标准体系方面：2017年6月6日下发了《无人驾驶航空器系统标准体系建设指南(2017—2018年版)》。

5.4 无人机空域与飞行计划申请

5.4.1 无人机空域的相关法律法规

1.《民用无人驾驶航空器系统空中交通管理办法》(MD-TM-2016-004)

为了加强对民用无人驾驶航空器飞行活动的管理,规范其空中交通管理工作,依据《中华人民共和国民用航空法》《中华人民共和国飞行基本规则》《通用航空飞行管制条例》和《民用航空空中交通管理规则》,中国民用航空局空管行业管理办公室于2016年制定出台了《民用无人驾驶航空器系统空中交通管理办法》(MD-TM-2016-004),对在航路航线、进近(终端)和机场管制地带等空域内或对以上空域内运行存在影响的民用无人驾驶航空器系统活动进行空中交通管理,内容包括评估管理、空中交通服务和无线电管理3个方面。

2.《无人驾驶航空器飞行管理暂行条例(征求意见稿)》

为了规范无人驾驶航空器飞行及相关活动,维护国家安全、公共安全、飞行安全,促进行业健康可持续发展,国务院、中央军委空中交通管制委员会(以下简称国家空管委)组织起草了《无人驾驶航空器飞行管理暂行条例(征求意见稿)》,并于2018年年初面向社会公开征求意见。

5.4.2 隔离空域申请

1.《民用无人驾驶航空器系统空中交通管理办法》(MD-TM-2016-004)规定

第十条：民用无人驾驶航空器飞行应当为其单独划设隔离空域,明确水平范围、垂直范围和使用时段。可在民航使用空域内临时为民用无人驾驶航空器划设隔离空域。飞行密集区、人口稠密区、重点地区、繁忙机场周边空域,原则上不划设民用无人驾驶航空器飞行空域。

第十一条：隔离空域由空管单位会同运营人划设。划设隔离空域应综合考虑民用无人驾驶航空器通信导航监视能力、航空器性能、应急程序等因素,并符合下列要求：

(1) 隔离空域边界原则上距其他航空器使用空域边界的水平距离不小于10km；

(2) 隔离空域上下限距其他航空器使用空域垂直距离8400m(含)以下不得小于600m,8400m以上不得小于1200m。

2.《无人驾驶航空器飞行管理暂行条例(征求意见稿)》规定

第三十二条：隔离空域申请,由申请人在拟使用隔离空域7个工作日前,向有关飞行管制部门提出；负责批准该隔离空域的飞行管制部门应当在拟使用隔离空域3个工作日前做出批准或者不予批准的决定,并通知申请单位或者个人。隔离空域申请的内容主要包括：

(1) 使用单位或者个人；

(2) 无人机类型及主要性能；
(3) 飞行活动性质；
(4) 隔离空域使用时间、水平范围、垂直范围；
(5) 起降区域或者坐标；
(6) 飞入飞出隔离空域方法；
(7) 登记管理的信息等。

第三十三条：划设无人机隔离空域，按照下列规定的权限批准：
(1) 在飞行管制分区内划设的，由负责该分区飞行管制的部门批准；
(2) 超出飞行管制分区在飞行管制区内划设的，由负责该管制区飞行管制的部门批准；
(3) 在飞行管制区间划设的，由空军批准。

批准划设隔离空域的部门应当将划设的隔离空域报上一级飞行管制部门备案，并通报有关单位。

第三十四条：无人机隔离空域的使用期限，应当根据飞行的性质和需要确定，通常不得超过12个月。

因飞行任务需要延长隔离空域使用期限的，应当报经批准该隔离空域的飞行管制部门同意。

隔离空域飞行活动全部结束后，空域申请人应当及时报告有关飞行管制部门，其申请划设的隔离空域即行撤销。

已划设的隔离空域，经飞行管制部门同意后，其他单位或者个人也可以使用。

5.4.3 飞行计划申请

《无人驾驶航空器飞行管理暂行条例（征求意见稿）》规定

第三十七条：从事无人机飞行活动的单位或个人实施飞行前，应当向当地飞行管制部门提出飞行计划申请，经批准后方可实施。飞行计划申请应当于飞行前一日15时前，向所在机场或者起降场地所在的飞行管制部门提出；飞行管制部门应当于飞行前一日21时前批复。

国家无人机在飞行安全高度以下遂行作战战备、反恐维稳、抢险救灾等飞行任务，可适当简化飞行计划审批流程。

微型无人机在禁止飞行空域外飞行，无须申请飞行计划。轻型、植保无人机在相应适飞空域飞行，无须申请飞行计划，但需向综合监管平台实时报送动态信息。

第三十八条：无人机飞行计划内容通常包括：
(1) 组织该次飞行活动的单位或个人；
(2) 飞行任务性质；
(3) 无人机类型、架数；
(4) 通信联络方法；
(5) 起飞、降落和备降机场（场地）；
(6) 预计飞行开始、结束时刻；
(7) 飞行航线、高度、速度和范围，进出空域方法；
(8) 指挥和控制频率；

(9) 导航方式,自主能力;

(10) 安装二次雷达应答机的,注明二次雷达应答机代码申请;

(11) 应急处置程序;

(12) 其他特殊保障需求。

有特殊要求的,应当提交有效任务批准文件和必要资质证明。

第三十九条:无人机飞行计划按照下列规定权限批准:

(1) 在机场区域内的,由负责该机场飞行管制的部门批准;

(2) 超出机场区域在飞行管制分区内的,由负责该分区飞行管制的部门批准;

(3) 超出飞行管制分区在飞行管制分区内的,由负责该区域飞行管制的部门批准;

(4) 超出飞行管制分区的,由空军批准。

第四十条:使用无人机执行反恐维稳、抢险救灾、医疗救护或者其他紧急任务的,可以提出临时飞行计划申请。临时飞行计划申请最迟应当于起飞 30min 前提出,飞行管制部门应当在起飞 15min 前批复。

第 6 章 无人机法律法规

我国民用航空相关的法律法规经过几十年的发展,已形成法律、行政法规和民航规章3个层次,外加各种管理程序、咨询通告、管理文件、工作手册和信息通告等规范性文件的多层次体系。

民用无人机作为民用航空器的一员,在我国经历了井喷式的快速发展,但发展历史很短,与之配套的相关法律法规、规范性文件和标准体系文件等都相对滞后,亟须完善发展。

6.1 中国民航法律法规体系

我国民航法律法规体系可分为法律、行政法规和民航规章3个层次。除此之外,还有非法律范畴的规范性文件,包括管理程序、咨询通告、管理文件、工作手册和信息通告等。我国民航法律法规体系结构,如图6-1所示。

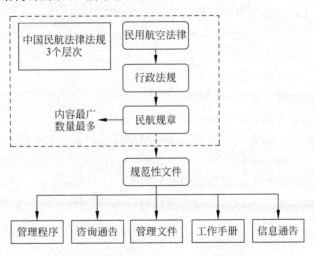

图 6-1 中国民航法律法规体系结构

6.1.1 法律

《中华人民共和国民用航空法》是我国民航法律体系的第一层次,属于国家法律,是我国民用航空法律法规体系的龙头,是制定民航行政法规和民航规章的依据。

《中华人民共和国民用航空法》旨在维护国家的领空主权和民用航空权利,保障民用航空活动安全和有秩序地进行,保护民用航空活动当事人各方的合法权益,促进民用航空事业的发展。该法由第八届全国人民代表大会常务委员会第十六次会议于1995年10月30日审议通过,并由国家主席签署主席令发布,自1996年3月1日起实施。当前版本为2017年11月4日第十二届全国人民代表大会常务委员会第三十次会议修正的版本。

《中华人民共和国民用航空法》共分为16章,214条。

  第一章 总则(1~4条)

  第二章 民用航空器国籍(5~9条)

  第三章 民用航空器权利(10~33条)

    第一节 一般规定(10~13条)

    第二节 民用航空器所有权和抵押权(14~17条)

    第三节 民用航空器优先权(18~25条)

    第四节 民用航空器租赁(26~33条)

  第四章 民用航空器适航管理(34~38条)

  第五章 航空人员(39~52条)

    第一节 一般规定(39~42条)

    第二节 机组(43~52条)

  第六章 民用机场(53~69条)

  第七章 空中航行(70~90条)

    第一节 空域管理(70~72条)

    第二节 飞行管理(73~81条)

    第三节 飞行保障(82~89条)

    第四节 飞行必备文件(90条)

  第八章 公共航空运输企业(91~105条)

  第九章 公共航空运输(106~144条)

    第一节 一般规定(106~108条)

    第二节 运输凭证(109~123条)

    第三节 承运人的责任(124~136条)

    第四节 实际承运人履行航空运输的特别规定(137~144条)

  第十章 通用航空(145~150条)

  第十一章 搜寻援救和事故调查(151~156条)

  第十二章 对地面第三人损害的赔偿责任(157~172条)

  第十三章 对外国民用航空器的特别规定(173~183条)

  第十四章 涉外关系的法律适用(184~190条)

  第十五章 法律责任(191~212条)

  第十六章 附则(213~214条)

6.1.2 行政法规

行政法规是我国民航法律法规体系的第二层次,是国务院根据宪法和法律,按照《行政法规制定程序条例》的规定而制定的法规。行政法规由国务院总理签署国务院令或授权中国民用航空局发布,它的效力次于法律、高于民航规章和地方法规。目前,我国主要的民航行政法规如表 6-1 所示。

表 6-1 中国民航行政法规

行政法规名称	文 号	发布日期	实施日期
外国民用航空器飞行管理规则		1979-02-23	1979-02-23
国务院关于保障民用航空安全的通告		1982-12-01	1982-12-01
国务院、中央军委关于使用飞机执行各项专业任务的规定		1984-12-24	1984-12-24
国务院关于通用航空管理的暂行规定	国发[1986]2 号	1986-01-08	1986-01-08
中华人民共和国民用航空器适航管理条例		1987-05-04	1987-06-01
民用航空运输不定期飞行管理暂行规定	国务院令第 29 号	1989-03-02	1989-03-02
中华人民共和国搜寻援救民用航空器规定	民航局令第 29 号	1992-12-08	1992-12-08
中华人民共和国民用航空安全保卫条例	国务院令第 201 号	1996-07-06	1996-07-06
中华人民共和国民用航空器国籍登记条例	国务院令第 232 号	1997-10-21	1997-10-21
中华人民共和国民用航空器权利登记条例	国务院令第 233 号	1997-10-21	1997-10-21
中华人民共和国飞行基本规则	国务院令第 312 号	2000-07-24	2001-08-01
国务院、中央军委关于修改《中华人民共和国飞行基本规则》的决定	国务院、中央军委令第 312 号	2001-07-27	2001-08-01
国务院、中央军委关于修改《中华人民共和国飞行基本规则》的决定	国务院、中央军委令第 509 号	2007-10-18	2007-11-22
通用航空飞行管制条例	国务院、中央军委令第 371 号	2003-01-10	2003-05-01
国内航空运输承运人赔偿责任限额规定			2006-03-28
民用机场管理条例	国务院令第 553 号	2009-04-01	2009-07-01
国务院关于废止和修改部分行政法规的决定	国务院令第 588 号	2011-01-08	2011-01-08
国务院关于修改部分行政法规的决定	国务院令第 653 号	2014-07-29	2014-07-29

6.1.3 民航规章

民航规章全称为中国民用航空规章(China Civil Aviation Regulations,CCAR),是我国民航法律法规体系的第三层次。民航规章由中国民用航空局通过,由中国民航局局长以民航局令的形式发布。

民航规章的部号编码形式为 CCAR-×××-R×。其中,CCAR 为民航规章的英文缩写;×××代表规章部号编码;R×代表版本号。

目前,我国民航规章内容最广、数量最多,共分为 15 类、400 部。我国民航规章目录分类如表 6-2 所示。

表 6-2 中国民航规章目录分类

序号	类 别 名	CCAR 部号
1	行政程序规则	CCAR1~20 部
2	航空器	CCAR21~59 部
3	航空人员	CCAR60~70 部
4	空域、导航设施、空中交通规则和一般运行规则	CCAR71~120 部

续表

序号	类 别 名	CCAR 部号
5	民用航空企业合格审定及运输	CCAR121~139 部
6	学校、非航空人员及其他单位的合格审定及运行	CCAR140~149 部
7	民用机场建设和管理	CCAR150~179 部
8	委任代表规则	CCAR180~189 部
9	航空保险	CCAR190~200 部
10	综合调控规则	CCAR201~250 部
11	航空基金	CCAR251~270 部
12	航空运输规则	CCAR271~325 部
13	航空保安	CCAR326~355 部
14	科技和计量标准	CCAR356~390 部
15	航空器搜寻援救和事故调查	CCAR391~400 部

6.1.4 规范性文件

规范性文件曾经作为民用航空法规体系的一个层次,现已明确不在法律范畴之内,不向法庭提供,但必须遵守法律、行政法规和民航规章的规定,不得与其冲突。

规范性文件包括管理程序、咨询通告、管理文件、工作手册和信息通告等。

1. 管理程序

管理程序(Aliation Procedure,AP),文件编号通常以 AP 开头。它是指有关民用航空规章的实施办法或具体管理程序,是民航行政机关工作人员从事管理工作和法人、其他经济组织或者个人从事民用航空活动应当遵守的行为规则。

2. 咨询通告

咨询通告(Advisory Circular,AC),文件编号通常以 AC 开头。它是指对民用航空规章条文所做的具体阐述。

3. 管理文件

管理文件(Management Document,MD),文件编号通常以 MD 开头。它是指民用航空管理工作的重要事项的通知、决定或政策说明。

4. 工作手册

工作手册(Working Manual,WM),文件编号通常以 WM 开头。它是指用于规范和指导民航行政机关工作人员的具体行为的文件。

5. 信息通告

信息通告(Information Blletin,IB),文件编号通常以 IB 开头。它是指用于反映民用航空活动中出现的新情况以及国内外有关民航技术上存在的信息问题进行通报的文件。

6.2 中国无人机法律法规体系

6.2.1 无人机监管文件体系

目前,我国无人机的监管文件体系相对滞后,在民航法律法规、无人机法律法规、无人机规范性文件和无人机标准体系文件方面陆续出台了一系列监管文件和标准体系文件,很多文件仍处于征求意见稿、试行阶段,亟须进一步完善。

目前,我国出台的无人机监管文件及标准体系文件,如表6-3所示。

表6-3 中国无人机监管相关文件

文 号	文件名称	文件分类	发文日期	备 注
飞行管理				
—	《无人驾驶航空器飞行管理暂行条例（征求意见稿）》	行政法规	2018/01/26	
AC-91-FS-2015-31	轻小无人机运行规定（试行）	规范性文件（咨询通告）	2015/12/29	
空中交通管理				
MD-TM-2009-002	民用无人机空中交通管理办法	规范性文件	2009/06/26	废止
MD-TM-2016-004	民用无人驾驶航空器系统空中交通管理办法	规范性文件（管理文件）	2016/09/21	
—	中南地区民用无人驾驶航空器系统空中交通管理评审规则（试行）	规范性文件（管理文件）	2018/02/24	
驾驶员管理				
AC-61-FS-2013-20	民用无人机驾驶航空器系统驾驶员管理暂行规定	规范性文件（咨询通告）	2013/11/18	废止
AC-61-FS-2016-20-R1	民用无人机驾驶员管理规定	规范性文件（咨询通告）	2016/07/11	
无人机管理				
AP-45-AA-2017-03	民用无人驾驶航空器实名制登记管理规定	规范性文件（管理程序）	2017/05/16	
标准体系文件				
—	无人驾驶航空器系统标准体系建设指南（2017—2018年版）	技术性文件（标准体系）	2017/06/06	
MH/T 2008—2017	无人机电子围栏	民用航空行业标准	2017/10/20	
MH/T 2009—2017	无人机云系统接口数据规范	民用航空行业标准	2017/10/20	

1. 民航法律法规

民用无人机作为民用航空器的一员,民航相关法律法规对民用无人机也具有约束力,虽针对性不强,但可作为无人机法律法规的补充。如《中华人民共和国民用航空法》《中华人民共和国飞行基本规则》《中华人民共和国无线电管理条例》《通用航空飞行管制条例》《民用机场管理条例》《民用航空空中交通管理规则》等。

2. 无人机法律法规

对比我国民航法律法规体系的3个层次,我国专门针对无人机的法律法规在国家立法、行政法规和规章3个层次上暂时空白。

国务院、中央军委空中交通管制委员会(以下简称国家空管委)组织起草了《无人驾驶航空器飞行管理暂行条例(征求意见稿)》,并于2018年年初面向社会公开征求意见,是国家层面无人机产业法律法规零的突破。

3. 无人机规范性文件

近几年,我国相关部门陆续出台了一些针对无人机的咨询通告、管理文件等规范性文件,如《轻小无人机运行规定(试行)》(AC-91-FS-2015-31)、《民用无人驾驶航空器系统空中交通管理办法》(MD-TM-2016-004)、《民用无人机驾驶员管理规定》(AC-61-FS-2016-20-R1)和《民用无人驾驶航空器实名制登记管理规定》(AP-45-AA-2017-03),在无人机飞行管理、空中交通管理、驾驶员管理和无人机登记管理等方面进行了规定,成为法律法规的有益补充。

4. 无人机标准体系文件

无人机标准体系建设能引领和规范行业的发展,也将进一步提高无人机的监管水平。

2017年6月6日,国家标准化管理委员会、工业和信息化部、科技部、公安部、农业部、国家体育总局、国家能源局和中国民用航空局8部门联合发布了《无人驾驶航空器系统标准体系建设指南(2017—2018年版)》。

2017年7月10日,中国民用航空局飞行标准司下发了《无人机电子围栏(征求意见稿)》和《无人机云系统接口数据规范(征求意见稿)》,2017年10月20日中国民用航空局正式发布了这两项行业标准,并于2017年12月1日起开始实施。

6.2.2 飞行管理文件

1.《无人驾驶航空器飞行管理暂行条例(征求意见稿)》

为了规范无人驾驶航空器飞行及相关活动,维护国家安全、公共安全、飞行安全,促进行业健康可持续发展,国务院、中央军委空中交通管制委员会(简称国家空管委)组织起草了《无人驾驶航空器飞行管理暂行条例(征求意见稿)》,并于2018年年初面向社会公开征求意见。

《无人驾驶航空器飞行管理暂行条例(征求意见稿)》共分为总则、无人机系统、无人机驾驶员、飞行空域、飞行运行、法律责任和附则7个部分。

各部分主要内容如下。

1) 总则

制定本条例的目的、管理对象、依据、原则、无人驾驶航空器定义和管理主体等。

2) 无人机系统

无人机的分级分类标准:将无人机分为两级、三类、五型。两级,按执行任务性质,将无人机分为国家和民用两级;三类,按飞行管理方式,将民用无人机分为开放类、有条件开放类和管控类;五型,按飞行安全风险,以重量为主要指标,结合高度、速度、无线电发射功率和空域保持能力等性能指标,将民用无人机分为微型、轻型、小型、中型和大型。

无人机系统的相关管理规定：无人机生产、销售、登记、商业活动、身份标识、无线电、第三者责任险、进出口和无人机反制等方面的规定。

3）无人机驾驶员

无人机驾驶员的相关管理规定：无人机驾驶员年龄、培训、持证、身份和资质查验等方面的规定。

4）飞行空域

无人机飞行空域的划设及管理规定：无人机飞行空域划设原则、微型无人机禁飞空域、轻型无人机管控空域、轻型无人机空域申请、隔离空域申请和使用等方面的规定。

5）飞行运行

无人机飞行运行的相关管理规定：综合监管平台、飞行计划申请、飞行间隔、无人机避让、敏感区域飞行和飞行安全责任主体等方面的规定。

6）法律责任

无人机法律责任的相关管理规定：违反适航管理规定、备案规定、实名登记规定、出入境规定、持证飞行规定和禁飞区飞行规定的处罚措施。

7）附则

本条例的相关法律法规：《中华人民共和国民用航空法》《中华人民共和国飞行基本规则》《通用航空飞行管制条例》《中华人民共和国无线电管理条例》及其他相关法律法规。

本条例的用语含义：模型航空器、遥控驾驶航空器、自主航空器、遥控站（台）、空机重量、最大起飞重量、空域保持能力、无人机系统、植保无人机、分布式操作、混合飞行、隔离空域和飞行安全高度等用语的含义。

2.《轻小无人机运行规定(试行)》

为了规范民用无人机，特别是低空、慢速、微轻小型无人机的运行，依据CCAR-91部，中国民用航空局飞行标准司于2015年12月29日下发了咨询通告《轻小无人机运行规定（试行）》（AC-91-FS-2015-31）。

2016年7月11日，中国民用航空局飞行标准司下发了咨询通告《民用无人机驾驶员管理规定》（AC-61-FS-2016-20-R1），对《轻小无人机运行规定(试行)》进行了修正和完善。

《轻小无人机运行规定(试行)》共分为目的、适用范围及分类、定义、民用无人机机长的职责和权限、民用无人机驾驶员资格要求、民用无人机使用说明书、禁止粗心或鲁莽的操作、摄入酒精和药物的限制、飞行前准备、限制区域、视距内运行（VLOS）、视距外运行（BVLOS）、民用无人机运行的仪表设备和标识要求、管理方式、无人机云提供商须具备的条件、植保无人机运行要求、无人飞艇运行要求、废止和生效18个部分。

各部分主要内容如下。

（1）目的。制定本咨询通告的目的是规范民用无人机，特别是低空、慢速、微轻小型无人机的运行。

（2）适用范围及分类。本咨询通告适用范围及分类的相关规定。根据无人机视距内或视距外、空机重量、起飞重量、校正空速和飞行高度等指标进行分类。

（3）定义。本咨询通告的术语定义：无人机、无人机系统、无人机系统驾驶员、无人机系统机长、无人机观测员、运营人、控制站、指令与控制数据链路、视距内（VLOS）、视距外运行（BVLOS）、融合空域、隔离空域、人口稠密区、重点地区、机场净空区、空机重量、无人机云系统、电子围栏、主动反馈系统和被动反馈系统等术语的定义。

(4) 民用无人机机长的职责和权限。民用无人机机长的职责和权限的相关管理规定。

(5) 民用无人机驾驶员资格要求。民用无人机驾驶员资格要求的相关规定：执照、合格证、等级、训练、考试、检查和航空经历等方面的规定。

(6) 民用无人机使用说明书。民用无人机使用说明书的相关管理规定。

(7) 禁止粗心或鲁莽的操作。

(8) 摄入酒精和药物的限制。

(9) 飞行前准备。飞行前机长应做好的相关准备。

(10) 限制区域。机长应确保无人机避免进入限制区域。

(11) 视距内运行(VLOS)。视距内运行的相关规定。

(12) 视距外运行(BVLOS)。视距外运行的相关规定。

(13) 民用无人机运行的仪表设备和标识要求。

(14) 管理方式。轻小型民用无人机运行管理的相关规定：民用无人机的运行管理、民用无人机运营人的管理等规定。

(15) 无人机云提供商须具备的条件。

(16) 植保无人机运行要求。

(17) 无人飞艇运行要求。

(18) 废止和生效。

本咨询通告于2015年12月29日下发生效。

6.2.3 空中交通管理文件

1.《民用无人驾驶航空器系统空中交通管理办法》

为了加强对民用无人驾驶航空器飞行活动的管理，规范其空中交通管理工作，中国民用航空局空管行业管理办公室于2016年9月21日下发了《民用无人驾驶航空器系统空中交通管理办法》(MD-TM-2016-004)，同时废止了原《民用无人机空中交通管理办法》(MD-TM-2009-002)。

《民用无人驾驶航空器系统空中交通管理办法》共分为总则、评估管理、空中交通服务、无线电管理和附则5章。

各章主要内容如下。

1) 总则

本管理办法的制定依据、适用对象、管理分工、飞行空域及责任主体等。

2) 评估管理

民用无人驾驶航空器评估管理的相关规定：需要评估管理的条件、评估的内容、评估报告的审查等方面的规定。

3) 空中交通服务

民用无人驾驶航空器空中交通服务的相关规定：隔离空域划设原则和要求、隔离空域内运行要求、安全措施和违规飞行监管等方面的规定。

4) 无线电管理

民用无人驾驶航空器无线电管理的相关规定：无线电频率、无线电设备、发射语音广播和无线电管制等方面的规定。

5) 附则

本管理办法下发施行的同时,废止原《民用无人机空中交通管理办法》。

本管理办法的术语含义:民用无人驾驶航空器、民用无人驾驶航空器系统、遥控驾驶航空器系统、遥控驾驶航空器、遥控站、指挥与控制链路、自主无人驾驶航空器系统、电子围栏、感知与避让、运营人、驾驶员、观测员、隔离空域、非隔离空域、目视视距内、超目视视距、无线电视距内、超无线电视距、机场净空区、人口稠密区和重点地区等术语的含义。

2.《中南地区民用无人驾驶航空器系统空中交通管理评审规则(试行)》

依据中国民用航空局空管行业管理办公室于 2016 年 9 月 21 日下发的《民用无人驾驶航空器系统空中交通管理办法》(MD-TM-2016-004),为适应民用无人驾驶航空器的快速发展,加强中南地区民用无人驾驶航空器飞行活动的管理,规范其空中交通管理工作,民航中南地区管理局于 2018 年 2 月 24 日下发了《中南地区民用无人驾驶航空器系统空中交通管理评审规则(试行)》。

《中南地区民用无人驾驶航空器系统空中交通管理评审规则(试行)》共分为总则、评审管理和附则 3 章。

各章主要内容如下。

1) 总则

本规则的制定依据、适用对象和管理分工等。

2) 评审管理

民用无人驾驶航空器系统空中交通管理评审管理的相关规定:飞行活动申请的条件、飞行活动评审的内容、飞行活动评审的要求等方面的规定。

3) 附则

本规则的施行时间和评审流程图:本规则自 2018 年 3 月 1 日起施行,民用无人驾驶航空器系统空中交通管理评审程序流程如图 6-2 所示。

6.2.4 驾驶员管理文件

随着民用无人机驾驶员数量的快速增加,为了加强对民用无人机驾驶员的规范管理,促进民用无人机产业的健康发展,中国民用航空局飞行标准司于 2016 年 7 月 11 日下发了咨询通告《民用无人机驾驶员管理规定》(AC-61-FS-2016-20-R1),同时废止了 2013 年 11 月 18 日发布的咨询通告《民用无人驾驶航空器系统驾驶员管理暂行规定》(AC-61-FS-2016-20)。

《民用无人机驾驶员管理规定》共分为目的、适用范围、法规解释、定义、管理机构、行业协会对无人机系统驾驶员的管理、局方对无人机系统驾驶员的管理、修订说明和咨询通告施行 9 个部分。

各部分主要内容如下。

1. 目的

针对目前出现的无人机系统的驾驶员实施指导性管理,并将根据行业发展情况随时修订,最终目的是按照国际民航组织的标准建立我国完善的民用无人机驾驶员监管体系。

2. 适用范围

用于民用无人机系统驾驶人员的资质管理。并按无人机的空机质量和起飞质量将无人机分成 9 类。

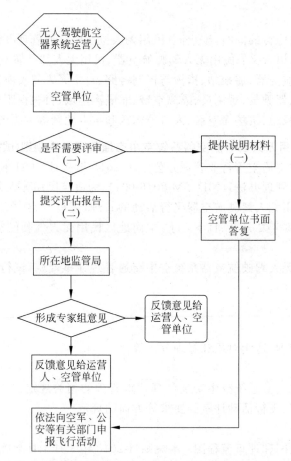

图 6-2　民用无人驾驶航空器系统空中交通管理评审程序流程

3. 法规解释

本规定的相关法规解释。

4. 定义

无人机、无人机系统、无人机系统驾驶员、无人机系统机长、无人机观测员、运营人、控制站、指令与控制数据链路、感知与避让、无人机感知与避让系统、视距内运行、视距外运行、扩展视距运行、融合空域、隔离空域、人口稠密区、空机重量、无人机云系统等术语的含义。

5. 管理机构

无人系统驾驶员管理机构的相关规定：实施分类管理，即自行负责、行业协会管理、局方管理的相关规定。

6. 行业协会对无人机系统驾驶员的管理

行业协会对无人机系统驾驶员的管理的相关规定。

7. 局方对无人机系统驾驶员的管理

局方对无人机系统驾驶员的管理的相关规定。

8. 修订说明

结合《轻小无人机运行规定（试行）》(AC-91-FS-2015-31)，对原《民用无人机驾驶航空器系统驾驶员管理暂行规定》(AC-61-FS-2013-20)进行了修订，修订的主要内容包括重新调整无人机分类和定义，新增管理机构管理备案制度，取消部分运行要求。

9. 咨询通告施行

本规定于 2016 年 7 月 11 日下发生效，同时废止原《民用无人机驾驶航空器系统驾驶员管理暂行规定》(AC-61-FS-2013-20)咨询通告。

6.2.5 无人机登记管理文件

为了加强民用无人驾驶航空器（以下简称民用无人机）的管理，对民用无人机拥有者实施实名制登记，中国民用航空局航空器适航审定司于 2017 年 5 月 16 日发布了管理程序《民用无人驾驶航空器实名制登记管理规定》(AP-45-AA-2017-03)。

《民用无人驾驶航空器实名制登记管理规定》共分为总则、职责、民用无人机实名登记要求和附则 4 个部分。

各部分主要内容如下。

1. 总则

制定本管理规定的目的、适用范围、登记要求和相关术语定义等。定义的术语包括民用无人机、民用无人机拥有者、民用无人机最大起飞重量和民用无人机空机重量等。

2. 职责

中国民用航空局航空器适航审定司、民用无人机制造商和民用无人机拥有者各自职责的相关规定。

3. 民用无人机实名登记要求

实名登记的流程、实名登记的信息内容、民用无人机的登记标志、民用无人机的标识要求和登记信息的更新等方面的相关规定。

4. 附则

本管理规定由中国民用航空局航空器适航审定司负责解释，于 2017 年 5 月 16 日生效。

6.2.6 无人机监管技术支撑文件

2017 年 6 月 6 日，国家标准化管理委员会、工业和信息化部、科技部、公安部、农业部、国家体育总局、国家能源局和中国民用航空局 8 部门联合发布了《无人驾驶航空器系统标准体系建设指南（2017—2018 年版）》，从管理和技术两个角度提取共性抽象特征，构建无人机驾驶航空器系统管理架构和技术架构。将管理架构的分级分类维度和应用维度组成的平面依次映射到生命周期维度的 7 个层级，形成研发、注册、鉴定、制造、流通、运行和报废 7 类管理标准。

无人机驾驶航空器系统管理架构如图 6-3 所示；无人机驾驶航空器系统技术架构如图 6-4 所示；无人机驾驶航空器系统标准体系结构如图 6-5 所示。

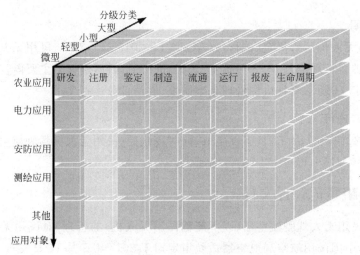

图 6-3　无人机驾驶航空器系统管理架构

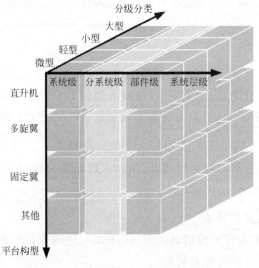

图 6-4　无人机驾驶航空器系统技术架构

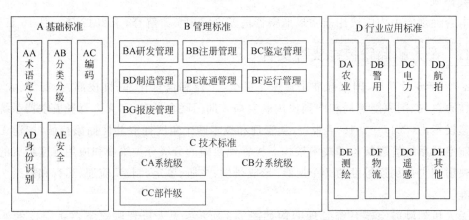

图 6-5　无人机驾驶航空器系统标准体系结构

第 7 章

无人机操纵

对于有人机来说,飞机的性能和飞行员的技术水平是飞机能否发挥出其效能最重要的两个因素,对于无人机也是如此,飞行中的无人机其控制权在飞行操作人员手中,此时操作人员的技术水平和其所做的飞行操纵准确与否对于无人机能否发挥出其应有的效能起着至关重要的作用。

随着我国无人机路线图的制定,越来越多无人机装备部队的飞行操纵必将受到重视,而无人机的飞行操作人员也将成为整支无人机作战部队的核心技术人员。无人机操纵是指无人机操作人员在地面通过无线电链路监督、控制无人机飞行的整个过程,包括起降操纵、飞行控制、任务设备(载荷)控制和数据链管理等。通常这个过程在地面控制站内完成,地面控制站内的飞行控制席位、任务设备控制席位、数据链管理席位都设有相应分系统的操作装置。

7.1 无人机飞行操纵

无人机的飞行操纵特指对于无人机飞行的控制操作,其内容包括航线的预设装订、修改、变更,飞行状态监控、指令引导控制、遥控飞行、辅助起降等。无人机的飞行操纵主要有3种操纵类型:遥控方式、自主控制和组合控制。

7.1.1 无人机飞行操纵的类型

1. 遥控方式

遥控方式(PIC)是指通过数据链路对无人机实施的飞行控制操纵。可以说这方面的技术是无人机飞行操作中最为贴近飞行员的了,特别是对于操控模式接近有人机的无人机来说,遥控是操作手必须熟练掌握的技术。遥控一般包括舵面遥控、姿态遥控和指令控制3种方式。

1) 舵面遥控

舵面遥控是由控制器的操纵杆直接控制无人机的舵机,遥控无人机飞行。这是无人机最简单和最原始的控制方式,多应用于微型战术无人机的操纵上。这种控制方式一般是通过目视对无人机进行操纵。

2) 姿态遥控

姿态遥控是指在无人机具有姿态稳定控制机构的基础上,通过操纵杆控制无人机的俯仰和滚转,从而连续控制无人机运动。要求设计的操纵杆适应飞行员的操纵感觉,并且具有边界限制。一般是目视操纵无人机或通过仪表远程操纵无人机的机动飞行。

3) 指令控制

指令控制是指通过上行链路发送控制指令,机载计算机接收到指令后按预定的控制模式执行。这种方式必须在机载自动驾驶仪或机载飞行管理与控制系统自动控制的基础上实施。

常用的指令如下。

(1) 俯仰角选择与控制;
(2) 高度保持与控制;
(3) 飞行速度控制;
(4) 滚转选择与控制;
(5) 航向选择与控制;
(6) 航迹控制。

2. 自主控制

自主控制(UAV)是指不需要人工参与的飞行控制。这种方式是通过全权限的机载飞行管理与控制系统完成从起飞、控制飞行、执行任务到返航着陆全过程的自主控制。自主控制时的无人机处于自动驾驶状态,基本不需要人工干预,此时操纵人员的主要任务就是监控飞机,各系统是否运行正常,是否按照预设航路飞行。自主控制是无人机最为常态的飞行模式。

3. 组合控制

在自主控制飞行的基础上,通过操纵杆在无人机的控制外回路施加一定的偏移量,尤其是在自动起飞着陆过程中,对导航偏差和外界干扰进行人工干预的一种控制模式。组合控制(RPV)介于自主控制和遥控之间,既要求熟知该模式下的操纵特点,又要求掌握该模式下的控制技法,该种控制模式可以理解为"更为人性化的自主控制"或是"更为轻松的遥控飞行",人的干预通常是通过模拟量来完成,杆量的大小、时机需要通过大量的训练和实操去掌握。

7.1.2 无人机遥控器的操纵

在用遥控器控制无人机时,遥控器就相当于无人机的"大脑",对无人机直接发出指令,实时控制无人机。遥控器的好坏直接影响着飞行安全,尤其是对于高速、高空飞行,或挂载任务设备等价格比较昂贵的无人机来说要把安全性放在第一位。目前,在市面上的遥控器比较常见的有进口品牌 Futaba、JR、Hitec、Sanwa 等,国产品牌有睿思凯、天地飞、乐迪、富斯等。遥控器目前主流的频率是 2.4GHz,常见的有 6 通道、7 通道、8 通道、9 通道和 12 通道等,通道可以理解为能控制多少路部件(舵机、电调等)或者功能(激活或调整某个参数)。有些通道是调整矢量参数,如舵机、电调等,按遥控器摇杆动作比例同步偏移。油门杆推高点,电调输出的功率也大点,两者是按比例同步的。舵机也一样,舵机左右方向的转动,转动的速度和转动的角度与遥控器摇杆的比例一致。有些通道属于多挡模式开关,拨不同挡位控制不同的功能,如起落架收放、释放烟雾等。遥控器通道越多价格越高,最基本的能操纵无人机飞行的最少通道只需 4 个即可,分别是加减油门、升降、副翼和航向,各通道对应的作用如表 7-1 所示。

表 7-1 各通道对应的作用

通 道	作 用	运动图解
副翼通道	改变副翼,控制无人机向左、向右倾斜,以实现无人机向左、向右平移	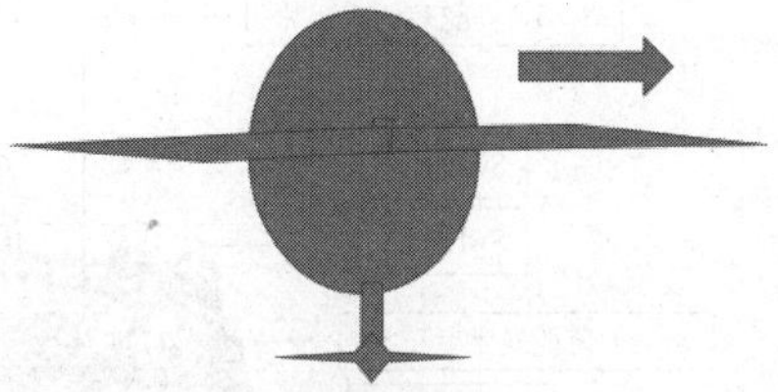
油门通道	改变螺距,控制无人机桨叶角度,以实现无人机上升、下降	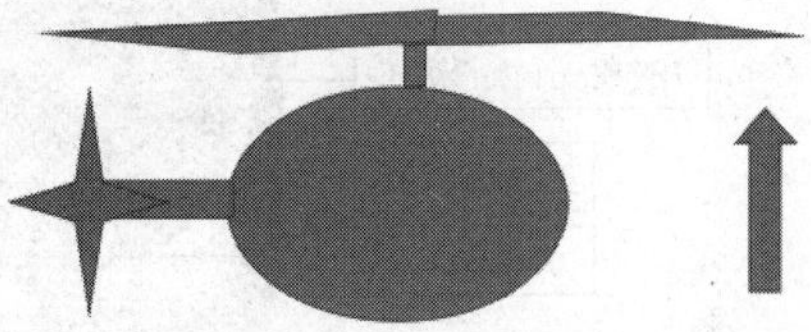
升降通道	改变升降舵,控制无人机向前、向后倾斜,以实现无人机前进、后退	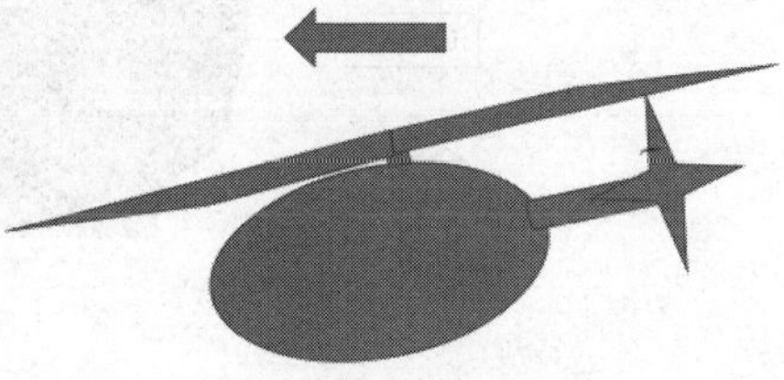
航向通道	改变方向舵,控制无人机机头向左、向右转动,以实现无人机左右转向	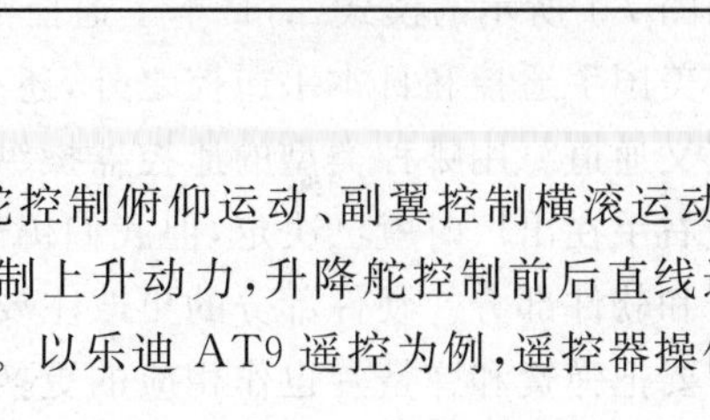

1. 基本操纵杆作用

在固定翼无人机操纵中油门控制前进动力、升降舵控制俯仰运动、副翼控制横滚运动、方向舵控制偏航方向,在多旋翼无人机操纵中油门控制上升动力,升降舵控制前后直线运动、副翼控制左右直线运动、方向舵控制水平旋转运动。以乐迪 AT9 遥控为例,遥控器操作面板的各开关功能如图 7-1 所示。

2. 中立点微调

用来调整飞机的平衡,当遥控器校准完成后,在无人机起飞还是有明显偏移时使用。例如,当无人机起飞后,往左边倾斜侧滑,调整副翼微调杆往右拨,往前方倾斜侧滑时,调整升降舵微调杆往后拨,每次调整一小格的量。

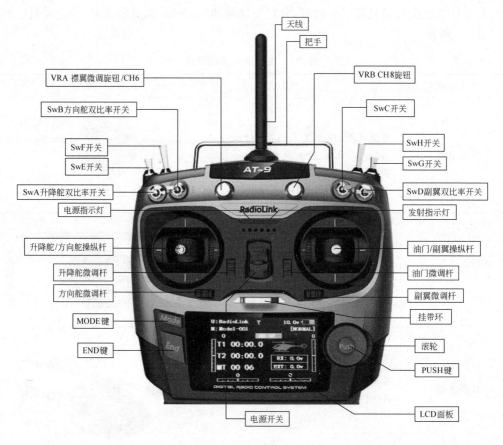

图 7-1 遥控器操作功能

7.1.3 无人机遥控器飞行手法

遥控器的通道和遥控功能定义为副翼为 1 通道、升降为 2 通道、油门为 3 通道、航向为 4 通道，根据遥控器左右摇杆的操控功能不同又分为 4 种遥控模式，各模式的功能如图 7-2 所示。其中，最常见的遥控模式有美国手和日本手，美国手遥控油门在左边也叫左手油门，如图 7-1 所示的模式二，日本手遥控油门在右边也叫右手油门，如图 7-1 所示的模式一。除了美国手遥控和日本手遥控之外，还有其他的操控方式可供操纵者选择，有些遥控还可以自定义通道。用哪种类型的遥控器操纵无人机取决于个人习惯，或机型特点。虽然遥控器的左右手在出厂时就已决定，但我们仍然可以在后期进行更改。更改遥控器模式分为硬件部分和软件部分。硬件部分的更改主要是由于油门操纵杆不带复位，如果切换到另外一边就需要把弹簧和弹簧片也作相应的更换，以乐迪 AT9 遥控为例，更换硬件方法如图 7-3 所示，软件部分，在发射机设置菜单→摇杆模式→滚轮选择遥控模式。

7.1.4 戴氏飞行训练法介绍

戴氏飞行是固定翼无人机的训练方法，初学者可以借鉴学习，自我提升飞行技能。

图 7-2 各种摇杆模式

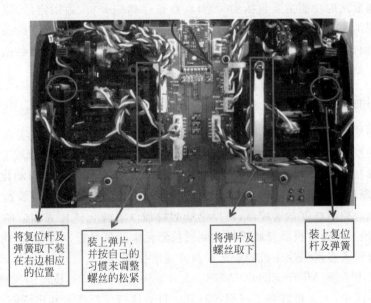

图 7-3 硬件部分

1.《无线电遥控模型飞机戴氏教学法——基础飞行训练》的教学大纲

（1）地面教学。包括：①飞机转弯的基本操纵；②直飞与航线调整；③油门与飞行高度控制；④飞机性能的改善。

(2) 飞行学习。包括：①程序转弯操纵方法；②首次起飞时如何控制航线；③气流与如何判断航迹；④飞行前操纵训练。

(3) 起飞程序。包括：①标准起飞；②短跑道起飞；③失速改出。

(4) 飞机的调校。

(5) 着陆准备。包括：①着陆航线；②瞄准参照点；③对准跑道的观察方法；④气流的影响。

(6) 着陆组织。包括：①第四边（基边）转弯；②着陆进近；③发动机怠速。

(7) 着陆。包括：①接地过远；②复飞；③接地过近；④定点着陆；⑤着陆拉平。

(8) 单飞的训练安排。

2.《无线电遥控模型飞机戴氏教学法——业余特技飞行训练》的教学大纲

(1) 飞机的选择。包括：①飞行性能；②配置要求。

(2) 基础知识。包括：①航迹的判断与气流；②瞄准参照点；③阿雷斯蒂（ARESTI）标记法。

(3) 特技动作训练。包括：①筋斗；②副翼横滚；③英麦曼回转；④古巴8字；⑤反向古巴8字；⑥间歇横滚。

(4) 如何组合连续的特技动作、问题与解决方法、特技动作的各种变化形式。

7.2 无人机地面站

无人机地面站的功能主要包括实时通信、数据存储与分析、地图定位，以及任务规划和管理等。民用消费级无人机地面站比较简单，通常把装有调试软件的PC端或移动设备端称为地面站，调试软件又可称为地面站软件，而对飞控调试、航迹规划和数据监控则是消费级无人机地面站的主要内容。

7.2.1 地面站控制概述

无人机的地面站控制系统简称"地面控制站"，地面控制站的功能和实现形式根据无人机系统技术的发展以及自身的功能需求在不断地发生变化。早期民用领域无人机系统受制于硬件价格和制造技术，没有太多传感器和控制器可供选择，无法实现自动化或自主控制飞行，仅能够实现远程无线电控制。当时的无人机与现在常说的遥控飞机没有太大区别。在那个阶段的地面控制站就是遥控器，将操纵杆的物理位置变化转化为相应的无线电信号并向外输出，遥控飞机通过机载接收机接收到遥控器发来的信号后，将信号转化为舵机或电动机转速控制信号来实现遥控飞机的姿态控制或速度控制。

随着微机电系统（Micro-Electro-Mechanical System，MEMS）技术的发展，更多硬件被加入无人机系统中，无人机具备了根据控制算法自动执行飞行任务和飞行模式切换的能力。在这个阶段，地面控制站逐渐转变为一个包括地面PC、遥控器、数传等众多硬件设备的大系统。功能从单一的发送姿态操作指令向系统调试、参数调整、硬件校正、飞行数据传输与展示、飞行数据在线处理、飞行模式切换等方向转变。比如，当下常见的数传、图传、地面控制站式遥控器、PC、FPV显示器等设备都可以算作地面系统的一部分。我们在PC上进行算法调试、硬件校准、模式设定等，并可通过从WiFi或数传实时发送、接收、分析、处理飞行数据；也可以通过数传、图传等设备在地面实时监控采集的数据质量，调整数据采集内容，操控无人机执行超视距飞行任务，遥控器也从单一的操作指令发送过渡到无人机模式调整，甚至有的遥控器集成了更多的系统功能，变成一个功能更加强大的复合型地面控制站。

以智能手机为主的移动端地面系统。我们完全可以把智能手机归入前面的地面控制站系统，同时手机特有的信号覆盖范围、便携性和APP的多样性、灵活性等特点也使得它成为消费级无人机地面控制站选择的不二之选。虽然通过手机实现无人机控制势必面临安全性与稳定性的挑战，但手机作为个人数据处理终端的地位无疑预示着它在无人机系统中具有越来越重要的发展前景。

7.2.2 飞控调试

飞控调试是指用调试软件对飞控进行相关调试，飞控是无人机的核心部件，根据其是否开源，分为开源飞控和闭源飞控，闭源飞控使用简单，几乎不用调试，只需进行简单的设置即可，而开源飞控调试较复杂，调试内容多，如烧写固件、设置接收机模式、遥控器校准、电调校准、加速度计校准、陀螺仪校准、设置飞行保护措施、设置飞行模式、通道设置和解锁方式等。

调试软件是指飞控调试软件，除了价格低廉的闭源飞控外，大部分飞控都能支持调参，都有相应的调试软件。常用的几款飞控与对应的调试软件如表7-2所示，飞控的调试软件不是唯一的，有些飞控可用多款调试软件调试，调试软件安装在PC端或手机端等移动设备端使用，通过调试软件进行调参、数据监控和设定航线等内容。

表7-2 飞控与调试软件

飞 控	调 试 软 件	飞 控	调 试 软 件
CC3D	OpenPilot GCS	MWC	Arduino
F3、F4飞控	Cleanflight、Betaflight	APM、PIXHAWK	Mission Planner
NAZA	zadig		

7.2.3 航迹规划

无人机航迹规划是任务规划的核心内容，需要综合应用导航技术、地图信息技术以及远程感知技术，以获得全面而详细的无人机飞行现状以及环境信息，结合无人机自身技术指标特点，按照一定的航迹规划方法，制定最优或次优路径。航迹规划一般分为两步：首先是飞行前的预规划，即根据既定任务，结合环境限制与飞行约束条件，从整体上制定最优参考路径；其次是飞行过程中重规划，即根据飞行过程中遇到的突发状况，如地形、气象变化、未知限飞、禁飞因素等，局部动态地调整飞行路径或改变动作任务。

航迹规划的内容包括出发地点、途经地点、目的地位置信息、飞行高度和速度与需要到达的时间段。航迹规划应具备以下功能。

（1）具有标准飞行轨迹生成功能，可生成常用的标准飞行轨迹，如圆形盘旋、8字形盘旋、往复直线飞行等，存储到标准飞行轨迹数据库中，以便在飞行过程中可以根据任务的需要使飞行器及时进入和退出标准飞行轨迹。

（2）具有常规的飞行航线生成、管理功能，可生成对特定区域进行搜索的常规飞行航线,存储到常规航线库中,航线库中的航线考虑了传感器特性、传感器搜索模式(包括搜索速度、搜索时间)和传感器观察方位(包括搜索半径、搜索方向、观测距离、观测角度)等多种因素,可实现对目标的最佳探测。

(3) 航迹规划使用方法。以PIXHAWK飞控为例介绍航迹规划的使用方法,当无人机处于auto模式时启动自主控制飞行模式。航迹规划及动作操作如下。

① 设置返航位置(Home Position)。对于多旋翼无人机和无人直升机,返航位置就是飞控板解锁时的位置,这意味着如果执行返航模式,将自动返航到该地点。固定翼无人机的返航位置是GPS第一次锁定的位置。

② 任务简述。自动起飞到20m高度→飞行到航路点2→爬升到100m高度→等待10s→无人机飞到航路点3→下降到50m→返航降落。因为默认高度为100m,所以无人机会以100m的高度返回起飞位置→着陆,任务结束,航迹规划界面如图7-4所示。

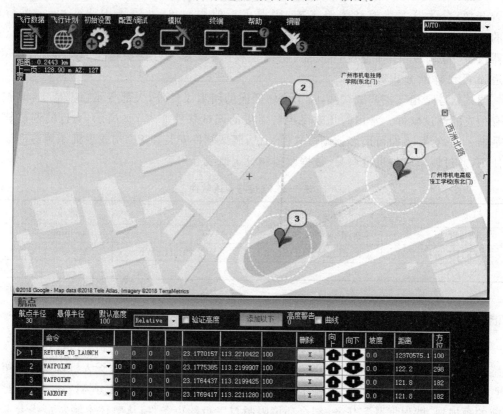

图7-4 航迹规划界面

③ 在航点设置画面的下方,有详细的航路点规划及动作,可通过下拉菜单改变航路点动作,通过地图鼠标拖拉改变航路点位置,也可以在地图上单击输入经纬度。

④ 具体参数设置如下。

Default Alt(默认高度):进入新航路点的默认高度,同时也是返航时无人机的高度,返航时如果无人机没有达到这个高度,会先升高到这个高度再返航;如果高过这个高度,飞机会保持当前高度飞到返航的位置,下降着陆。

Verify Height(验证高度):与地图数据匹配,检查高度数据,反映距地高度,进行地形匹配或避免撞地。因此如果你的航点在一个小山上,你选择了验证高度在地面站上,设置的高度将会加上小山的高度,使用这种方式将会保证你的飞机不撞上山峰。

⑤ 在地图上右击可以保存航行任务,加载航行任务,方便重复执行任务,如图7-5所示。

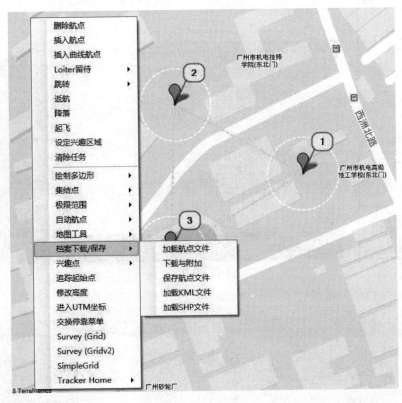

图7-5　保存航行任务

⑥ 预读取航点路径(离线地图),在地图界面按下Alt键,用鼠标拖选需要下载地图的矩形区域,然后右击→地图工具→预读取航点路径(离线地图),提前下载地图数据到地面站,避免在野外无网络,无法连接地图数据。

⑦ 扫描航线。在地图界面右击,通过单击绘制多边形→添加多边形点,绘制一个多边形,然后单击Survey(Grid)菜单,如图7-6(a)所示,在Survey(Grid)界面右边设置航线的参数(高度、角度和速度等)后自动生成一个网格状的扫描轨迹,然后再定义每个航点的动作,扫描航线如图7-6(b)所示。

⑧ 设置起始位置。通过单击屏幕右边"起始位置"可以任意设置起始位置。

⑨ 测量距离。在地图界面右击→地图工具→测量距离按钮,然后单击地图上需要测量的两点进行航点之间的距离测量。

⑩ 简易网格。简易网格功能可以生成类似"割草机"轨迹,也可来回在规划的任务区域飞行进行拍照收集照片。在地图上右击,选择SimpleGrid菜单,按照对话框自动处理高度和距离,也可自行对参数(高度、角度、线之间的距离、点之间的距离、超调量和起始位置)进行修改,自动生成网格航点如图7-7所示。

⑪ 任务指令。在地图的下方有表格的列表,将按当前无人机类型产生指令列表,增加

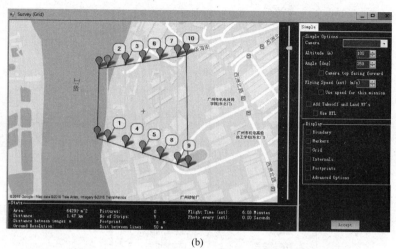

图 7-6　扫描航线

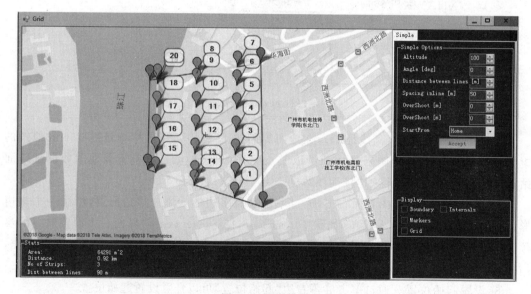

图 7-7　网格航点

一列航向参数需要用户提供。常用的指令有 LOITER_TIME（悬停时间）、LOITER_TURNS（绕圈旋转飞行）、RETURN_TO_LAUNCH（返回起飞点）、LAND（着陆）、DELAY（等待）、CONDITION_DELAY（条件等待）、CONDITION_DISTANCE（条件距离）、CONDITION_YAW（条件航向）、DO_JUMP（任务指令跳转）、DO_CHANGE_SPEED（改变无人机水平目标速度（m/s））等指令，如图 7-8 所示。

图 7-8　任务指令

7.2.4　数据监控

数据监控是指当地面站与无人机连接后，地面站上显示无人机当前的状态、信息和飞行数据等，以 PIXHAWK 飞控地面站软件 Mission Planner 进行介绍。

Mission Planner GCS 主画面如图 7-9 所示，用数传电台与无人机连接后，主画面显示的数据有当前飞行模式、当前航路点距离、高度表、电池状态、地速、空速、空速表、地平仪、偏航距/偏航率、航向、倾斜角、数据连接状态、GPS 时间、当前飞行航向、直线航线、预计转弯半径、最近飞行航线记录、GPS 高度和 GPS 飞行方向等。

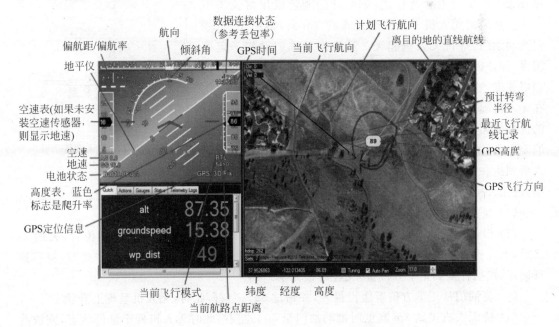

图 7-9　Mission Planner GCS 主画面

7.3 无人机的飞行

本节内容介绍遥控器操纵无人机飞行的训练方法,训练的机型有多旋翼无人机、固定翼无人机和无人直升机,训练的方法有模拟飞行、基本飞行、进阶飞行和特技飞行。在各种机型训练方法中针对各种机型特点、飞行难易程度和操控训练的相似性,进行了不同程度的介绍。模拟飞行作为本训练方法的前置课程,这里不做介绍。

7.3.1 多旋翼飞行

多旋翼无人机因其飞行操控方法简单、入门容易等特点,是目前商业级无人机最为普遍的一种机型。无人机在空中飞行,其操控的自由度较地面运动的设备来说要多,并且由于其高速旋转的螺旋桨存在一定的危险性,所以对于一个刚接触无人机的人来说,有必要进行系统的学习无人机的操控方法,减少设备和人员损伤的概率。

无人机的操控主要由遥控器的左右两个摇杆来完成,每个摇杆均有上、下、左、右4个方向,分别控制不同的飞行动作。训练过程首先是基本飞行训练,它包括起飞/升高训练、降落/降低训练、定高移动训练和方向控制训练等。进阶飞行包括对尾悬停训练、八方位悬停和360°自旋悬停训练等。综合训练包括矩形航线训练、梅花航线训练、圆形航线训练和匀速水平8字航线训练等。

1. 基本飞行

1) 起飞/升高训练

操控之前需先找准无人机机头和机尾的位置,然后将无人机机头的位置对准前方,机尾的位置对准操纵者,这样无人机的机头方向就和人的站立方向一致。一般情况下机头或机尾在无人机机身上会有标记,如桨叶的颜色或尾灯位置不一样。然后离无人机一个安全距离约3m高,解锁飞控,缓慢推动油门,等待无人机起飞。其中推动油门动作一定要缓慢,即使已经推动一点距离,电动机还没有启动,也要控制好速度,这样可以防止由于油门过大而无法控制无人机。在无人机起飞时,可能会往某个方向偏移,此时要控制相应的摇杆使无人机不要飞远,在可控范围内,保证人员和设备的安全(以下训练同样),起飞后不能保持油门不变,而是无人机到达一定高度后开始降低油门,并不停地调整油门大小,使无人机在一定高度内徘徊。无人机起飞训练如图7-10所示,其步骤如下。

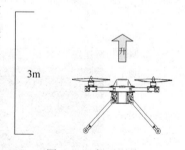

图 7-10 起飞训练

(1) 保持机尾对着操纵者,将飞行模式切换到自稳模式。

(2) 根据设置的解锁方式将无人机解锁,如将遥控器左摇杆推到右下角位置,大约2s之后,无人机会发生解锁提示音或进入怠速,说明无人机动力系统开始工作。此时,将右摇杆回正,左摇杆推到正下方位置,飞控解锁完毕。

(3) 将油门从正下方位置缓慢提升,并超过50%左右,此时,无人机呈现上升状态。

(4) 待无人机飞到3m高度时推动油门至50%左右,此时无人机处于悬停状态,完成起飞训练。

2)降落/降低训练

降落时,同样需要注意操控顺序。降低油门,使无人机缓慢地接近地面,离地面5~10cm处稍稍推动油门,降低下降速度,然后再次降低油门直至无人机触地(触地后不得推动油门),油门降到最低,锁定飞控(上锁的方式根据飞控的设置来决定,通常和解锁的方式相反)。相对于起飞来说,降落是一个更为复杂的过程,需要反复练习。无人机降落训练如图7-11所示,其步骤如下。

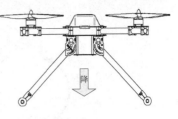

图7-11 降落训练

(1)保持飞机悬停。尽量选择空旷、平坦的地面进行降落练习。

(2)缓慢拉低油门,当无人机缓慢下降时保持油门杆位不动,等待无人机降落。

(3)无人机落地后迅速把油门杆拉到底,等待电动机停转,完成降落。

在起飞和降落的操控中,还需要注意保证无人机的稳定,无人机的摆动幅度不可过大,否则降落和起飞时,有打坏螺旋桨的可能。

3)定高移动训练

无人机定高移动训练如图7-12所示,其步骤如下。

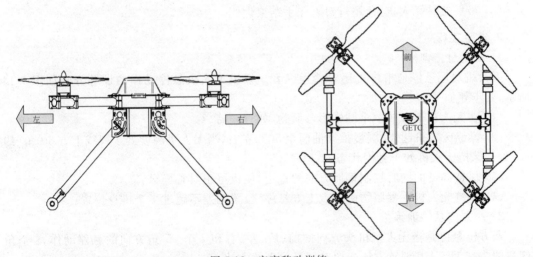

图7-12 定高移动训练

(1)操纵无人机起飞,缓慢推动油门至50%左右,当无人机高度处于视线上方30°角(约2m处),保持无人机处于悬停状态。

(2)操纵副翼摇杆,练习移动无人机左右位置。当副翼摇杆向右推动时,无人机则向右偏航飞行;当副翼摇杆向左推动时,无人机则向左偏航飞行。在这里需要注意,不同的无人机在操纵副翼摇杆时,无人机偏航方向可能有所不同,需根据实际情况来完成操控训练。

(3)再操纵升降杆,练习移动无人机前后位置。当升降杆向上推动时,无人机则向前方飞行;当升降杆向后推动时,无人机则向后方飞行。

(4)最后把无人机移动到起飞点上空位置,完成定高移动训练。

4)方向控制训练

无人机方向控制训练如图7-13所示,其步骤如下。

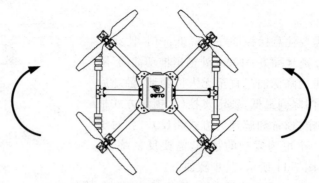

图 7-13 方向控制训练

(1) 操纵无人机起飞,缓慢推动油门至50%左右,当无人机高度处于视线上方30°角(约2m处),保持无人机处于悬停状态。

(2) 操纵方向舵摇杆,练习旋转无人机方向。当方向舵摇杆向左推动时,无人机则沿逆时针方向旋转;当方向舵摇杆向右推动时,无人机则沿顺时针方向旋转。在这里需要注意,不同的无人机在操纵方向舵摇杆时,无人机转动方向可能有所不同,需根据实际情况来完成操控训练。

(3) 最后旋转无人机,让尾灯对着飞手结束训练。

2. 进阶飞行

1) 对尾悬停训练

无人机对尾悬停是指将机尾对着操纵者。操纵无人机悬停动作的训练方法如图7-14所示,其步骤如下。

(1) 在无人机下方放一个圆锥形参照物,如雪糕筒。

(2) 操纵无人机起飞,缓慢推动油门至50%左右,当无人机高度处于视线上方30°角(约2m处),保持无人机处于悬停状态。

(3) 保持高度的同时控制偏航方向的稳定,使机尾正对着操纵者。

(4) 保持无人机在参照物中心点上方悬停,位置偏差不超过半个机身位置。

2) 八方位悬停训练

八方位悬停是指无人机机头方向向前、后、左、右和4个45°角方向的悬停动作,8个角度如图7-15所示,其训练方法参照对尾悬停训练方法。

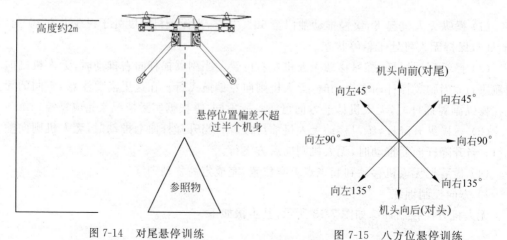

图 7-14 对尾悬停训练　　　　图 7-15 八方位悬停训练

八方位悬停训练步骤如下。

(1) 在无人机下方放一个圆锥形参照物,如雪糕筒。

(2) 操纵无人机起飞,缓慢推动油门至50%左右,当无人机高度处于视线上方30°角(约2m处),保持无人机处于悬停状态。

(3) 保持高度的同时控制偏航方向的稳定,依次使无人机前、后、左、右和4个45°角方向正对着自己,单次只练习一个方向,依次练习。

(4) 保持无人机在参照物中心点上方悬停,位置偏差不超过半个机身位置。

3) 360°自旋悬停训练

360°自旋悬停是指操纵无人机保持高度不变的前提下操纵无人机顺时针或逆时针方向匀速并慢速的旋转动作,训练方法如图7-16所示。

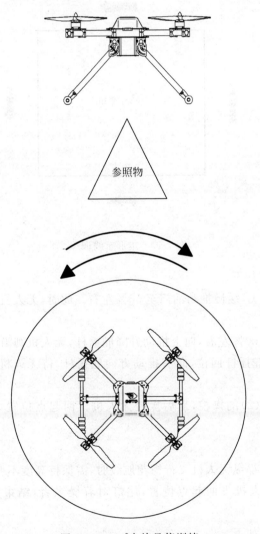

图7-16 360°自旋悬停训练

360°自旋悬停训练步骤如下。

(1) 操纵无人机起飞,缓慢推动油门至50%左右,当无人机高度处于视线上方30°角(约

2m 处),然后进行 360°偏航旋转,在过程中注意匀速且不宜过快,要控制转完一周的时间大于 6s,且旋转过程中不能停顿。

(2)飞行中注意油门、偏航和升降舵的控制舵量,要控制所有方向的偏差不超过半个机身位置,训练时需根据实际情况来完成操控训练。

3. 综合训练

1)矩形航线训练

矩形航线训练是指操纵无人机飞行矩形航线时,需保持高度不变,机头始终朝向无人机移动方向,最后操控无人机飞回起点位置,尾灯对着操纵者,结束练习,矩形航线训练如图 7-17 所示。

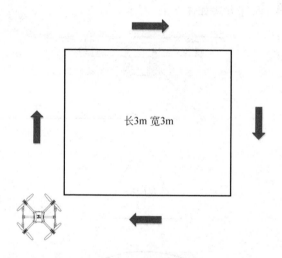

图 7-17 矩形航线训练

矩形航线训练步骤如下。

(1)操纵无人机起飞,缓慢推动油门至 50%左右。此时,无人机到达与视线齐平的高度并处于悬停状态。

(2)继续保持油门 50%左右,向上推动升降舵摇杆,无人机则沿机头方向直线飞行。当飞行一定距离后,升降舵摇杆回位,向右推动方向舵摇杆,待无人机沿顺时针方向转过 90°后回正摇杆。

(3)重复 3 次步骤(2)的操控,最后操控无人机飞回起点位置,尾灯对着操纵者,结束训练。

2)梅花航线训练

梅花航线训练是指操纵无人机飞行梅花航线时,需保持高度不变,机头始终朝向无人机移动方向,最后操控无人机飞回起点位置,尾灯对着操纵者,结束练习,梅花航线训练如图 7-18 所示。

梅花航线训练步骤如下。

(1)操纵无人机起飞,缓慢推动油门至 50%左右。此时,无人机到达与视线齐平的高度并处于悬停状态。

(2)继续保持油门 50%左右,向上推动升降舵摇杆,无人机则向前方直线飞行到 1 号桩

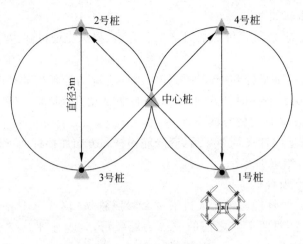

图 7-18 梅花航线训练

上方,然后控制偏航方向使无人机机头方向转向 2 号桩方向,保持高度不变,水平位置偏差不超过半个机身位置。

(3) 向上推动升降舵摇杆,无人机向左前方直线飞行到 2 号桩上方,注意飞行过程中要走直线、保持匀速,然后控制偏航方向使无人机机头方向转向 3 号桩方向,保持高度不变,水平位置偏差不超过半个机身位置。

(4) 向上推动升降舵摇杆,无人机向后前方直线飞行到 3 号桩上方,注意飞行过程中要走直线、保持匀速,然后控制偏航方向使无人机机头方向转向 4 号桩方向,保持高度不变,水平位置偏差不超过半个机身位置。

(5) 向上推动升降舵摇杆,无人机向左前方直线飞行到 4 号桩上方,注意飞行过程中要走直线、保持匀速,然后控制偏航方向使无人机机头方向转向 1 号桩方向,保持高度不变,水平位置偏差不超过半个机身位置,结束训练。

3) 圆形航线训练

圆形航线训练是指操纵无人机飞行圆形航线,需保持高度不变,机头始终朝向无人机移动方向,最后操纵无人机飞回起点位置,尾灯对着操纵者,结束练习,圆形航线训练如图 7-19 所示。

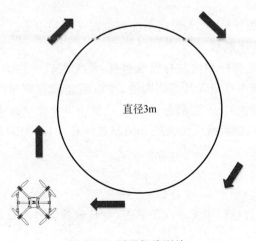

图 7-19 圆形航线训练

圆形航线训练步骤如下：

（1）操纵无人机起飞，缓慢推动油门至50%左右，操纵无人机到达与视线齐平的高度并处于悬停状态。

（2）同时操纵升降舵摇杆和方向舵摇杆。当向上推动升降舵摇杆时，同时向右推动方向舵摇杆，无人机则会沿着顺时针方向飞行；当向下推动升降舵摇杆时，同时向左推动方向舵摇杆，无人机则会沿着逆时针方向飞行。

（3）当顺时针或逆时针飞行360°后，升降舵摇杆和方向舵摇杆回正，无人机飞回起点位置，尾灯对着操纵者，结束训练。

4）匀速水平8字航线训练

匀速水平8字航线是指操纵无人机沿7个参照物做"倒8字"的航线飞行训练，训练过程中要求保持匀速，每两个点之前的航线为圆弧形，匀速水平8字航线训练如图7-20所示。

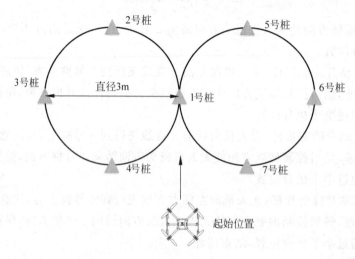

图 7-20　匀速水平 8 字航线训练

匀速水平8字航线训练步骤如下。

（1）操纵无人机起飞，缓慢推动油门至50%左右，操纵无人机到达与视线齐平的高度并处于悬停状态。

（2）向上推动升降舵摇杆，无人机向正前方直线飞行到中心点位置，完成第一段直线飞行，进入正式匀速水平8字航线飞行。

（3）同时推动升降舵摇杆和向左打偏航摇杆，使无人机向左前方以走圆弧的路线飞行到2号桩上方，飞行过程中尽量保持路线圆滑，左右距离偏差不超过半个机身位置，还要保持飞行速度匀速，不要时快时慢，然后依次从2号桩→3号桩→4号桩→1号桩→5号桩→6号桩→7号桩→1号桩，最后操纵无人机飞回起点位置，LED灯对着飞手，结束训练。

7.3.2　固定翼飞行

1. 基本飞行

固定翼无人机在飞行过程中无法保持悬停（特技表演除外），每时每刻都在飞行，所以不会给操纵者空闲的时间考虑,而且各操纵杆的动作相对多旋翼无人机来说不容易适应,所以固定翼无人机的飞行入门的难度相对多旋翼无人机来说要大。练习飞行的过程中需要一位技术熟练的教练员进行手把手的辅导,这样初学者才能体会正确控制操纵杆的感觉,比如,何时出什么舵、舵量多大、出舵时机、出舵的速度,如果完全通过书本的知识学会这些操纵技术并找到飞行的感觉是较难的,必须理论与实践相结合,还要有科学的训练方法,最重要的还是要多加练习,从实践中获取经验。

1) 起飞与爬升

在练习无人机的起飞与爬升时要小心谨慎的操作,严禁急躁地将油门打开,需要慢慢地将油门推上去,让无人机低速滑行,使其加速并保持充分的助跑距离,保持整个起飞过程中无人机的加速跟充分的滑行连贯起来。当滑跑距离较长时,可以防止起飞之后的失速,还可以使下一个爬升动作执行得更为完美。在滑跑中要巧妙地利用方向舵操作来抑制无人机的"蛇行"动作,尽可能保持直线前进。在起飞开始时轻轻拉起升降舵,让尾翼部分来压抑其滑行路线,维持直线前进,如果此时飞机已明显开始加速时,则必须将升降舵回到中立点的位置,这样做的目的是为了减少主翼的迎角,借以增加飞机的速度,接着让无人机充分地加速,到达可以起飞的速度之后,再一次轻轻地拉起升降舵,进入爬升的状态。在爬升的时候要保持平缓的角度来进行爬升,大约维持在 25°～30°是标准的上升角度,避免高攻角的爬升。在轮胎离开滑行路线的瞬间,会因为电动机的反扭力以及螺旋桨气流效应的影响,让无人机的左翼倾向于下降的趋势,因此,在有些情况下需要利用副翼来进行修正。当无人机到达一定的安全高度之后,向左边或者向右边来进行 90°的空中转弯,接着再让升降舵回到中立点,进行水平飞行,起飞与爬升动作如图 7-21 所示。

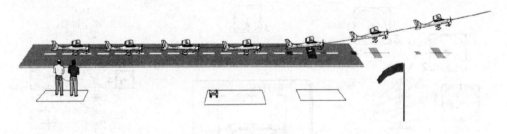

图 7-21 起飞与爬升

2) 直线飞行与航线调整

直线飞行是所有飞行动作的基础,它决定着操纵者是否可以控制住无人机,因此应该踏实认真地掌握好直线飞行的技术。在无人机舵面保持中立的位置时,无人机并不能保持长时间的直线飞行,因为无人机受到风或气流的影响,会逐渐发生偏航直到不能稳定地飞行。必须在无人机出现偏航时及时进行修正,才能控制无人机在空中保持直线飞行。在进行正确的水平直线飞行之前,要先决定水平直线飞行左右回转的位置,从往返于这两点的飞行开始进行练习。刚开始的阶段往往是需要经常修整舵面,因此在无人机飞行范围左右回转的点的间隔要放宽一点,参考附近地面上的目标物来决定回转的位置,并且想象有根柱子立在那里。水平直线的绕圈飞行里,除了要保持一定的高度跟位置外,还要注意飞机的倾斜情况。在直线飞行中出现的偏航状态主要有两种,即方向的改变和俯仰姿态的改变。通常在直线飞行中用点碰副翼的方法进行航线调整,调整示意图如图 7-22 所示。

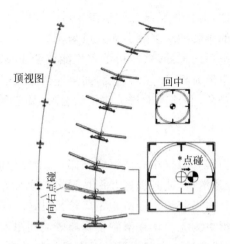

图 7-22　直线飞行与航线调整

3）水平转弯

当无人机飞到航线的一端需要进行 180°水平转弯调头，这样航线才能连贯下去。当无人机飞到转弯半径的切线处时，先压右副翼，使机翼向右倾斜 30°～40°，然后副翼操纵杆回中，同时适当拉杆，并一直保持拉杆的状态使无人机向左盘旋转弯，转弯过程中不能让无人机高度产生变化，要在同一水平面上完成转弯。当转弯将要完成、机头将要对正航线时，向反方向压副翼摆平机翼，当机头对正航线时升降舵回中，转弯动作结束，无人机再次进入直线飞行，水平转弯的操作要点如图 7-23 所示。

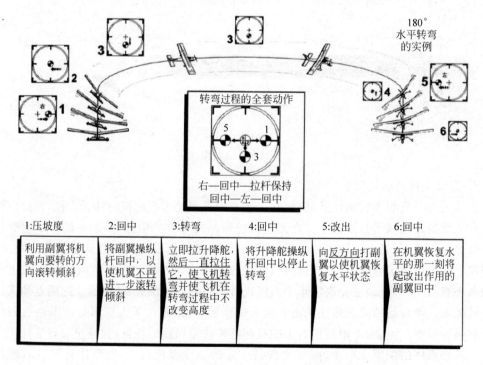

图 7-23　水平转弯的操作要点

4) 低空飞行与降落

低空飞行是指在较低的高度进行飞行,利用低空飞行进行滑入路线中央的技巧,也是练习降落的前半部分。当电动机转速调到中低速域时,将无人机保持直线并且从自己的眼前低空飞过。通常情况下当无人机的速度减低时,安定性也会减低,因此刚开始时用稍低的速度来飞行,不要一开始就将高度下降过多,而是一点一点的习惯之后再下降,降低高度过程中要通过观察无人机的真实飞行高度来判断降低的大小,而不是看摇杆的位置,整个过程还要尽可能让无人机保持稳定的直线飞行。

降落对于许多操纵者来说,是所有初学科目中难度最高的,即使能够完美地做出空中转弯或者起飞,想要马上做完美的降落还是很困难的。起飞与降落看起来像是两个相反的动作,但其环境有很大不同,起飞是从跑道上的一点,向着无止境的天空前进,只要风势(并不限于无风状态)或飞行场所的条件(又宽又平坦的场所)好,不论向哪一边滑行起飞都没有问题,一旦无人机到了空中之后,在适当时机进行转弯即可完成起飞。而降落必须先让无人机进入滑行的路线,再降落到预定的位置上,也就是有限的场所上,即使平安的着陆后,在没有让无人机减速到完全的停止之前,还是不能够掉以轻心。着陆航线如图7-24所示。

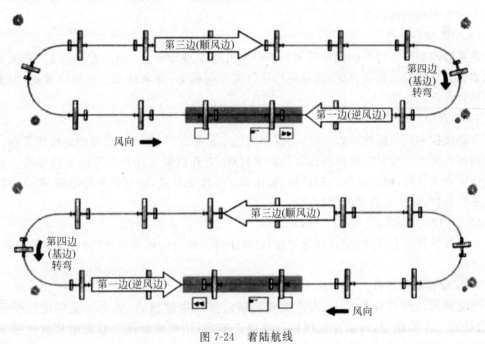

图7-24 着陆航线

2. 固定翼特技飞行

无人机在特技飞行动作前要具备以下几个要素。

(1) 精心调整好的无人机;
(2) 要经过科学、系统的基础学习;
(3) 了解特技飞行中每个操纵的作用;
(4) 要有一条平行跑道水平直线的航线;
(5) 有地面参照物;
(6) 足够的飞行空间;

(7) 特技所需要的飞行速度和油门；
(8) 确保动作准确；
(9) 明确动作"分解"的含义；
(10) 善于总结、灵活应变。

常见的特技飞行动作是：筋斗、副翼横滚、英麦曼回转、古巴8字、反向古巴8字和间歇横滚等。

7.33 直升机飞行

直升机的操控在无人机领域是属于操控复杂度较高的。当直升机在悬停飞行时，所有舵面的操控几乎都在同步修舵控制，所以各舵面的特性功能需要务必了解清楚。

1. 直升机各舵面的操控特性

1) 主旋翼操控特性

主旋翼的操控主要分为两种，一种是螺距控制，通过改变旋翼的螺距大小，从而改变升力使机体上升或下降；另一种是十字盘倾斜变化螺距控制，使旋翼回转而产生倾斜，达到水平横向或倾斜移动的动作。

2) 副翼操控特性

副翼操控如同飞行中的固定翼无人机产生机翼倾斜的状态一样，悬停中的直升机如果操纵副翼摇杆往左右轻微打舵，直升机则往打舵方向横移，在前进飞行时打副翼舵，则实现倾斜回旋转弯的功能。

3) 升降操控特性

升降操控和副翼操控原理一样，副翼控制的是左右方向，而升降控制的是前后方向。悬停中的直升机如果操纵升降摇杆作推拉轻微打舵，直升机则会往打舵方向前后移动。在中慢速度前进飞行时，操纵杆往后轻拉杆，机体则产生停止前进，达到刹车的作用，高速前进飞行时往后拉杆，则产生爬升的特性。

4) 油门操控特性

油门操纵杆往上推时，旋翼转速增加，机体上升。油门操纵杆往下拉时，旋翼转速降低，机体下降。

5) 尾旋翼操控特性

尾旋翼可以使直升机安定，因主旋翼回转时所产生的扭力，借由尾旋翼操控螺距变化，来抵消产生的扭力，再搭配陀螺仪自动修正辅助，让尾旋翼螺距修舵量使机体能更加稳定操控飞行。悬停时尾旋翼操纵杆往左右轻微打舵，这时直升机以主轴为中心做转向动作。

飞行前注意反作用扭矩的影响。螺旋桨逆时针方向旋转时，机体要顺时针方向旋转。这对直升机来说，所受的反作用扭矩影响也比较大。主旋翼向右旋转时，急速增加发动机旋转到扭矩稳定之前，有使机体向左转动的力起作用；而在急速降低发动机转速时，机体瞬间内又向右转。通过自己飞行就可以体会到，由于受反作用扭矩的影响，上升时机头向左；相反，着陆下降时机头向右。另外，在悬停时如剧烈地控制发动机油门（转速），尾部就会出现振动现象。因此，要想飞好直升机，必须准确、熟练地控制好油门和方向。为了不过多地受反作用扭矩的影响，可以采纳下列方法。

(1) 加长连接汽化器的控制杠杆,加大行程,降低灵敏度。
(2) 在操纵油门杆时不要过快,动作要柔和。
(3) 主旋翼和尾桨连接用的柔轴,不宜用扭曲的材料。

2. 飞行训练

由于直升机操控灵敏度较高,为避免操作不当时造成损失,在正常飞前必须勤加练习基本功,熟练到即使不加考虑也能直接地操纵各控制舵。无人直升机和多旋翼无人机都属于旋翼类无人机,其操纵的方法一样,所以飞行训练方法和多旋翼无人机类似,只是在悬停练习前增加了起飞练习和地面蛙跳练习。无人直升机常见的特技表演有悬停、后退、横滑、筋斗、横滚、垂直拉起上升、螺旋上升、倒飞等。

1) 起飞练习

要让直升机垂直上升,在离陆的瞬间必须使其朝某一方向移动。
(1) 当机头将要转动时,应操纵方向舵给予制止;
(2) 如果机体向左偏,立即给右副翼;
(3) 当飞机即将后退,要将升降杆向前推;
(4) 如使飞机上升,将油门杆稍微向上推一点;
(5) 着陆时切记,油门杆要慢慢回收。

起初练习飞行时,不能按自己的意志操纵,先在练习架上进行手法熟悉,手与脑合理配合。当直升机每次上升时,能敏捷地针对机体动作正确使用操纵修正;等到这种练习有所进展时,条件反射便初步形成了。由于完成了用手指控制各操纵杆的训练,因此就能较容易地进行移动或飞行蛙跳练习,这是向悬停走出的第一步。

2) 地面蛙跳练习

在起落架上安装一根横杆防止机体侧向翻倒。这个横杆由于把上升时机体受主旋翼旋转和尾桨的安装方向造成的倾斜影响制约住了,所以能避免翻倒。
(1) 有风时,首先让机头对准风向静静地上升,稍带点前进的微调。
(2) 上升的高度不要超过 500cm,开始绝对不能超过操纵者的身高。
(3) 如果前进了 2~3m,就降低发动机的转速,保持直升机的平衡。切记稍微拉一下升降舵,做地面平衡的降落练习。
(4) 由于这种练习要反复进行,所以操纵者要跟着机体后面走。随着操纵的熟练,飞行距离也在 5~10m 不断增加。

7.4 无人机的飞行安全

无人机飞行安全是指无人机在运行过程中不出现由于运行失当或外来原因而造成无人机上的机载设备、传感器或无人机飞行平台损坏的事件。事实上,由于无人机的设计、制造与维护难免有缺陷,其运行环境包括起降场地、运行空域、助航系统、气象情况等复杂多变,操纵者也难免会出现失误等原因导致在飞行过程中出现的安全事故,因此在飞行之前应该做足检查,在飞行过程中要密切关注飞行动态,飞行过后要检查、保养无人机,避免事故的发生。

7.4.1 外部因素

影响飞行安全的外部因素有以下内容。

注意气象观察。影响无人机飞行的气象环境主要包括风速、雨雪、大雾、空气密度、大气温度等。

风速：建议飞行风速在4级(5.5~7.9m/s)以下，遇到楼层或者峡谷等要注意突风现象。通常起飞重量越大，抗风性越好。

雨雪：市面上多数无人机设备无防水功能，故雨雪行程的水滴会影响飞行器电子电路部分短路或漏电的情况。另外，机械结构部分零件为铁或钢等金属材料，进水后会腐蚀或生锈，影响机械运动正常运行。

大雾：主要影响操纵人员的视线和镜头画面，难以判断实际的安全距离。

空气密度：大气层空气密度随着海拔高度的增加，空气密度会减小。在空气密度较低的环境中飞行，飞行器的转速增加，电流增大，进而减少续航时间。

大气温度：飞行环境温度非常重要，过高的温度主要不利于电动机、电池和电调等散热，大多数无人机采用风冷自然散热。温度环境与飞行器运行温度温差越小，散热越慢。

注意观察飞行区域周边电磁干扰源情况。现在主流的无人机无线电遥控设备采用2.4G频段，现在家用的无线路由均采用2.4G频段，发射功率虽然不高，城市区的数量大，难免会干扰遥控器的无线操控，导致失控。为保证手机信号的覆盖率，所以国内三大(中国电信、中国移动、中国联通)电信运营公司，在城中或乡镇地区密集性建设地面基站网络。虽然此无线发射信号的频率和无人机遥控设备的频率相差较大，但由于地面基站发射功率较大，无人机靠近时，会直接影响飞控的正常工作。部分较大型无线电设备直接影响无人机的飞行。例如，雷达、广播电视信号塔和高压线(电弧区)等。尽量避免在人群稠密或闹市区飞行，例如，公园、树林、空间狭小的地方。注意地面相对环境的变化，起飞和降落时应注意小孩、宠物的位置。

7.4.2 自身因素

影响飞行安全的自身因素有以下内容。

1. 通电前

1) 无人机通电前，检查机械部分

（1）检查螺旋桨是否完好，表面是否有污渍和裂纹，安装是否紧固，螺旋桨正反桨是否安装正确，转动螺旋桨看是否有干涉。

（2）检查电动机安装是否牢固，转动电动机是否有卡滞现象，电动机线圈内部是否洁净，电动机轴有无明显的弯曲。

（3）检查机架是否牢固，螺丝有无松动。

（4）检查云台舵机转动是否顺畅，有无干涉，云台、相机安装是否牢固。

（5）检查电池是否固定。

（6）检查重心位置是否正确。

2) 检查电子部分

（1）检查各插头连接是否紧固，插头与电线焊接部分是否有松动。

(2) 检查各电线外皮是否完好,有无剐蹭脱皮现象。
(3) 检查电子设备是否安装牢固,应保证电子设备清洁、完整,并做好防护。
(4) 检查磁罗盘、IMU 指向是否正确。
(5) 检查电池有无破损、胀气、漏液现象,测量电压是否足够。
(6) 检查遥控器模式是否正确,电量是否充足,开关是否完好,先开遥控器,再给无人机通电。

2. 通电后
(1) 电调指示音是否正确。
(2) 电源开启后,相机和云台工作是否正常。
(3) 各电子设备有无不正常发热现象。
(4) 各指示灯是否正常。

3. 预飞行
(1) 轻微推动油门,观察各个旋翼工作是否正常,小型无人机可以举起无人机晃动(注意做好防护措施),看无人机是否有自稳趋势。
(2) 进行前后左右飞行、自旋,观察无人机飞行是否正常,检查遥控器舵量是否正确,各工作模式是否正确,云台是否正常工作。
(3) 进行一个矩形航线飞行,进行几个大机动飞行,观察无人机工作是否正常。
多旋翼无人机飞行速度快,如果发生失控、坠落等意外情况,后果不堪设想。因此无人机在飞行前要做缜密的飞行前准备,还要密切留意无人机在飞行中的各种状态,同时还要按时对无人机进行维护保养。

4. 飞行中
无人机在飞行中要注意以下事项。
(1) 操纵者应时刻清楚无人机的姿态、飞行时间、位置及其状态。
(2) 确保无人机和人员处于安全距离,否则进行调整或降落。
(3) 确保无人机电量足够其返航及安全降落。
(4) 若远距离或超视距操控,监控人员密切监视地面控制站中无人机飞行高度、飞行速度、电池电压、卫星数量等信息,并及时告知操纵者电池电压、飞行高度等信息或其他意外情况。
(5) 若出现飞行中丢失卫星导致无人机失控现象发生时,切换飞行模式重新获得无人机操控权,尽快降落。
(6) 无人机远距离丢失其姿态信息时,应保持冷静,可通过轻微调整摇杆观察其移动方向,重新看清楚其姿态。
(7) 自动返航是一项保障功能,由于其返航成功与否涉及因素较多,不能确保万无一失,一般不主动使用,只作为无人机安全的额外保障。
(8) 若无人机发生较大故障,要首先确保人员安全。

5. 飞行结束后
飞行结束后,要做好以下工作。
(1) 无人机降落后,确保遥控器已锁定,先切断接收端的各类电源,再切断发射端的电源。

(2) 检查电量、无人机和机载设备。

(3) 相关设备放置得当。

7.4.3 外场飞行注意事项

(1) 进入外场,确认选用的遥控设备频率是否同正在附近使用的其他无人机设备的频率冲突。

(2) 在无人机起飞前,仔细查看说明书,确认遥控器各频道功能,检查电动机(发动机)、副翼、方向舵、升降舵是否正常。

(3) 飞行前,确认螺旋桨和动力转轴安装牢固,同时在无人机前和螺旋桨旋转面前半球的 15m 半径距离内不能有人,防止被意外飞出的螺旋桨伤害。

(4) 不要将已经具备起飞动力的无人机机头对准自己或他人。

(5) 不要在小范围内同时起飞两架以上无人机。

(6) 光照太强时需戴太阳镜。

(7) 当无人机起飞或降落时,不要迎面对着无人机,更不要模仿空中手接无人机的方法。

(8) 当无人机着地后,要等它的螺旋桨停止旋转后再靠近拾取,拾取前应该注意采取以下措施。

① 电动无人机要立即关闭动力电源开关。

② 汽油发动机无人机要立即切断发动机油路开关。

③ 采用遥控器控制的,要首先关闭遥控接收机的电源开关,再关闭发射机的电源开关以及油路开关。

(9) 假如空中的无人机突然朝你直接飞来而来不及躲闪的话,千万记住:马上举起手夹紧双臂来护住你的头部和脸面,同时采取下蹲的姿势。用这样的快速保护手段来减少无人机与你碰撞的概率和降低因碰撞而造成的伤害程度。千万不要惊慌的奔跑躲闪,因为在空中,无人机的飞行速度是很快的。

(10) 在追赶高飞远去的无人机时,一定要特别注意安全,留心脚下道路和周围环境。不要为了追寻无人机而做危险的行为,如涉渡河水、沼泽;攀爬高山、峡谷和建筑物;穿越高速公路;擅闯私人领地;或者其他有危险和明令禁入的地带。如果借助交通工具去追赶无人机的,需要注意驾驶安全。

(11) 旁观者观摩飞行时,应该提醒他们远离准备起飞和正在飞行、降落中的无人机。

7.4.4 无人机首次飞行

无人机组装调试完成并经过严密的检查后并不能说明无人机已经可以安全飞行了,在真实的飞行过程中飞行器有可能出现一些平常不容易出现的问题,而需要通过较长的飞行时间来磨合,这样对电动机、电调、焊接的线路、电池和接收机都有一定的考验。所以需要进行首飞测试,主要是指在无人机起飞一段时间后进行的相关测试,其中测试内容包括油门测试、偏航测试、俯仰测试和滚转测试,这几项内容分别对应遥控器上 4 个基本通道。在以下测试过程中要密切关注飞行姿态、飞行速度、飞行方向是否在可控范围内。下面以 4 旋翼无人机为例介绍具体方法和内容。

1. 油门测试

油门直接控制4个螺旋桨的转速,转速越高则提供的上升力越大。当飞行高度需要提高时,可以推动遥控器油门摇杆使无人机所有的螺旋桨转速提高,此时无人机就会升高。当需要无人机下降时,只需拉低油门,所有螺旋桨的转速就会降低,飞行器就会开始下降。油门操作的作用就是使飞行器的高度保持、升高和降低。在油门测试中,也要围绕这几点进行。

测试内容是先将飞行器飞到一个较高的高度,然后拉低油门使飞行器缓慢下降,当飞行器快达到指定高度时,缓缓推动油门增加升力使飞行器停止下降,保持在当前位置,然后反复进行该操作。

2. 偏航测试

偏航就是偏离航向。一般来说,偏航是指机头的朝向发生改变,飞行器会随之改变前进方向也就是改变了航行方向。在四轴飞行器中改变航向的方式和固定翼无人机不同,不是使用舵机控制,而是改变相对两个桨的转速来完成偏航的运动。四轴飞行器的偏航控制原理与扭矩有关,在螺旋桨旋转时机架会受到一个相反的作用力(力学中称为力矩),这会使机架向螺旋桨旋转相反的方向转动,而为了解决这一问题,在设计时让两两相对的螺旋桨转向一致,但是两对桨的转向相反,从而抵消反转力矩,而偏航运动就是利用这种原理,同时降低某一对桨的转速,提高另外一对桨的转速就可以使无人机产生偏航运动。直升机就是为了抵消这种力矩才添加了尾桨。

在测试时,偏航操作是由油门摇杆的左右方向决定的。所以在测试偏航时需要左右摆动油门摇杆,而其他的摇杆要配合保持飞行器稳定。需要注意的是,如果没有推动摇杆使飞行器前行时,左右摆动油门摇杆,就会使得飞行器原地旋转,而在前行状态下使用偏航操作就会出现转弯的效果。

3. 俯仰测试

俯仰是无人机的前行和后退的操作(而在固定翼无人机中用作爬升和下降)。当机头俯下就会前行,当机头仰起就会后退(无人直升机的操作是一样的效果),在多旋翼无人机中实现这种效果也是通过螺旋桨的选择速度控制的。如果想要机头仰起,则需要降低尾部螺旋桨的速度,增加机头螺旋桨的速度,但同时应该保证对角线上的两对桨的速度比相同,这样就保证了机头仰起,而且不会出现偏航的操作。俯冲操作和俯仰操作类似,只不过正好相反。

在进行测试操作时,需要用到遥控器的右侧摇杆(这里指的是美国手,日本手的遥控器在左侧)。向前推动摇杆即是俯冲,向后推动摇杆即是仰起。也就是向前推动摇杆,飞行器向前飞向后推动则会后退。反复进行几次实验,若有异常可以进行调整,然后再次测试,直到完成测试内容。

4. 滚转测试

滚转的操作原理跟俯仰的操作原理类似,只是其运动方向有所改变。滚转操作时多旋翼无人机一侧(左移时为左侧,右移时是右侧)的螺旋桨转速会下降,而另一侧转速会增加。

理论上在执行该操作时机头朝向不会改变,但实际情况会有所不同,所以在执行操作时,需要不停地调整飞行器的机头方向,确保飞行器机头方向不会改变。

在测试操作时,进行滚转操作的摇杆是右侧摇杆(这里指的是美国手,而日本手的遥控器在左侧)。此摇杆的左右摆动即是滚转操作,操作方式也同俯仰操作类似,但是应当注意操作的幅度不宜过大,每个操作的时间也不宜过长,否则无人机移动距离较远,可能会移出活动范围,从而发生安全事故。

第 8 章 无人机的日常维护

在无人机的使用过程中,往往需要进行一系列维护工作来确保无人机时刻保持良好的状态,其中一般有年度检查、飞行前检查、飞行后检查、预防性维护、修理、更换和动力系统维护。

8.1 无人机飞行手册

《无人机飞行手册》(AFM)是由无人机制造商编写,由中国民用航空局批准的文档。它特定于无人机的型号和注册序号,包含操作程序和限制。无人机驾驶员在作业中必须遵守《无人机飞行手册》和标记、标牌中指定的操作限制。《无人机飞行手册》按照授权行业协会制定的《无人机飞行手册编写规范》标准格式编写。

《无人机飞行手册》包括以下内容。

(1) 概述;
(2) 正常程序;
(3) 应急程序;
(4) 性能;
(5) 飞行限制;
(6) 重量和配平/载荷清单;
(7) 系统描述;
(8) 运行、保养和维护;
(9) 附录;
(10) 安全提示。

8.1.1 概述

概述部分提供基本的飞行器(包括动力装置)、控制站和通信链路描述信息,如带尺寸信息的飞行器三视图、动力装置类型、控制站显示系统类型和操控系统类型、通信链路频率、最大起飞重量、巡航速度等。为快速熟悉无人机提供参考。

概述最后的段落应包含缩写、符合的解释和手册中的术语,也可包括一些单位换算。

8.1.2 正常程序

正常程序部分以正常运行的空速列表开始。后续部分可能包括几个检查单,它们可能包括以下内容。

(1) 起飞前飞行器检查单；
(2) 起飞前控制站检查单；
(3) 起飞前通信链路检查单；
(4) 启动发动机检查单；
(5) 滑行检查单；
(6) 起飞检查单；
(7) 爬升检查单；
(8) 巡航检查单；
(9) 任务设备检查单；
(10) 下降检查单；
(11) 着陆前检查单；
(12) 复飞检查单；
(13) 着陆后检查单；
(14) 飞行后检查单。

详细程序部分根据检查单提供不同程度的更多详细信息。为避免遗漏重要步骤，要永远使用正确的检查单。一贯坚持使用批准的检查单是纪律性强的、称职的无人机驾驶员的标志。

8.1.3 应急程序

为处置应急程序部分中的不同类型和紧急危急情况，应建立简洁的和可操作的应急检查单，用以描述建议的操作和空速。

1. 需要处置的应急情况

(1) 动力装置故障；
(2) 起落架故障；
(3) 舵面故障；
(4) 电气系统故障；
(5) 控制站操纵系统故障；
(6) 下行通信链路故障。

2. 需要处置的紧急情况

(1) 导航系统故障；
(2) 上行通信链路故障；
(3) 控制站显示系统故障；
(4) 任务设备故障。

3. 需要执行的应急程序

(1) 动力装置重启操作；
(2) 备份系统切换操作；
(3) 迫降操作。

制造商可能首先按照操纵动作的顺序以简写形式来给出应急检查单。含有详细说明的检查提供了关于应急检查单之后程序的额外信息。为应对紧急情况,要牢记立即执行的动作项目,完成后要参考对应的检查单。

制造商可能会编制一个可称为"不正常程序"的操作建议。这部分描述在本质上不被看作应急情况的建议故障处理程序。

8.1.4 性能

性能部分包含无人机认证规章要求的所有信息,以及制造商认为可以增强驾驶员安全操纵无人机能力的任何额外性能信息。性能图表、表格和曲线图的格式是不同的,但是都包含相同的基本信息。在大多数飞行手册中可以看到的一些性能信息的例子,包括以下内容。

(1) 不同高度、重量条件下的失速速度表格。
(2) 不同组合条件下的俯仰角曲线图或表格。
(3) 用于确定起飞和爬升性能、巡航性能、着陆性能的数据。
(4) 在使用图表、表格和曲线图之前应接受培训,以便熟练掌握。

8.1.5 飞行限制

限制部分只包含那些规章要求的与航空器平台、动力装置、控制站和通信链路设备运行所必需的限制。它包括操作限制、仪表标记、色标和基本的张贴牌。一些限制范围包括空速、动力装置、重量和载荷分布,以及飞行本身。

1. 空速

空速限制通过色标显示在控制站软件中的空速指示器上,或者显示在控制站其他位置的标牌和图标上。

在典型的空速指示器上,红线表示超出这个空速限制会发生结构性损坏。这个速度称为永不超过速度。黄色弧线表示最大结构性巡航速度和永不超过速度之间的范围。在黄色弧线范围运行的无人机只能在平稳空气中飞行。绿色弧线表示正常速度范围,上限是最大结构巡航速度,下限是起落架和襟翼都收起的最大重量失速速度。襟翼操作范围用白色弧线表示,它的上限为最大襟翼伸出速度,下限起落架和襟翼都处在着陆设定时的失速速度。

2. 动力装置

动力装置限制描述了无人机的燃油发动机或者电动机的运行限制。它通过色标仪表插件或数字显示在控制站软件中的油门指示器上,或者显示在控制站其他位置的标牌和图标上。这些限制包括起飞油门位置(如115%)、最大连续油门位置(如100%)的最大正常运行油门位置(50%~90%)。可以包含在这个方面的项目还有最小和最大润滑油、燃油压力,润滑油和燃油等级以及螺旋桨运行限制等。

在所有使用活塞式发动机的无人机上,建议在控制站显示系统中为每台发动机配备转速指示器,以进行转速限制的判断。

3. 重量和载荷分布

重量和载荷分布方面包括无人机最大认证重量和重心(CG)范围。平衡计算中用到的参考数据源(如前、后轮重量)也包含在这部分内容里。重量和平衡计算不在这部分,而是在《无人机飞行手册》或《飞行员操作手册》的重量和配平部分。

4. 飞行限制

飞行限制部分列出了无人机在各种条件下飞行的边界条件，例如：

(1) 降落或可收的限制；

(2) 飞行载荷因子限制；

(3) 允许的机动；

(4) 禁止的机动；

(5) 标牌。

大多数人会在机内的显著位置安装一个或多个包含直接关系飞机安全运行信息的标牌。它们复制了手册的限制部分或者根据适航指示标明某些信息而在无人机系统的运行中将会将此类标牌安装于飞行器、地面站、通信链路和其他辅助设备的显示位置。

8.1.6 质量和配平/载荷清单

质量和配平/载荷清单部分包含局方要求的用于计算无人机的重量和配平的所有信息。制造商还会在这部分加上一些示例性的有关载荷安装的说明。

8.1.7 系统描述

系统描述部分是制造商为了驾驶员理解系统如何运行而详细描述的部分。

8.1.8 运行、保养和维护

运行、保养和维护部分描述了由制造商和相关法规建议的对无人机系统的维护与检查。

这部分也描述了可以由认证的驾驶员完成的预防性维护，以及制造商建议的地面处理程序。

8.1.9 附录

附录部分描述了当无人机系统安装或搭载了不在标准配备范围之内的多种可选系统和载荷时如何安全高效地操作飞机所必需的相关信息。这些信息中的某些内容可能由制造商提供，或者由可选装备制造商提供。当安装了该装备时，相关的信息就要加入飞行手册中。

8.1.10 安全提示

安全提示部分是一个可选部分，包含增强无人机安全运行的评论信息。如一般天气信息、燃油节约程序、高海拔运行、寒冷气候运行。

8.2 无人机的维护

无人机维护被定义为无人机的保管、检查和维修，包括部件的替换。一架被正确维护的无人机是一架安全的飞机。另外，正确的维护能够确保无人机在其运行寿命期内满足可接受的适航标准。

不同类型的无人机维护要求不同，每飞行一定时间就需要进行定期维护或某种类型的预防性维护。这些维护同时受运行类型、气候条件、保管设施、机龄和无人机结构的影响。

无人机维护主要有预防性维护、检查性维护、修理和更换以及动力系统的维护,本节以植保无人直升机、多旋翼航拍无人机为例,介绍维护的具体内容及常用维护工具。

8.2.1 预防性维护

预防性维护是简单的或者次要的维护操作和小的标准零件或设备的替换,不涉及复杂的操作。认证的驾驶员,可以对他们拥有或者运行的任何无人机执行预防性维护。

(1) 每次飞行结束都要按清单清点设备、材料和工具。

(2) 及时把SD卡内的相片及视频移进计算机,避免积压占用过多的内存给下次使用带来不便。

(3) 每次飞行结束后及时检查飞行器完好情况,如螺旋桨、护架等的完好情况,发现有缺陷的要及时更换修复,如不能修复的应暂停使用此飞行器,避免造成对飞行器的继续损坏,必须待修复好无问题后方可继续飞行。

(4) 及时清理油污、碎屑,保持各部位清洁。

(5) 视需要加注润滑油。

(6) 长期储存时,整机使用机衣进行防尘,轴承和滑动区域喷洒专用保养油进行防腐蚀与霉菌。

(7) 定期保养包含但不限于以下内容:

① 保持机身外观完整无损;

② 保持机身框架完好无裂纹;

③ 保持橡胶件状态良好;

④ 保持紧固件、连接件稳定可靠。

(8) 日常保养包含但不限于以下内容:

① 保持任务载荷设备清洁;

② 保持数据存储空间充足;

③ 合理装卸,妥善储存,避免碰撞损坏。

8.2.2 检查性维护

局方把处于适航条件的无人机维护的主要责任寄予所有者和运营者,必须对无人机执行可靠的检查,所有者在任何故障校正需要的检查期间必须维持无人机的适航性。

局方要求所有的民用无人机按照特定的时间间隔来确定总体运行状态,间隔时间依赖于无人机所属的运行类型。一些无人机每12个月至少需要一次检查,而其他无人机要求的检查间隔是每运行100h检查一次。在某些情况下,可能按照一个检查制度来检查无人机,这个检查制度是为了对无人机进行完全的检查而建立的,可以基于日历时间、服务时间、系统运行次数或者这些条件的组合。

所有检查都应该遵守制造商的最新维护手册,包括检查间隔、部件替换和适用于无人机的寿命有限条款这些连续适航性的说明。

1. 年度检查

民用无人机系统要求至少一年检查一次。检查应该由认证的持有检查授权的人员来执行,或者由制造商检查,或者由认证和正确评估的维修站执行。除非年度检查已经在之前的

12个月完成,否则无人机不能运行。12个月的期限为从一个月的任何一天到下一年相同月份的最后一天。

2. 飞行前检查

飞行前检查是一个彻底的和系统的检查方法,通过此项检查,无人机驾驶员可以确定无人机是否适航和处于安全运行状态。在《无人机飞行手册》和《无人机所有者/信息手册》中应包含相关章节专门介绍执行一次飞行前检查系统的方法。

1) 环境安全检查

飞行前首先要做的就是观察飞行环境,确保周边没有影响飞行安全的障碍物,如电线、电塔等;同时应当确认飞行地区是否处于禁飞区、限飞区,不要违反当地法律法规;此外,飞行区域应当避开建筑物和人群,以免造成不必要的麻烦。

2) 机身检查

无人机是复杂机密的设备,飞行中机身会承受很大的作用力,可能导致一些物理损坏,飞行前的机身检查有助于及时发现这些损坏保证飞行安全。机身检查应当包括以下项目。

(1) 机身是否有裂纹;
(2) 螺丝钉或紧固件有无松动或损坏;
(3) 螺旋桨有无损坏、变形以及安装是否紧固;
(4) 电池安装是否牢固。

8.2.3 修理和更换

修理和更换被分为重要的和次要的两个级别。局方相关文件描述了被认为是重要的修理和更换。重要的修理和更换应该由局方评级的认证修理站、持有检查授权的局方认证人员,或者在局方的代表批准后执行。

常见的一些无人机部件需要修理和更换的情况如下。

1. 电池

一般电池的正常使用寿命是很长的,但是一旦电池坏了,就需直接更换新的。

2. 螺旋桨

螺旋桨由于其本身材质的特性,损坏较快。桨叶一旦出现裂痕、缺口等会直接影响飞行稳定性,所以需要直接更换新的桨叶。

3. 减震球

当拍摄视频出现果冻效应时,很可能是减震球过硬或破损。一旦发现其破损了,应马上更换,以免航拍影片画面产生扭曲或波动。

4. 电动机

除了螺旋桨外,对飞行稳定性影响最大的就是电动机了。如果无人机在悬停时出现无故侧倾或无法顺利降落,则有可能是电动机出了问题。可先尝试重新校正机身后再起飞。若仍然出现问题,那么一定要及时送厂检修,避免出现电动机停转导致无人机失控甚至坠毁。

8.2.4 动力系统的维护

1. 电池的使用注意事项

(1) 正确使用可以延长锂聚合物电池的使用寿命。有些用户根据传统电池的使用经验,在新电池开始使用后充满电再放光电,以为这种方法能激发电池的最大潜力。还有些用户得到新电池后长期放置不用,以为只要没用过,电池的寿命就没有影响。对于锂聚合物电池,这两种都是非常错误的使用习惯,深度放电对锂聚合物电池的寿命会产生严重伤害,一块锂聚合物电池只要深度放电两次寿命就终结了。长期存放不用的电池,需要定期充电,在日常使用电池时避免电池电量完全放光,可以有效地延长电池寿命。

(2) 每次使用完电池必须等待完全冷却后才能重新充电,避免电池自身处在高温状态或在高温环境下充电。

(3) 长时间存放而不使用的电池,应保持电池总电量的70%。当处于未被使用的状态时,锂聚合物电池会有一个自动放电的过程。如果放电电压低于2.4V,会严重损坏电池,导致电池不能再使用。因此建议每隔3周检查电池或重新为电池充一次电。多功能电池检测仪可以正确显示电池的状态。

(4) 正确设置充电电流,过大的电流充电也会影响电池寿命,同时也不能完全充满。

(5) 电池只适合在室温下保存和使用,电池的温度在4℃以下时放电性能会下降,电池的温度在-10℃以下时会导致电池放电性能严重下降,甚至导致电池完全不放电,所以应尽量避免将电池长时间放置于低温环境中。如果电池的温度较低,如冬天在室外的汽车中过夜,在使用前应将电池放到室温环境里放置,慢慢加温到20~40℃后再使用。如果多旋翼无人机在低温环境下飞行作业,应做好电池的保暖工作,如将电池放置在有暖气的汽车内或工作人员的怀里,在使用前的最后一刻再取出装在无人机上,一旦装上就要尽早起飞,让电池开始工作。电池放电过程中会产生热量,可以避免电池温度过低。但即使做好电池使用前的保温工作,-10℃以下的低温环境仍然会让电池的放电性能严重下降,在使用中需要特别注意。

(6) 避免在4℃以下的低温环境里对电池进行充电,太低的温度下电池有时甚至充不上电。但不必担心,这只是暂时状态,一旦环境温度升起来,电池中的分子受热,就马上恢复到以前的蓄电能力。

(7) 锂聚合物电池在35℃以上的高温环境下工作,电池的电量也会减少,电池的供电时间不会像往常那样长。如果在这样的高温环境下对电池进行充电,对电池的损伤将更大。长期在高温环境中存放电池,也会不可避免地对电池的质量造成相应的损坏。夏天在室外进行飞行作业时,一定要避免电池在阳光下暴晒。尽量保持在适宜的操作温度是延长电池寿命的好方法。

(8) 要想发挥电池的最大效能,就需要经常用它,让电池内的电子始终处于流动状态。如果不经常使用,请一定记得每月给电池大幅度充放电一次。

(9) 不要把电池放在有硬币或钥匙的口袋中,也不要放在雨后或结露的潮湿草地上,因为这些情况下有可能发生短路。

(10) 飞行时如果地面站电压告警,必须马上降落。即使只是暂时的电压告警,接着马上电压显示正常,也必须降落。

(11) 降落后要及时把电池取出。

(12) 起飞前换入充满电的电池,避免与放电的电池弄混。

(13) 很多坠机和粗暴着落都是由于使用了未完全充满电的电池引起的。

2. 电动机、电调的维护和注意事项

除了螺旋桨外,对飞行稳定性影响最大的就是电动机了。如果无人机在起飞、悬停时出现无故侧倾或无法顺利降落,则有可能是电动机出了问题。所以我们对电动机的维护就显得格外重要了。

避免无刷电动机长期工作在高温环境。

(1) 电动机长期处于100℃以上的高温环境,将对无刷电动机的各个系统造成损伤。

(2) 钕铁硼磁铁不耐高温,在接近其耐温极限时,将持续性的发生退磁,温度越高其退磁的速度也越快。退磁后电动机磁性下降,扭矩下降,电动机性能受到不可逆转的损伤。

(3) 轴承不可长期工作在高温环境,高温将使轴承内部润滑油发生挥发,并且滚珠因为高温发生形变,从而加速磨损。

(4) 发现电动机运转时跟以前的声音不同或发热有差异时,加精密轴承润滑脂,对电动机运转的声音和发热会有所改善,并且能延长轴承的使用寿命。

(5) 避免电动机进水,保持内部干燥。

(6) 进水将有可能导致轴承生锈,加速轴承磨损,降低无刷电动机寿命。另外,包括硅钢片、转轴、电动机外壳也都有生锈的可能。

(7) 由于电动机容易进水和沙尘,所以我们需要常清扫电动机,及时清除电动机机座外部的灰尘、油泥。如使用环境灰尘较多,最好每次飞行之后清扫一次。

(8) 定时检查电动机轴承磨损情况。

(9) 电动机轴承的检查方法是去掉螺旋桨驱动电动机,正常的电动机转动没有杂音,声音浑厚。如果声音带杂音,并且有类似沙子在内部的杂音,则轴承有损伤需要更换。

(10) 定时检查电动机的动平衡情况。

(11) 电动机动平衡的检查方法是去掉螺旋桨驱动电动机,正常的电动机转动有较轻微的振动,如果电动机动平衡失效,则电动机振动较大,产生高频振动。

(12) 电动机是否歪斜,电动机及内线是否存在熔断、异物残存等。

(13) 电调外包装是否完整,是否有破裂或者烧焦的味道。

(14) 各个焊接点是否有明显断裂或焊锡点变形等。

(15) 电调接线板是否有焊接松动,甚至是接线毛刺灰尘要及时清除,以防漏电。

(16) 电调接线连接的电动机飞控接线板,因此把线拉几下,看周围接线是否牢固。

(17) 对电动机电调等灰尘敏感部件进行灰尘清理及时清除干净。

8.2.5 植保无人直升机的维护

植保无人直升机主要用于喷洒药剂、种子和粉剂等。这些药剂和粉剂对无人机的伤害较大,必须做好日常维护保养工作。

1. 整机清洁

周期:作业期间必须每天清洁,非作业期间可每周清洁一次。

要点：该项目主要指机身主体的清洁工作，如大桨、尾桨、机身板、尾杆、外露轴承的清洁工作。外露轴承建议涂上润滑脂，以达到润滑、防锈、防腐蚀的目的。清洁过程中注意观察大桨、尾桨和尾杆的完整度、是否膨胀、是否开裂等情况，机身板上的固定螺丝是否有松脱等现象。

2. 主螺旋头固定情况

周期：作业期间每天要检查确认，非作业期间可每周检查确认。

要点：检查主螺旋头各个螺丝状况，大桨的固定情况，T头是否松动。

3. 主轴晃量检查

周期：作业期间每天要检查确认，非作业期间可每周检查确认。

要点：检查主轴横向是否有晃量，上下是否有松动。如晃量很大，建议与厂家联系处理；若上下松动明显，建议马上返厂维修。

4. 清洁主轴并加润滑脂

周期：作业期间每天要检查确认，非作业期间可每周检查确认。

要点：作业期间建议每天清洁主轴并涂上润滑脂。同时需清洁主轴外露轴承，建议涂上润滑脂。

5. 齿轮箱前轴检查

周期：作业期间每天要检查确认，非作业期间可每周检查确认。

要点：检查齿轮箱前轴横向是否有晃量，若有晃量，建议返厂维修。检查单向轴承，正常状况是顺时针方向旋转只能自转，逆时针方向会带动主轴旋转。

6. 启动轴晃量检查

周期：作业期间每天要检查确认，非作业期间可每周检查确认。

要点：检查启动轴是否有明显晃量，若有晃量，建议返厂维修。

7. 离合器检查

周期：作业期间每天要检查确认，非作业期间可每周检查确认。

要点：顺时针旋转离合器罩，观察是否卡壳、不顺畅。有必要可拆掉皮带检查，正反向都应旋转顺滑。

8. 尾螺旋头固定情况

周期：作业期间每天要检查确认，非作业期间可每周检查确认。

要点：检查尾T头顶丝固定是否牢固，尾桨夹固定情况。

9. 尾轴虚位检查

周期：作业期间每天要检查确认，非作业期间可每周检查确认。

要点：检查尾轴旋转面晃量，若有晃量，建议返厂维修。

10. 清洁尾轴并加润滑脂

周期：作业期间每天要检查确认，非作业期间可每周检查确认。

要点：清洁粘在尾轴上的农药灰尘，再涂上润滑脂。检查固定尾轴的两个轴承，作业期间建议每天清洁，并涂上润滑脂。同时注意铜套的损耗状况。

11. 尾轴变矩结构检查

周期：作业期间每天要检查确认，非作业期间可每周检查确认。

要点：清洁变矩结构，特别是轴承，清洁后建议涂上润滑脂。

12. 尾同步轮检查

周期：作业期间每天要检查确认，非作业期间可每周检查确认。

要点：固定主轴，轻微转动尾轴，若有滑动现象说明尾同步轮固定不紧，需重新固定。

13. 全机舵机拉杆清洁检查

周期：作业期间每天要检查确认，非作业期间可每周检查确认。

要点：清洁舵机及拉杆，包括主螺旋头舵机、螺距拉杆和十字盘拉杆、油门舵机和拉杆、尾舵机和拉杆。注意拉杆连接部分是否松动、变形，用两根手指轻拧固定螺丝观察是否松脱。注意球头扣和球头之间的磨损状况、间隙大小。在未连接电源的情况下，用手摇动舵机臂，观察行程是否顺畅、是否有滑齿现象；连接电源后，摇动拉杆，观察相应舵机反应行程和速度。

14. 喷洒系统清洁、检查

周期：作业期间每天要检查确认，非作业期间可每周检查确认。

要点：检查水泵、喷头是否堵塞，线路是否氧化，旋转碟固定情况。长时间使用之后，由于药物的残留和腐蚀，实际的流量与测试流量不一致，此时需要进行喷洒校准。

15. 电池检查

周期：作业期间每天要检查确认，非作业期间可每周检查确认。

要点：检查电池电线是否破损，电池是否有膨胀，电压是否正常。

16. 启动器检查

周期：作业期间每天要检查确认，非作业期间可每周检查确认。

要点：单向轴承是否损坏，固定螺丝是否松脱，继电器是否脱焊。

17. 遥控器清洁检查

周期：作业期间每天要检查确认，非作业期间可每周检查确认。

要点：注意防潮、防尘、防暴晒，有条件的话可以用风枪吹干净；检查各个操纵杆、按键是否正常工作。

18. 存放点检查

周期：作业期间每天要检查确认，非作业期间可每周检查确认。

要点：机身存放点需注意防火、防潮、防尘、防暴晒，远离可能形成线路漏电场所。电池和遥控器建议存放在单独的箱子里，箱子的存放点也需注意防火、防潮、防尘、防暴晒，远离可能形成线路漏电场所。油箱的存放需注意防火、防潮、防尘、防暴晒，远离可能形成线路漏电场所。油箱不可长时间存放在车厢里。若油箱带油存放，请不要拧死通气口。

19. 主皮带、尾皮带、风扇皮带检查

周期：作业期间每周检查确认，长时间未使用首飞前应先检查一次。

要点：注意是否少齿、分叉以及其他可能导致断裂的状况，并检查松紧度是否合适。

20. 检查更换空气滤清器

周期：作业期间建议至少每周更换一次，在比较恶劣的环境里作业，可缩短检查更换周期。

要点：空气滤清器的干净与否会影响发动机的工作效率，因此要经常检查空气滤清器；更换安装时注意固定卡箍是否对齐、牢靠。

21. 清洗火头

周期：作业期间建议每周清洗一次火头。

要点：用汽油清洗，并将火头上的积炭用铜丝刷刷掉；清洗干净，用间隙尺测量火头间隙是否为 0.7mm。

22. 齿轮油检查及更换

周期：作业期间建议每周检查一次，连续使用一个月后可拧开加油孔检查齿轮油是否老化。长时间未使用首飞前也须检查确认。10 个飞行小时磨合阶段后应更换一次齿轮油，以后每 30 个飞行小时更换一次齿轮油。

要点：每周检查一次齿轮油密封状况，是否有渗漏。齿轮油老化明显建议更换。

23. 线路检查

植保无人直升机属于精密器械，任何部件的微小变动都会影响其飞行状态和使用寿命。因此，不仅在其使用、转运和存放的过程中应该小心谨慎，其日常的保养工作也是非常重要，甚至在很大程度上决定了其使用的寿命。

周期：作业期间建议每周检查。

8.26 多旋翼航拍无人机的维护

1. 无人机机身检查保养

目前，大多数无人机采用碳纤维材料作为机身，在保护无人机内部电路不被外界环境腐蚀的同时，一般也设有散热孔。但小的孔隙也容易让机身受到腐蚀难以清理。

机身检查保养技巧如下。

(1) 检查机身螺丝是否出现松动，机身结构上，机臂是否出现裂痕破损。

(2) 检查减震球是否老化（减震球外层变硬或者开裂）。

(3) 检查 GPS 上方以及每个起落架的天线位置是否贴有影响信号的物体（如带导电介质的贴纸等）。

(4) 尽量避免在沙土或者碎石等有小颗粒存在的环境下起飞。

(5) 避免在雨雪天或者雾气较大的天气使用无人机。

2. 电动机检查保养

电动机检查保养技巧如下。

(1) 清擦电动机。及时清除电动机机座外部的灰尘、淤泥。如使用环境灰尘较多，最好每次飞行之后清理一次。

(2) 检查和清擦电动机接线处。检查接线盒接线螺丝是否松动、烧伤。

(3) 检查各固定部分螺丝，将松动的螺母拧紧。

（4）检查电动机转动是否合格。用手转动转轴检查是否灵活,有无不正常的摩擦、卡阻、窜轴和异常响声。同时检查电动机上各部件是否完备。

（5）如果通电后某个电动机不转、转速很低,或有异常响声,应立即断电,若通电时间较长,极有可能烧毁电动机,甚至损坏控制电路。

如果无人机在悬停时出现无故侧倾或无法顺利降落,则有可能是电动机出现了问题。此时,可先尝试重新校正机身后再起飞,若仍然出现问题,就要及时送厂检修,避免出现电动机停转导致无人机失控甚至炸机。另外,无人机飞行前需要确认电动机与螺旋桨是否已经固定,飞行后及时检查并清理电动机中是否存在杂物。

3. 无人机螺旋桨检查保养

在正常使用中,很少有无人机坠地直接导致桨叶折断,但因视觉误差或操作不当导致的撞毁时有发生,这些因素使得螺旋桨也是高耗材之一。

螺旋桨检查保养技巧如下。

（1）检查螺旋桨是否出现裂痕、缺口等直接影响飞行稳定性的问题。如果损伤严重,最好直接更换新的螺旋桨。

（2）注意起飞前螺旋桨是否按顺序固定好。

4. 无人机遥控器检查保养

无人机遥控器一般包括开关键、遥控天线、摇杆等基础装置。想要无人机在空中展现各种姿态,除了飞手需要拥有丰富经验之外,还需要对遥控器进行保养,使其随时保持"最佳工作状态"。

遥控器检查保养技巧如下。

（1）不要在潮湿、高温的环境下使用或放置遥控器。

（2）避免让遥控器受到剧烈的震动或从高处跌落,以免影响内部构件的精度。

（3）注意检查遥控器天线是否有损伤,遥控器的挂带是否牢固以及与航拍器连接是否正常。

（4）在使用或者存放过程中,尽量不要"弹杆"。

5. 无人机云台和相机检查保养

云台是无人机安装、固定相机的支撑设备。一般无人机云台都能满足相机的3个活动自由度:绕 X、Y、Z 轴旋转。每个轴心内都安装有电动机,当无人机倾斜时,同样会配合陀螺仪给相应的云台电动机加强反方向的动力,防止相机跟着无人机"倾斜",从而避免相机抖动。如果无人机的云台与相机出现故障,将导致航拍出现失误,所以平时的保养很重要。

云台和相机检查保养技巧如下。

（1）使用一段时间后,建议检查排线是否正常连接。

（2）金属接触点是否氧化或者无损(可用橡皮擦清洁)、云台快拆部分是否松动、风扇噪声是否正常。

（3）相机镜片注意不要用手直接触摸,被污损后可用镜头清洁剂清洗。

（4）系统通电之后,检查云台电动机运转是否正常。

6. 无人机电池检查保养

电池是无人机的动力之源,支撑着无人机飞行与作业工作。无人机电池需要放电,以此来满足无人机在不同环境下的使用要求,如遇强风,就需要电池能大电流放电以做出相应的补偿,保证无人机的稳定。

电池检查保养技巧如下。

(1) 检查电池是否可以使用,观察电池外观是否有鼓包。有鼓包的电池不建议继续使用。

(2) 如果经常外出航拍,还应注意温度对电池的影响。电池理想的保存温度为22~28℃,切勿将电池存放于低于−10℃或高于45℃的场所。

(3) 长时间不用时应把电池放在阴凉且干燥的地方保存。电池每隔大约3个月或经过约30次充放电后,需进行一次完整的充电和放电过程再保存。定期检查智能飞行电池寿命,当电池指示灯发出低寿命报警时,请更换新电池。

7. 视觉定位系统检查保养

视觉定位系统是通过内置的视觉和超声波传感器感知地面纹理与相对高度,来实现低空无GPS环境下的精确定位和平稳飞行。

视觉定位系统检查保养技巧如下。

(1) 检查视觉定位系统模块的镜头是否有污损或者异物,若有,应及时清理。

(2) 检查视觉定位系统固定是否牢靠,全部步骤完成后,在室内不装螺旋桨的情况下将系统启动,连接APP,在一个光线充足、地表有丰富纹理且有坚硬地面的位置,平握飞行器,使飞行器距离地面1~2m,将遥控器飞行模式切换至P,查看APP界面上是否出现离地高度以及P-OPTI的模式。若出现,则表明视觉定位系统工作正常。

8.2.7 常用维护工具

无人机的一些简单维护保养可独立完成。首先,需要准备一个小工具箱,包含无人机的保养、清洁和修理工具等。这些工具需和无人机的品牌、型号相匹配。

1. 无人机清理工具

(1) 柔软的小清洁刷:用于清除陷入无人机角落与缝隙中的尘垢,也可以用清管器代替。

(2) 罐装压缩空气:清洁彻底,不留水痕,环保配方,带强力小气吹,能有效地清洁缝隙的灰尘。适合用来清除无人机电动机或电路板旁边的尘垢,而且还不会损坏无人机。

(3) 异丙醇:这种清洁剂可以去除污垢、草渍、血液等99%的各种顽渍,还不会损坏电路,可以让无人机外壳光洁如新。

(4) 超细纤维布:这种布吸水去污能力强、易清洗、不掉毛、不生菌、不伤物体表面,又可以和异丙醇协同工作,配合完美,能把无人机清洁到底。

(5) 三合一多用途润滑剂:这种润滑剂包装小巧、使用方便、高效润滑且有清洁、防锈功效,能精准点滴在需要保养的部位。适用于各种金属制品表面的润滑、防锈,包括精密轴承、齿轮的润滑,各类工具的润滑保养,也可用于家居用品的日常保养。在放飞无人机之前一定要携带一瓶三合一多用途润滑剂,以防临时需要。

2. 无人机修理工具

无人机在飞行或降落过程中都有可能发生小故障。无人机是一种精密器械,任何部件的微小变动都会影响其飞行状态和使用寿命。所以,在处理无人机故障时务必小心谨慎,在出门之前也要备足工具。

(1) 备用支架:支架是让无人机飞起来的重要零件之一,一旦支架出现故障就应立刻降落,用备用支架把它替换下来。备用支架的型号也要和机型匹配。

(2) 工具箱:小工具箱能够装下所有需要的工具,方便携带,而且能够快速进行现场维修。

(3) 烙铁:随身携带烙铁是区分专业人员与业余爱好者的重要标准之一。一旦无人机的电线或电子出现重大故障,烙铁就派上了用场。但是,一定要有使用烙铁的经验,保证焊接到位以防安全事故。

(4) 备用电池:这要根据无人机的具体情况而定。如果有可更换电池,一定要充满电,作为备用。

无人机行业应用

目前,无人机已大量应用于民用和军警用领域,其中民用无人机分为消费级无人机和工业级无人机两大类,消费级无人机主要应用于个人娱乐、个人航拍、青少年科普教育等方面;工业级无人机主要应用于无人机航测、植保、电力巡检查、河道巡航、物流和抢险救灾等方面。军用无人机主要应用于靶机、侦察、诱饵、电子对抗、攻击、战斗、信息中继及其他军事领域;警用无人机主要应用于警务监控、环境监测、刑事追捕、海洋检测、边境巡逻和抢险救援等方面。

9.1 无人机在民用领域的应用

9.1.1 无人机民用领域应用概述

我国无人机的发展可分为 3 个阶段:起步阶段(军用为主)、小批量发展阶段(部分企业进行探索)和加快发展阶段(大量企业进入市场,军工巨头开始涉足)。

无人机最早起源和应用于军事领域,军用无人机技术的民用化降低了民用无人机市场进入门槛和研发成本,使得民用无人机得以快速发展。

民用无人机可作为一个传感器搭载平台,在平台上搭载各种传感器及数据传输设备,将空中获取的数据高速传输到地面;民用无人机也可作为一种执行平台,在平台上安装各种执行机构,通过任务规划或实时操控来完成任务,特别是在环境恶劣、危险场合等特殊场合执行任务更能凸显其优势。

目前无人机已经广泛应用于航拍、航测、植保、电力巡检、河道巡航、物流等众多民用领域。随着无人机在智能化、微型化、长航时等方向上的发展,以及无人机生产成本的不断下降,民用无人机在其他民用领域的潜在需求也逐步显现,应用前景非常广阔。

9.1.2 无人机航拍

1. 无人机航拍概述

航拍摄影是指从空中拍摄地面特征及景物,获得俯视图的一种摄影方式。与普通地面摄影相比,航拍摄影是通过俯视拍摄主体,从而获得一定高度的视觉体验和一定速度的运动感觉,拓宽镜头的表现力和冲击力,给人以另一种形式美的感受。航拍摄影首次出现在 1858 年,一位叫纳达尔的摄影师和气球驾驶者在法国巴黎上空拍摄。后航拍摄影经过一系列发展,在技术和手段上都取得了巨大的进步。我国中央电视台从 20 世纪 50 年代开始进行航拍摄影,我国无人机航拍起步较晚但发展很快,现已成为视频拍摄不可或缺的重要手段。

无人机航拍摄影简称无人机航拍,是指以无人机作为空中平台,以机载遥感设备,如高分辨率CCD数码相机、轻型光学相机、红外扫描仪、激光扫描仪、磁测仪等获取信息,用计算机对图像信息进行处理,并按照一定精度要求制成图像的摄影方法。

无人机航拍具有小型轻便、低噪节能、高效机动、影像清晰和安全智能等特点。无人机航拍获得的影像具有高清晰、大比例尺、小面积、高现势性的优点,特别适合获取带状地区航拍影像(公路、铁路、河流、水库、海岸线等)。采用多旋翼无人机航拍操作方便,具有较好的稳定性和安全性,起降受场地限制较小,在操场、公路或其他较开阔的地面均可起降,转场非常容易。

无人机航拍应用广泛,通常有以下几个方面。

1) 景观拍摄

无人机在景观拍摄方面的应用是无人机航拍最基本的应用,无人机携带相机或摄像机就可进行更大范围、更多角度的拍摄,使拍摄的画面具有鸟瞰的视觉特色和别样的艺术气息。

2) 影视剧拍摄

无人机在影视剧拍摄方面的应用使拍摄具有更多角度和更震撼的效果,方便灵活且经济实用。

3) 交通监视

无人机在交通监视方面的应用主要有路况监视和交通流调控,构建水陆空立体管理,应急突发事故等,帮助交通管理部门解决一些交通管理问题。

4) 环保监测

无人机在环保监测方面的应用主要有环境监测、环境执法和环境治理等。

5) 农业监测

无人机在农业监测方面的应用主要有种植面积测量、病虫害监测等,无人机需携带高清数码相机、光谱分析仪或远红外传感器等装置。

6) 抢险救援

无人机在抢险救援方面的应用主要有灾区平面影像拍摄、灾区三维实景拍摄、灾区灾情实时拍摄等,最大的优点是可以在人员不能到达的地方进行拍摄,既保障了人员安全,又保证了摄影质量,还具有实时性。

2. 无人机航拍系统

无人机航拍系统由无人机、机载遥感设备和对图像信息进行后期处理的计算机等组成,其中机载遥感设备有云台、相机和红外扫描仪等。无人机航拍系统集成了高空拍摄、遥控、遥测、视频影像传输和计算机影像信息处理等多种技术。

1) 无人机

航拍无人机主要为固定翼无人机和多旋翼无人机。

固定翼无人机可以携带较大的负载、飞行较远的距离,适合拍摄城市高空景观和风景区高空景观等,但是不适合定点拍摄。同时固定翼无人机起飞需要很长的跑道,且对无人机操作员的要求较高。

多旋翼无人机起降容易、悬停方便、飞行速度易控等优点,能进行细腻独特的视角拍摄。

2）机载遥感设备

（1）云台。云台是连接相机和无人机机身的关键部件。其主要作用是为相机增稳和相机镜头调整等。常见的云台有可更换式和不可更换式两种。

① 可更换式云台。当前市场主流航拍无人机更多地采用可更换式云台,如图9-1所示,该云台结合了三轴陀螺仪、IMU反馈系统和专用伺服驱动模块等单元,支持方向锁定模式、FPV模式和非方向锁定模式3种工作模式。

方向锁定模式:当机头方向变化时,云台指向跟随机头指向变化,云台与机头保持相对角度不变。

FPV模式:云台指向与开机时飞行器机头指向一致,云台横滚方向的运动自动跟随飞行器横滚方向的运动而改变,以取得第一人称视角飞行体验。

图9-1 可更换式云台

非方向锁定模式:当机头方向改变时,云台指向不跟随机头指向变化,云台与机头保持相对角度可变。

② 不可更换式云台。采用一体化形式将云台和相机进行组合,使用方便,无须调试,适合新手使用,而且质量较轻、体积较小、增加飞行时间。一体化后的云台相机在价格上具有一定的优势。

（2）相机。无人机航拍系统中的相机,可以是CCD数码相机或CMOS摄像机、非量测相机或量测相机、红外扫描仪等各种设备。

CCD数码相机具有体积小、质量轻、不受磁场影响、抗震动和抗撞击等特性,应用较为广泛。CMOS(Complementary Metal Oxide Semiconductor),中文全称为互补金属氧化物半导体,是指制造大规模集成电路芯片用的一种技术或用这种技术制造出来的芯片。CCD数码相机和CMOS摄像机的工作原理没有本质差别,主要区别在于CCD数码相机是集成在半导体单晶材料上,而CMOS摄像机是集成在金属氧化物的半导体材料上。CCD数码相机成像质量好,但制造工艺较复杂,制造成本较高。CMOS摄像机结构相对简单,与现有的大规模集成电路生产工艺相同,从而降低了生产成本。

非量测相机是指普通民用相机,主要包括单反相机、微单相机和在普通数码相机基础上组合而成的组合宽角相机等。具有空间分辨率高、价格低、操作简单等优点,被广泛应用于数字航空摄影测量中。量测相机是指大幅面的专业数字航空摄影测量设备,分为两类,一类是基于三线阵的CCD推扫式传感器,即在成像面安置前视、上视和后视3个CCD线阵,在摄影时构成3条航带实现摄影测量;另一类是基于多镜头系统的面阵式传感器,利用影像拼接镶嵌技术获取大幅面影像数据。在目前的数字航空摄影传感器中,仍以面阵式成像方式为主流。

（3）红外扫描仪。红外扫描仪是红外波段的光电成像设备,可将目标入射的红外辐射转换成对应像元的电子输出,最终形成目标的热辐射图像。主要用于夜间或恶劣环境下的航拍、航测。红外传感器系统按功能可分成以下5类。

① 辐射计:用于辐射和光谱测量。

② 搜索和跟踪系统:用于搜索和跟踪红外目标,确定其空间位置并对它的运行进行跟踪。

③ 热成像系统：可产生整个目标红外辐射的分布图像。
④ 红外测距和通信系统。
⑤ 混合系统：指以上各类系统中两个或多个系统的组合。

3. 无人机航拍技巧

1) 前期准备

（1）时间选择。拍摄的场景不同，选择的气候也不同。一年四季景色差别很大，航拍取景时注意选择合适的季节。一般来说，早、中、晚的景色是不同的，相机拍到的色温也是不同的。如果一次航拍需要很多天，天气的变化可能也会影响航拍效果。所以要密切关注天气变化，选好拍摄时间。

（2）路线规划。航拍之前，根据需要制定特定的路线。提前观察并分析好地面拍摄范围内的所有景物，找出代表性的景物。然后根据需要确定航拍路线、方位、高度和频次等，形成连贯的结构方案。

（3）器材装备。根据不同的拍摄任务，选择不同的云台。一般非专业性的拍摄可以选择不可更换式云台，而专业性的就需要可更换式云台。还要选择合适的相机和镜头，准备好电池、存储卡，确定视频拍摄模式，测试图传和其他各项功能等。

2) 航拍手法

（1）向前推进：一般用于某个主体的慢慢出现，主体向镜头越靠越近，用于着重表现和突出被拍摄的对象，具有一种形式感。

（2）向后拉远：是指从一个中心位置向后退去，画面逐渐变得辽阔宏大，用于表现壮观的全景。

（3）翻越障碍物：一般是45°斜向上飞行，跨过障碍物后，会有一种一马平川的感觉。

（4）环绕拍摄：俗称"刷锅"，常常用于拍摄标志性的建筑。

（5）穿越式航拍：一般在过拱门或桥洞时采用，有很强的视觉冲击力。

（6）90°静止拍摄：无人机处于拍摄主体的正上方，云台相机调至垂直向下进行静止拍摄。

（7）90°俯视螺旋上升：让云台相机垂直90°俯视拍摄主体，进行旋转拍摄。可以进行动态视频的拍摄，突出画面中心的人或建筑物。

（8）45°斜后方拉伸：常用于自拍，把自己和背后的景色都拍下来。

（9）自动追随：分为等速跟随法和逆向穿越法。等速跟随法：在物体前面、后面或侧面以相同或相近的速度跟随物体移动，并将镜头对准物体；逆向穿越法：可面对物体，沿物体移动反方向飞越物体，突出物体的移动速度。

3) 航拍构图方式

（1）九宫格构图。是指拍摄主体或重要景物放在"九宫格"交叉点的位置上，"井"字的4个交叉点就是主体的最佳位置。

（2）三分法构图。是指将画面分割为3等份，1∶2的画面比例可以有重点地突出需要强化的部分。

（3）两分法构图。是指将画面分为等份的两部分，这在风景照的拍摄中经常使用。将画面分成相等的两部分，容易营造出宽广的气势。

（4）向心式构图。是指拍摄主体处于中心位置，而四周景物呈朝中心集中的构图形式。

（5）对称式构图。是指将画面左右或上下分为两部分,画面的其中一部分是主体,另一部分是陪体。

（6）S形构图。河流、人造的各种曲线建筑都是拍摄S形构图的良好素材。

（7）平行线构图。自然界或者人为设置都可以拍到平行线的画面。

（8）星罗式构图。是指将重复元素随机排布在画面当中。

（9）消失点构图。透视规律告诉我们近大远小的透视规则,所以在远方,我们可以看到平行线汇聚于一点,这个点称作消失点。

（10）V形构图。其用意与S形构图相同,不同的是曲线换成了直线,画面变得有棱有角。

4）航拍后期图像处理

（1）图像处理软件。一般的图像处理软件有会声会影、Adobe Premiere、Final Cut Pro和EDIUS等。

会声会影是一款高清视频剪辑、编辑和制作软件,功能灵活易用,编辑步骤清晰明了,初学者能很快上手,主要应用于刻录光盘、制作电子相册、节日贺卡和课件制作等领域。

Adobe Premiere是一款视频剪辑、音频编辑软件,功能强大,能和Adobe公司其他产品完美衔接,被广泛应用于电视台、广告制作和电影剪辑等领域。

Final Cut Pro是苹果系统中的视频剪辑软件,具有较好的合成特性。

EDIUS是为广播和后期制作环境而设计的非线性编辑软件,其特点是文件工作流程完善,输出功能多样化。

（2）图像编辑技巧。一般的图像编辑技巧有蒙太奇影视剪辑和镜头组接两种。

蒙太奇是指将拍摄的镜头按照生活逻辑、推理顺序、作者的观点构思和美学原则连接起来的一种图像编辑方式。蒙太奇影视剪辑方法主要有概括与集中、引导注意、创造独特的画面时间、形成不同的节奏和表达寓意等方面的作用。

镜头组接是指将一系列的镜头按照一定次序拼接在一起形成影视作品的方法。一般而言,镜头组接需遵循的规律有符合观众思想方式与影片表现规律、景别的变化要采取循序渐进的方法、镜头组接中的拍摄方向与轴线规律、遵循"静接静、动接动"的原则。

9.1.3 无人机航测

1. 无人机航测概述

20世纪后半叶,遥感作为一门新兴的科学和技术迅速成长,卫星遥感测绘和有人飞机航空遥感测绘成为遥感测绘的主要方式。但卫星遥感测绘因受卫星回归周期、高度等因素的影响,遥感测绘数据的时效性难以保证。有人飞机航空遥感测绘灵活性很高,但受空域管制和气候等因素的影响,且使用成本较高,飞行时间受限,难以完成长时间低空连续监测任务。

随着航空技术、微电子技术、信息技术、智能技术的飞速发展,无人机技术异军突起,另外各种数字化、小型化、探测精度高的机载遥感传感器不断面世,无人机与机载遥感传感器相结合形成的基于无人机平台的数字航测技术成为航空遥感领域的一个新的发展方向,成为传统卫星遥感测绘、有人飞机航空遥感测绘和传统人工测绘的有效补充。

无人机航测又称无人机航空遥感摄影测量、无人机移动测量,是一种通过无人机搭载遥感传感设备,实时获取目标区域的地理空间信息,快速完成遥感数据处理、测量成图、环境建模与分析应用的航空遥感摄影测量手段。

与传统卫星遥感测绘、有人飞机航空遥感测绘相比,无人机航测具有以下优势。

(1) 结构简单、成本低、飞行高度低、操作灵活、反应快速,可以灵活、快速地获取高分辨率、大比例尺和高现势性的遥感影像,被广泛应用于基础测绘、土地资源调查监测、土地利用动态监测和数字城市建设等方面。

(2) 无人机对飞行环境要求低,且无人员伤亡危险,被广泛应用于应急抢险、高危区域调查等应急保障方面的遥感数据获取。

与传统卫星遥感测绘、有人飞机航空遥感测绘相比,无人机航测也存在一定的不足。

(1) 像幅小、基高比小、重叠度大。

(2) 飞行姿态欠稳定。

(3) 装载非专业相机,存在像点位移、镜头畸变、光敏度等问题。

2. 无人机航测系统

无人机航测系统由无人机系统、任务载荷系统和数据处理系统组成。

1) 无人机系统

无人机系统主要包括无人驾驶航空器、地面站、飞控系统、通信导航系统、发射回收系统等。

无人机航测中最常用的无人机系统为固定翼无人机和多旋翼无人机,某些场合也会应用无人直升机和无人飞艇。

2) 任务载荷系统

任务载荷系统主要是指搭载在无人驾驶航空器上的各种传感器设备。

无人机航测中常用的传感器设备有光学传感器、红外扫描仪、多镜头集成倾斜摄影相机、机载激光雷达、视频摄像机等。在成像分辨率、测绘精度、信噪比、辐射特性测量、成图比例、测绘成本、操作灵活性方面有较大的优势。

(1) 倾斜摄影相机。倾斜摄影技术是近些年发展起来的一种新兴测绘技术,它颠覆了以往正射影像只能从垂直角度拍摄的局限,通过在同一飞行平台上搭载多台传感器,同时从不同角度全面感知复杂场景,获取大范围、高精度的地物地貌顶面和侧视纹理影像数据,结合定位、融合和建模等技术,生成真实的三维模型数据,可方便地进行点定位、高度、距离、角度、坡度和体积量测以及其他的数据分析,极大地扩展了遥感影像的应用领域,被广泛应用于应急指挥、国土安全、城市管理、房产税收等行业。

倾斜摄影相机多采用五镜头相机,除此之外还有双镜头、三镜头、四镜头,甚至九镜头相机,采用旋转式、摇摆式、一次曝光式等不同方式进行数据采集。如图9-2所示为双镜头倾斜摄影相机(摇摆式)及其数据采集方式;如图9-3所示为五镜头倾斜摄影相机及其数据采集方式。

(2) 机载激光雷达。机载激光雷达(Light Detection and Ranging,LiDAR)是以激光器作为辐射源的雷达,是一种基于激光回波测距原理的探测与测距系统,可直接联测地物地貌的三维坐标,且具有不依赖自然光、不受航高限制和阴影遮挡限制的优点,被广泛应用于地形测绘、森林资源测绘、浅滩测绘、气象测绘和武器制导等方面。如图9-4所示为机载激光雷达及其数据采集方式。

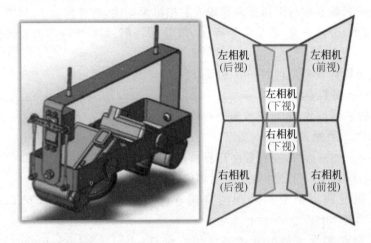

图 9-2　双镜头倾斜摄影相机(摇摆式)及其数据采集方式

图 9-3　五镜头倾斜摄影相机及其数据采集方式

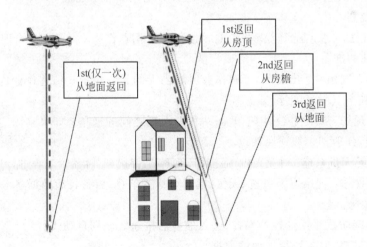

图 9-4　机载激光雷达及其数据采集方式

3) 数据处理系统

无人机航测数据包括视频数据和影像数据。

无人机航测视频数据多用来对飞行区域进行简单显示,数据处理相对较少,在特殊应用中仅需进行简单数据处理。

无人机航测影像数据与卫星影像和载人航拍影像相比,具有像幅小、畸变大、POS定位精度低、重叠度大、分辨率高、数量多等特点。给影像匹配、影像定向等内业数据处理带来一系列困难。

无人机航测影像数据处理的一般流程如下。

(1) 收集测区资料。

(2) 根据传感器参数,进行影像畸变差校正。

(3) 根据POS数据,进行空三加密。

(4) 根据空三加密成果,制作数字高程模型(DEM)。

(5) 根据数字高程模型制作数字正射影像(DOM)。

国内无人机航测影像数据处理的常用软件有：PixelGrid、MAP-AT、Geolord-AT、JX-4、Virtuzo、DPGrid等。

国外无人机航测影像数据处理的常用软件有：ERDAS LPS、Inpho、Pix4Dmapper、Pixel Factory、PCI Geomatica、PHOTOMOD等。

无人机航测影像数据处理后的产品主要有数字高程模型、数字正射影像、数字栅格地图(DRG)、数字线划图(DLG)、应急影像图等。

3. 无人机航测作业流程

1) 收集资料

根据无人机航测的作业区域,收集作业区域相关的地形图、影像等资料,了解作业区域的地形地貌、气象条件、重要设施等情况,确定作业区域的空域条件,并制订作业实施方案。

2) 实地勘察

对作业区域及其周边进行实地勘察,为起降场地的选取、航线规划以及应急预案的制定收集资料。起降点通常要求现场比较平坦,避开无电线和高层建筑等。

3) 航线规划

根据任务指标要求,结合作业区域的地形地貌、天气情况、作业设备等,制定合理的航线规划。

4) 飞行前的准备

(1) 判断天气条件：出发前,了解作业区域当天的天气情况；到达作业区域后,观察云层厚度、光照和空气能见度等。

(2) 布置现场：架设电台,用于地面站和无人机之间的通信；如果是固定翼无人机,还需架设弹射架,弹射架一般逆风架设。

(3) 检查无人机系统：对无人机、遥控器、地面站、弹射架、降落伞包等进行检查和测试。

(4) 作业日志：记录当天风速、天气、起降坐标等信息,留备日后数据参考和分析总结。

5) 作业实施

无人机起降阶段采用遥控器操控,进入航线后按航线规划自动飞行。

无人机巡航时,时刻监视地面站数据。

(1) 监测航高、航速、飞行轨迹等数据。

(2) 监视发动机转速、空速、地速等数据。

(3) 监视照片拍摄的数量和质量。

6) 数据获取与检查

无人机航测数据分为实时回传和回收后获取两种方式。将采集的数据导出或解压,对获取的影像数据进行质量检查,剔除不符合规范的数据,结合影像数据与无人机飞行状态进行检查评估,结合贴线率和姿态角判断是否复飞。

7) 数据预处理

对影像数据进行格式转换、角度旋转、畸变差改正和图像增强等预处理。

8) 数据处理与产品制作

运用目标定位、运动定位检测与跟踪、数字摄影测量、序列图像快速拼接、影像三维重建等技术,对影像数据进行处理,并按照相应的规范制作二维或三维测绘产品。

9.1.4 无人机植保

1. 无人机植保概述

无人机植保是指运用无人机进行农药喷洒、施肥、播种和辅助授粉等植保作业。无人机植保具有高效率、安全性(人机分离)、节水节药、适应性强等优点,在一些农业航空发达国家,如美国、日本、俄罗斯、澳大利亚、加拿大、巴西、韩国等国被广泛应用且快速发展。

中国作为农业大国,18亿亩基本农田每年需要大量的农业植保作业。但我国的无人机植保尚处于起步阶段。2007年我国开始植保无人机的产业化探索,2015年我国植保无人机保有量约2324架(31个省统计),总作业面积1152.8万亩,增长幅度分别为234%、170.6%;截至2016年6月,我国生产植保无人机的厂家有200多家,生产各类植保无人机共178个品种,保有量超过5000架,农业植保无人机逐渐成为行业新宠。

目前,我国的无人机植保体系尚未成熟,无人机植保占比约为1.7%,远低于美国、日本等国占比50%以上的水平。我国的无人机植保主要应用在新疆、东北三省、河南、山东、安徽、湖南、海南等地农业比较集中的省份,无人机植保的植物种类主要在小麦、大豆、玉米、水稻、烟叶等,其他水果蔬菜等经济作物还在发展探索中;无人机植保的主要作业形式仍以喷雾机等半机械化装备为主,自主作业方式极少;无人机植保技术和产品性能参差不齐,众多产品中绝少有能够满足大面积、高强度植保喷洒要求的无人机;另外,还存在无人机植保培训与售后不到位、专用药剂知识不足盲目勾兑、行业标准难制定、购机补贴难申请、准入门槛不高但专业化水平难提升等问题。

2. 无人机植保的优势

1) 高效率

与传统作业方式相比,无人机植保的作业效率高出人工几十倍,有"一机顶30人"的说法。

2) 安全性

我国每年农药中毒人数有10万之众,致死率约20%,农药残留和污染造成的病死人数更是一个惊人数字。无人机植保采用人机分离,人不用进入农药喷雾的环境,避免了喷洒作业人员暴露于农药的危险中,保障了喷洒作业人员的安全。

3) 节水、节药

高浓度施药、精准农业施药等技术降低了水和药的使用量,无人机植保可节约90%的用水量、50%的农药使用量,大幅降低资源成本,有利于水土环保。

4) 适应性强

与有人机相比,无人机植保无须申报空域,适合中小作业面积,成本更低。

无人机植保不仅适用于小麦、大豆、玉米、水稻等低秆作物,也适用于玉米、棉花、高粱、槟榔树等高秆作物。

3. 常用植保无人机

目前,国内的植保无人机种类繁多。

按动力系统的不同,植保无人机可分为油动植保无人机和电动植保无人机两类,二者各具优缺点,具体如表9-1所示。

表9-1 油动植保无人机和电动植保无人机优缺点对比

	油动植保无人机	电动植保无人机
优点	1. 载荷大,15~120L; 2. 航时长,单架次作业范围大; 3. 燃料易于获得,采用汽油混合物做燃料	1. 环保,无废气,不会造成农田污染; 2. 操作和维护简单,入门相对容易; 3. 售价低,一般在10万~18万元,便于普及; 4. 电动机寿命长,可达上万小时
缺点	1. 由于燃料是采用汽油和机油混合,不完全燃烧的废油会喷洒到农作物上,造成农作物污染; 2. 售价高,大功率油动植保无人机一般售价在30万~200万元; 3. 整体维护较难,因采用汽油机做动力,其故障率高于电动植保无人机; 4. 发动机磨损大,寿命为300~500h	1. 载荷小,载荷范围5~15L; 2. 航时短、单架次作业时间一般为4~10min,作业面积为10~20亩/架次; 3. 采用锂聚合物电池作为动力电源,外场作业需要配置发电动机,及时为电池充电

按飞行平台的不同,植保无人机可分为植保无人直升机和植保多旋翼无人机两类,二者各具优缺点,具体如表9-2所示。

表9-2 植保无人直升机和植保多旋翼无人机优缺点对比

	植保无人直升机	植保多旋翼无人机
优点	1. 风场稳定,雾化效果好,下旋风场大,穿透力强,农药可以打到农作物的根茎部位; 2. 抗风性更强	1. 入门门槛低,更容易操作; 2. 造价相对便宜
缺点	1. 一旦发生炸机事故,植保无人直升机造成的损失可能更大; 2. 价格相对更高	1. 抗风性更弱; 2. 下旋风场更弱; 3. 造成风场散乱,风场覆盖范围小,若加大喷洒面积,把喷杆加长,会导致飞行不稳定,作业难度加大,增加摔机风险

4. 无人机植保作业流程

1)接收任务

熟悉任务:作业地区、作业周期、作物种类、作业数量等。

2)任务准备

任务分工:组长、主控手、副控手。

任务准备:作业设备准备、车辆预备。

行程规划:出发时间(结合天气)、行车路线、住宿安排。

3）现场勘察与规划

现场勘察：农作物勘察、地形起伏勘察、障碍物勘察、起降点勘察、天气风向勘察。

规划飞行方案：根据现场勘察情况，规划飞行喷洒方案，如顺风、逆风。

4）作业前准备

起飞前检查：整机外观检查、传动部件检查、航电连接线检查、机身螺丝检查、对讲机检查等。

防护设备准备：防护口罩准备、作业工服准备、橡胶手套准备、雨鞋准备、防护眼镜准备等。

5）作业任务中

作业安全规范：操作安全、人身安全、设备安全、公共财产安全。

异常处置：设备异常处置、野外受伤处置。

6）作业后整理

客户确认：作业检查、作业结算。

设备维护：设备拆装、设备清洁、设备保养。

现场清理：残留药液处理、作业设备清点、装车。

7）作业总结

作业总结：问题总结、流程改进。

9.1.5 无人机电力巡检

1. 无人机电力巡检概述

我国正处于工业化、城镇化加速发展阶段，国民经济持续高速发展带来日益增长的用电需求。由于我国煤炭、风能、太阳能等能源分布不均匀，跨省、长距离特高压架空输电线路的规模在不断扩大，同时随着城市群的不断增加，城乡配电网的建设需求也在不断增加。

线路规模的不断扩大，使运维检修的工作量不断增加。架空输电线路作为输送电力的主干道，要跨越高山森林、江河湖泊、沙漠草原等复杂地理环境，传统的人工巡检方式，已不能满足当前的输电线路运维要求。

无人机电力巡检是利用无人机对输电线路进行巡检，代替传统的人工巡检，具有受复杂地理环境限制小、杆塔顶部巡检效果好、远程操控简单可靠等特点。相较于传统的人工巡检与直升机巡检，无人机具有快速部署、巡检成本低的优点。所以，无人机电力巡检技术对提高电网的巡检质量、保障输电线路安全运维具有重要的意义。

电力系统主要由发电厂、升（降）压变电站（所）、输电线路、配电系统和终端用户5部分组成，如图9-5所示。

发电厂的发电动机所转换出的电能，经过升压变压器、输电线路送到降压变电站降压后，送到配电系统，再由配电线路把电能分配到各用户，这样一个整体称为电力系统。

电力系统中除发电动机和用电设备外的部分，即输变电设备及各种不同电压等级的输电线路所组成的部分称为电力网，简称电网。

2. 无人机电力巡检应用

无人机搭载可见光相机以及红外线、紫外线相机对架空输电线路进行故障查找的精细

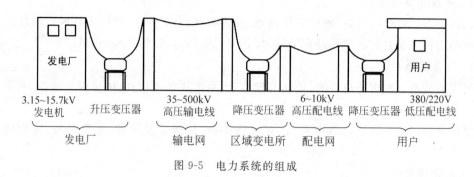

图 9-5 电力系统的组成

化巡检作业,是无人机在电力行业应用的主流。无人机制造商在了解电力行业的需求与运维的难点、痛点后,通过长时间探索,研制出各种类型的无人机搭载设备,发展出针对电力系统不同环节的工业级特种无人机,对促进电力的安全生产和无人机的专业化发展起到了较好的促进作用。

国家电网公司和南方电网公司两大直属我国国资委的电网公司,分别在各自的战略纲领中体现了大力发展无人机电力巡检作业的理念。不同类型的无人机在电力巡检中的应用定位如表 9-3 所示。

表 9-3 不同类型的无人机在电力巡检中的应用定位

无人机类型	电力巡检中的应用定位
多旋翼无人机	定位为班组工器具,配合人工巡检开展线路故障查找、通道巡检、飘挂物处理等工作,主要采用视距内飞行
大型无人直升机	作为有人直升机的补充,开展线路快速巡检、灾情普查等工作
固定翼无人机	开展通道巡查、灾情普查等工作

1) 无人机精细化巡检

无人机架空电力线路精细化巡检就是使用多旋翼无人机对输配电架空线路杆塔上的零部件和导线进行近距离拍摄,把得到的照片通过缺陷分析系统以及人工后台分析后,进行整理分类,生成缺陷报告,提交到分管运维相关部门和领导查阅处理,确保电网正常运行。缺陷处理的流程是一个"发现(运行)—处理(检修)—验收(运行)"的闭环过程,并以传递"缺陷处理通知单"、完整填写"缺陷消除记录"的过程体现。

(1) 巡检内容如下。

① 常规巡检。常规巡检主要是对输电线路导线、地线和杆塔上部的塔材、金具、绝缘子、附属设施、线路走廊等进行常规性检查,例如,发现导线断股、间隔棒变形、绝缘子串爆裂等,巡检时根据实际线路运行情况和检查要求,选择搭载相应的检测设备进行可见光巡检、红外巡检。巡检实施过程中,根据架空输电线路的情况和天气情况选择单独进行,或者红外巡检与可见光巡检的组合进行。

可见光巡检主要检查内容包括导线、地线、绝缘子、金具、杆塔、基础、附属设施、通道走廊等外部可见异常情况和缺陷。红外巡检主要检查内容包括导线接续管、耐张管、跳线线夹及绝缘子等相关发热异常情况。

② 故障巡检。线路出现故障后,根据检测到的故障信息,确定架空输电线路的重点巡区段和部位,查找故障点,通过获取具体部位的图像信息进一步分析查看线路是否存在其他异常情况。

③ 特殊巡检。鸟害巡检:线路周围没有较高的树木,鸟类喜欢将巢穴设在杆塔上。根据鸟类筑巢习惯,在筑巢期后进行针对鸟巢类特殊情况的巡检,获取可能存在鸟巢地段的杆塔安全运行状况。

特殊巡检:每年4~6月,在树木、毛竹生长旺盛季节,存在威胁到输电线路安全的可能性。这期间应加强线路树竹林区段巡检,及时发现超高树、竹,记录下具体的杆塔位置信息,反馈给相关部门进行后期的树木砍伐处理。

防火烧山巡检:根据森林火险登记,加强特殊区段巡检,及时发现火烧山隐患。

外破巡检:在山区、平原地区、经常存在开山炸石、挖方取土的情况,可能出现损坏杆塔地基、破坏地线等情况,严重影响到输电线路的安全运行,对此要进行防外破特巡。

红外巡检:过负荷或设备发热时,应对重载线路的连接点采用红外热成像仪进行巡检,防止因为温度过高导致的危险。

灾后巡检:线路途经区段发生灾害后,在现场条件允许时,使用机载检测设备对受灾线路进行全程录像,收集输电设备受损及环境变化信息。

(2) 缺陷分类。输电线路设备超出设计和运行规范标准,称为输电线路的缺陷。

设备缺陷分为线路本体缺陷、附属设施缺陷和外部缺陷3类。

① 线路本体缺陷:指组成线路本体的构件、附件、零部件,包括基础、杆塔、导地线、绝缘子、金具、接地装置等本身的缺陷。

② 附属设施缺陷:附加在线路本体上的各类标志牌、警告牌及各种技术监测设备出现的缺陷。

③ 外部缺陷:指外部环境变化对线路安全运行已构成某种潜在性威胁的情况(如在保护区内新建房屋、植树竹、堆物、取土、线下施工车辆作业等对线路造成的影响)。

设备缺陷通常按一般缺陷、重大缺陷、紧急缺陷3个级别进行管理。

① 一般缺陷:指线路虽有缺陷,但在一定时间内对线路的正常运行影响不大,此类缺陷应列入年、季度检修计划中加以消除。

② 重大缺陷:指缺陷对线路运行有严重威胁,短期内线路尚可维持运行。此类缺陷应在短时间内消除,消除前须加强监视。

③ 紧急缺陷:指缺陷已危及线路安全运行,随时可能导致线路事故的发生。此类缺陷必须尽快消除,或临时采取可以确保安全的技术措施进行处理,随后彻底消除。

(3) 巡检方法。无人机线路精细化巡检在电力系统内已开展多年,国家电网公司和南方电网公司都各自摸索出属于自己的巡检作业流程。无人机线路精细化巡检的主要内容如表9-4所示。虽然不同地方供电局巡检班组在杆塔零部件的拍照数量、角度和顺序各有不同的要求,但其巡检的核心,也就是杆塔依然是相同的。

以双回路220kV直线塔的可见光精细化巡检为例,其巡检作业流程共分为17步拍摄顺序,如图9-6所示;每步巡检的主要内容包括拍摄对象、拍摄数量,具有不同要求,具体如表9-5所示。

表9-4 无人机线路精细化巡检的主要内容（1）

设　备	可见光巡检	红外巡检
导线	断线、断股、异物悬挂	发热点
线夹	松股	接触点发热
引流线	断线、断股、异物悬挂	发热点
绝缘子	闪络迹象、破损、污秽、异物悬挂等	击穿发热
杆塔	鸟窝、损坏、变形、紧固金具松脱、塔材损失	—
耐张压接管、导线接续管等及其他连接点	—	发热点
防振锤	移位、缺失、损坏	—
附属设备（在线监测、防鸟设施）	缺失、损坏	—

图9-6　双回路直线塔作业拍摄顺序

表9-5　无人机线路精细化巡检的主要内容（2）

拍摄顺序	拍摄对象	拍摄数量/张	备　注
1	杆塔牌号（小号侧）	1	
2	杆塔塔基	1	
3	右侧下相绝缘子连接处	2	含线夹、防振锤
4	右侧下相横担连接处	2	
5	右侧中相绝缘子连接处	2	含线夹、防振锤
6	右侧中相横担连接处	2	
7	右侧上相绝缘子连接处	2	含线夹、防振锤
8	右侧上相横担连接处	2	
9	右侧地线	2	含防振锤
10	杆塔整体全景照片	1	

续表

拍摄顺序	拍摄对象	拍摄数量/张	备注
11	左侧地线	2	含防振锤
12	左侧上相横担连接处	2	
13	左侧上相绝缘子连接处	2	含线夹、防振锤
14	左侧中相横担连接处	2	
15	左侧中相绝缘子连接处	2	含线夹、防振锤
16	左侧下相横担连接处	2	
17	左侧下相绝缘子连接处	2	含线夹、防振锤

（4）缺陷查找。在飞行拍摄后，巡检小组将拍摄所得到的照片通过缺陷分析系统以及人工后台分析后，进行整理分类，生成缺陷报告并提交到相关负责人和部门处。

在巡检报告中，缺陷图片应该以一张原始照片和一张局部特写照片呈现，原始照片与局部特写照片均应在缺陷处用红色圆圈加以标注，如图 9-7 和图 9-8 所示。并且将整理出来的缺陷照片按照一定规则组织存放在文件夹里，并按照一定的规则对文件进行命名，以方便缺陷照片的自动化导入数据库里，实现缺陷照片结构化存储和规范化管理。

图 9-7　原始照片：C 相船形线夹插销缺失

图 9-8　特写照片：C 相船形线夹插销缺失

2）无人机夜间巡检

夜间巡检是为了检查导线连接器及绝缘子的缺陷。夜间巡检应在线路负荷较大、空气潮湿、无月光的夜晚进行。因为在夜间可以发现白天巡检中不能发现的缺陷，如电晕现象、由于绝缘子严重污秽而发生的表面闪络前的局部火花放电现象、由于导线连接器接触不良致使导线的接触部分烧红现象等。

由于电力线路大多处于人烟稀少、环境复杂的地带，过往的夜间人工巡检往往增加了更多不安全的因素：如带电、交叉跨越、同杆架设等可能给巡检人员带来的危险因素；如雷雨、雪、大雾、酷暑、大风等天气，巡检通道内枯井、沟坎和动物攻击等可能给巡检人员安全健康造成的危害；夜间光线不足可能给巡检人员安全造成的危害等。

针对电力系统夜间人工巡检所遇到的难点，无人机制造商研发了夜间作业辅助无人机，以微型多旋翼无人机作为空中作业母体，采用紧凑多功能高亮度的 EDC 照明理念，在尽可能做到小巧、便携的同时保证了照明装置的高亮度输出。使用可充锂聚合物电池通过按钮启动装置，光线透过高精密的光学透镜灯杯，即可发射出最高可达 1000lm 的强劲亮度，确保在夜间对目标的 FPV 监视。此外，当温度过高时内置智能温度监控会自动调节输出亮度，避免影响使用和损坏。如图 9-9 所示为能飞航空的 PF-4LP 夜间作业辅助无人机，该无人机适用于在恶劣天气环境下，对有明显性隐患的输电线路、杆塔及附近环境进行巡检作业，如图 9-10 所示为其图传视觉，如图 9-11 所示为其夜巡实拍。

图 9-9　PF-4LP 夜间作业辅助无人机

图 9-10　PF-4LP 无人机图传视觉

3）架空电力线路异物清除

风筝、风筝线、地膜等异物容易吹落、缠绕在输电线路上，可能会引起跳闸故障、使高压电的极限放电距离缩短而危及电力线下的行人和车辆安全、甚至造成片区大面积停电等故障，威胁输电线路的安全运行。如图 9-12 所示为悬挂在输电线路上的异物。

图 9-11　PF-4LP 无人机夜巡实拍

图 9-12　悬挂在输电线路上的异物

传统的清除架空电力线路异物的方法有停电处理和带电处理两种。

停电处理：向调度申请停电，检修人员利用滑梯或走线到达异物悬挂处摘除异物。此方法增加了线路非计划停运次数，影响了线路供电可靠性指标，一般适用于线路跳闸或带电处理安全距离不够的情况。

带电处理：在缠绕异物的导地线上安装绝缘软梯、吊篮法等方法清除异物。此方法高空作业强度大。

传统的电力线路异物清除方法都各有利弊，且效率不高。采用无人机清除电力线路异物的方法应运而生，在无人机上搭载火焰喷射器，火束直径及长度可调，甚至能在 FPV 操控模式下安全高效地带电清除架空电力线路异物。如图 9-13 所示为能飞航空的 P10-D 喷火无人机,该无人机喷火装置集成遥控控制直流微型电子隔膜油泵生成断点续流可调线型油喷柱体,采用特斯拉线圈原理形成电弧,通过电弧点火油喷柱体形成作业火束,集束火焰射程长达 5m。

4)无人机起重导引

架线施工是指将导地线按设计施工图纸的要求架设于已组立安装好的杆塔上的工作。高压架空输电线路加线工程包括放线、紧线、导地线连接、弛度观测、附件安装、交叉跨越等工作,张力放线作业现场如图 9-14 所示。

图 9-13　P10-D 喷火无人机　　　　图 9-14　张力放线作业现场

传统的架空电力线路的导线架设模式分为无张力放线和张力放线两种。

无张力放线又称拖地放线、非张力放线,是国内外输电线路架线施工中最早采用的一种放线方法。先用人力展放牵引绳或牵引绳,而后用人力或机械(拖拉机、汽车、小牵引机等)展放导线、地线,导线、地线盘处并不对其导地线施加任何制动张力。

张力放线是指在架线全过程中,使被展放的导线保持一定的张力而脱离地面处于架空状态的架设施工方法。按照《架线施工作业指导书》(SDXL-ZW-09)规定,330kV 以上电力线路工程必须采用张力放线,放线过程中光缆或导线不准拖地。

传统的架空电力线路的导线架设模式需要使用牵引绳连接滑轮组将输电导线牵引到杆塔上。在平原地区,可以使用一种简易安装的吊塔——抱杆,将导线与滑轮组悬挂上去。但在山地区域,由于建材运输困难等因素,往往难以搭建抱杆,常采用人工携带重物上塔。

采用起重导引无人机,作业人员只需在无人机挂好导引线之后再上塔把导引线套入滑轮组,便可以进行下一步的起重导引作业,避免了不安全的因素。如图 9-15 所示为能飞航空的 P6-LG 起重导引无人机,该无人机的起重装置如图 9-16 所示,包括勾线平台、缓降平台和放线平台 3 个部分,系统整体轻巧,可轻松携带,一名无人机驾驶员可在FPV 模块快速操控。

图 9-15　P6-LG 起重导引无人机

5)无人机树障清除

树障是指在输电线路通道可能会影响输电线路安全的树木。输电线路中的树障可能会引起漏电、跳闸等事故。

(a) 勾线平台　　　　　(b) 缓降平台　　　　　(c) 放线平台

图 9-16　起重导引无人机的起重装置

针对输电线路通道的树障问题,精准喷洒特种无人机应运而生。如图 9-17 所示为能飞航空的 P6-S 精准喷洒特种无人机,该机采用多旋翼无人机搭载工业一体化药泵喷洒任务平台,药雾锥喷体可调可控,飞行和作业状态可视,能在 FPV 操控模式下快捷隐蔽地进行植物生长抑制作业。

图 9-17　P6-S 精准喷洒特种无人机

9.1.6　无人机河道巡航

1. 无人机河道巡航概述

江河湖泊是地球的血脉、生命的源泉、文明的摇篮,也是经济社会发展的基础支撑。我国江河湖泊众多,水系发达,流域面积 $50km^2$ 以上,河流共 45 203 条,总长度达 150.85 万 km,常年水面面积 $1km^2$ 以上的天然湖泊 2865 个,湖泊水面总面积 7.80 万 km^2。

无人机河道巡航,以无人机为载体,搭载影像设备和相关的监测设备,对江河湖泊的资源功能、生态功能和经济功能进行全面的监测与预警,极大地弥补了传统人工河道巡查方式的弊端。

2. 传统人工河道巡查的问题

"河长制"背景下的河道巡查内容繁杂,传统人工河道巡查方式存在以下问题。

1) 巡查范围大、人员多、成本高、效率低

我国境内大小河流(涌)众多,需要庞大的巡查人员,巡查记录众多的信息,成本高且效率低。

2) 巡查视觉单一、效果差

河道巡查人员在沿岸通过肉眼发现问题,用手机拍照取证。但很多因素会影响观测和判断,如沿岸有阻挡过不去、肉眼看不太清楚、植被遮挡无法观察、有堤坝隐患和有空中挂管(线)等,影响了巡查效果。

3)巡查记录繁杂、管理困难

巡查记录一般通过填写表格及文字记录方式记录巡查的内容,且进行影音记录,巡查记录归档繁杂,不便于存档和调取。

4)人员难管理、考核困难

众多河道巡查人员分散在外巡河,造成管理的不便,也无法考核巡河员的工作成效。

3. 无人机河道巡航的优势

目前,在广东、江苏等地,已经逐步推广应用无人机进行河道巡航。与传统的人工河道巡查方式相比,无人机河道巡航具有以下优势。

1)巡航覆盖率广,专职人员需求少、成本低、效率高

利用无人机高空俯拍,巡航有效覆盖面积可涵括河道两侧 500m 左右,极大地提高了巡查效率,即降低了巡查成本。而且如果要了解河道沿岸两边的工厂、违建、排污口,或沿岸几十米范围内的全貌,需要俯视(鸟瞰)整条河道的空中全貌做整治决策时,无人机河道巡航方式很容易实现。

2)采集信息多样,效果清晰

无人机河道巡航,通过视频、图像和文字 3 种方式收集信息。其中,视频信息为无人机河道巡航拍摄,具有实时性;图像信息为整体河流(涌)的全貌拼接图,可在整体和全局上把握河流(涌)的情况;文字信息为配套应用软件采集,方便存档,可随时查询。

3)信息可存于云系统,实现大数据共享

可配备云服务器,将河道巡航信息存于云系统,实现大数据共享。

4. 无人机河道巡航的巡查内容

无人机河道巡航的巡查内容众多,具体如图 9-18 所示。

图 9-18 无人机河道巡航的巡查内容

(1)水面有无垃圾等漂浮物。

(2)河床有无明显污泥或垃圾淤积。

(3) 水体颜色是否异常。

(4) 水生物是否正常生长,有无腐烂情况。

(5) 河湖沿岸餐饮服务业、工业企业、农业养殖、居民等是否存在直排废污水,是否存在倾倒垃圾、余泥渣土、建筑物废弃物等行为。

(6) 在河湖管理范围内是否存在违法建(构)筑物、违法堆场、违法采砂、禽畜养殖等问题。

(7) 沿岸挂管(线)是否规整有序。

(8) 是否存在防洪排涝问题,如河道堵塞、堤岸坍塌、堤围未达设计防洪标准等安全隐患。

(9) 是否存在其他影响河湖水质、安全的问题。

(10) 以前巡查发现的问题是否解决、解决问题是否出现反弹或存在反弹迹象。

5. 无人机河道巡航的飞行要求

无人机河道巡航的对象以河面水域及其周边环境与建筑物为主,重点关注河道的水面情况及河道周边环境情况。对无人机的飞行要求如下。

(1) 飞行轨迹不偏离河道或河岸线。

(2) 飞行高度应保持在合理高度以便能拍摄到河岸线及其周边景物且能看清水面情况。

(3) 飞行轨迹应做到圆滑曲线过弯,保证飞行安全,如从上方绕行大桥、涵洞、高压线等跨河面物体及房屋、建筑物、高大树木等濒河物体。

(4) 在拍摄前,应预先规划好飞行轨迹,查清河道附近的高大物体及高压线等强干扰物,并设计好规避航线以确保飞行安全。

(5) 对于河道被树木建筑等覆盖的区段,仍应沿地图中的河道所在范围继续飞行以确保资料完整性。

(6) 每个飞行分段间应尽量有部分重合以保证最终资料的连续性。

(7) 拍摄过程中尽量减少或避免飞行高度及摄像机俯仰姿态的调整,以提高拍摄获得的视频图像质量。

9.1.7 无人机物流

1. 无人机物流概述

根据中国国家标准《物流术语》(GB/T 18354—2006),物流是指物品从供应地向接收地的实体流动过程中,根据实际需要,将运输、储存、装卸搬运、包装、流通加工、配送、信息处理等功能有机结合起来实现用户要求的过程。

根据目前市场上无人机的性能特点,无人机在物流方面的应用主要为无人机快递。无人机快递是指通过无线电遥控和自控装置操纵的无人机运载快递包裹,自动送达目的地的快递方式。主要用于解决偏远地区的配送问题,提高配送效率,同时减少人力成本。

目前,无人机快递尚在发展阶段,有其独特的优势,也存在一些问题。

1) 无人机快递的优势

(1) 直线距离最短。无人机在空中飞行路线为直线,距离最短,几乎无视地形,没有传统快递配送的运输路线局限性。

(2) 运营成本较低。成本相对较低,节省人力和时间成本。预计未来实现定型和规模化之后,配送成本将下降 40%～50%。

(3) 速度快,效率高。当前无人机在物流行业主流速度在每小时几十千米到上百千米不等,而且无人机有效地利用了空间,没有堵车风险。

(4) 适用于小批量、高频次运输。

(5) 适用于偏远地区和紧急件的派送。

2) 无人机快递存在的问题

(1) 初始投资成本较高。目前无人机快递的应用成熟度还不高,各类传感器、电池、电动机等设备硬件成本较高,导致初始投资成本较高。

(2) 电池续航时间短,载重有限。多数电动无人机的续航时间在半小时以内,载重量超过 10kg 的机型较少。

(3) 有效荷载较低。受制多旋翼无人机的自身局限性,导致有效荷载较低。以亚马逊和 DHL 为例,其有效荷载均在 2～3kg。

(4) 容易受天气影响。

(5) 国家监管较为严格。世界各国针对无人机、无人机驾驶员、无人机空域等都有严格要求。

3) 目前已成功应用的无人机快递

(1) 兰德智库:多个配送中心＋无人机＋X 的结合体。当城市有多个配送中心而非一个中心位置的配送中心,所需无人机数量总数会急剧减少。除了无人机外,还有不同的载具。例如,无人机—卡车结合体,卡车可以扮演移动无人机中心的角色。

(2) 沃尔玛:空中仓库。空中仓库类似飞艇,飞行高度约 300m,由无人机驾驶员自主或远程操作,使用充气载体飞机和无人驾驶飞机系统分发产品。

(3) 亚马逊:多层无人机物流中心。通过中心垂直设计建造、无人机转子上增加叶片、在无人机上增加冗余动力的方式,来解决人口密集区设立配送中心、噪声及安全的问题。

(4) 顺丰:三段式空运网络。"大型有人运输机＋支线大型无人机＋末端小型无人机"三段式空运网络实现 36h 通达全国。

(5) 苏宁:末端补充。补充偏远地区末端配送的运力,提升快递到村的覆盖和时效。

(6) 京东:短途物流。短途航空物流网络,包含干线、支线、末端配送的无人机三级物流网络。

(7) Flytrex:云系统｜无人机直送。Flytrex 服务的是基于云的无人机管理系统。推出了世界上最早的实用性城市无人机配送服务。Flytrex 将递送到客户的后院。客户可以通过智能手机,看到无人机预计到达时间和位置。当无人机抵达目的地,客户将收到通知,当客户准备好接收并按下"接收快递"的按键时货物会降落到地面。

2. 无人机快递系统

目前,无人机快递发展尚未成熟,所以无人机快递系统版本较多,常见系统如图 9-19 所示,其核心模块由快递无人机、自助快递柜、快递盒、快递集散分点、快递集散基地和区域调度中心等部分组成。

(1) 快递无人机。无人机通过网络与调度中心和自助快递柜等进行数据传输,实时地向区域调度中心发送自己的地理坐标和状态信息,并接收区域调度中心发来的指令和目的

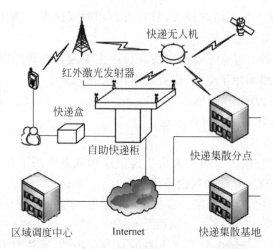

图 9-19 无人机快递系统

坐标,然后自动飞行到自助快递柜。

(2) 自助快递柜。自助快递柜引导无人机降落,而且向区域调度中心发送该柜的快递列表信息和无人机等候信息。自助快递柜会与用户联系快递情况,用户也可以通过自助快递柜投送快递。

(3) 快递盒。快递盒主要用于封装快递,便于无人机携带,以及对快件的身份识别。快递盒空闲时放置在区域快递柜的快递盒架上,可供用户自行取用。

(4) 快递集散分点。分点负责不同区域间快递的集散功能。

(5) 快递集散基地。异地快递在抵达本区域后先运往快递集散基地,基地将快递按片区分类,将快递信息发送到区域调度中心。

(6) 区域调度中心。区域调度中心统一管理本区域所有快递的接收与投放,同时对无人机进行调度。

3. 无人机快递流程

由于无人机续航能力低、快递业务面积广、通信手段不成熟等因素,业内一般将整个快递系统划分为若干区域,区域内部独立运作,区域之间协同运作,保障无人机快递系统的运行通畅。

无人机快递系统中,对无人机的调度是关键。调度的核心是建立无人机状态列表和自助快递柜状态列表,无人机状态列表包括无人机编号、当前坐标、当前任务状态、运行状态、续航能力等信息。自助快递柜状态列表包括快递柜编号、地理坐标、运转状态、拥塞程度等信息。

调度流程的步骤如下。

(1) 无人机实时地向区域调度中心发送状态信息,区域调度中心实时更新无人机状态列表。

(2) 快递柜收到快递后向区域调度中心发送收件信息,区域调度中心更新快递投送表。

(3) 从快递投送表中取出优先级最高的快递编码,及其所在的快递柜编号和目的快递柜编号。

(4) 从所在快递柜的无人机到达时刻表中取出具备续航能力且最快到达的无人机

编号。

(5) 区域调度中心向此无人机发送指令,给出收件坐标位置和投件坐标位置。

(6) 无人机到达目标位置后,向快递柜发送着陆请求。

(7) 利用 GPS 定位系统,快递柜精确引导无人机对接着陆装卸快件。

(8) 无人机装卸后将向区域调度中心发送快递到位报告。

(9) 无人机如任务未完,或有其他任务将继续进行任务。

(10) 无人机如无其他任务,将接收快递柜引导停靠临时停机台的让位指令,快递柜会在收到其他无人机发出着陆请求时发出让位指令。

(11) 快递柜在快递入柜后将向区域调度中心发送快递到位确认报告,并同时向用户发送手机短信,提醒用户及时收取。

(12) 超过系统设定时限未被取走的快递将按照无人查收的方式退回原地,并短信通知用户。退回后超时无人取走的快递将送往就近的快递集散分点储存。

9.1.8 其他民用领域的应用

1. 石油和天然气领域

1) 石油天然气巡检

(1) 无人机在待巡检的石油管道上空沿线飞行,自动飞行模式下,用内置高清摄像机指向待巡检的石油管道,采集管道详情影像并通过无线远距离实时回传至地面站。通过 3G 网络传输功能,还可将无人机视频影像实时传输至石油企业在全球任何地点的手机终端或指挥中心。

(2) 无人机在待巡检的石油管线上飞行,将管线情况拍摄成高清照片,将照片导入专用软件后,可进行照片的拼接、处理,绘制出完整的管线航测图。

(3) 夜间可以配置无人机载红外热像仪实现巡检。

2) 钻塔检查

用无人机来检查钻塔,代替约有 40 层楼房高的脚手架,省时省力,节约成本。用无人机检查还可以提高工作的安全性,有助于避免石油泄漏。

2. 检查太阳能电板

太阳能发电厂总占地面积大,操作人员若想要步行检查十分困难。利用无人机检查太阳能发电站省时又省钱。无人机可以自动飞到每一块发电板附近仔细盘查。由于受损发电板无法吸收太阳能,因此比其他完好的发电板温度更高。设备人员通过无人机拍摄的热图像即可得知哪些太阳能板已经受损。

3. 新闻采集

美国有线电视新闻网络已经获得由美国联邦航空管理局颁发的牌照,将测试配备摄像头、用于新闻报道的无人机。在我国,2013 年芦山地震抗震救灾中,央视新闻就采用深圳某公司自主研发的某款无人机拍摄了灾区的航拍视频。

4. 保护野生动物

位于荷兰的非营利组织影子视野基金会等机构正在使用经过改装的无人机,为保护濒危物种提供关键数据,该无人机已在非洲投入广泛使用。经过改良的无人机还能够被应用于反偷猎巡逻。英国自然保护慈善基金皇家鸟类保护协会也将越来越多的无人机应用于鸟类和自然栖息地的保护工作。

5. 提供网络服务

早在2014年Google就收购了无人机公司Titan Aerospace,目前研制成功并开始测试无人机Solara 50和60,通过吸收太阳能补充动能,在近地轨道持续航行5年而不用降落,Titan表示通过特殊设备,高空无人机最高可提供每秒高达1GB的网络接入服务。Facebook也收购了无人机产商Ascenta,成立Connectivity Lab,开发包括卫星、无人机在内的各自互联网连接技术。

6. 抢险救灾

1) 无人机救灾的特点

(1) 安全性:灾难现场危机重重,没有事先勘察直接进入十分危险。

(2) 高效性:灾难发生每多一秒都可能是一个生命的消失。

(3) 灵活性:因为突发灾难会造成交通阻断,普通车辆无法快速到达现场,了解实时灾情。

2) 无人机救灾的优势

(1) 响应快速。一旦发生重大或特别重大级别的突发事件,迅速成立紧急救灾专项小组,派遣专项小组前往事发现场,快速处理客户系统紧急报警与现场支援。无人机不但有较快的反应能力,而且对环境和气象条件有较强的适应性,受阴、雨、雾等天气条件的限制比航标船更小。

(2) 采集现场数据。无人机通常配置的基本设备是多媒体采集系统,负责完成视频、音频数据的采集,无线传输到地面的接收机。其机载摄像机能够对视频数据进行编码压缩,以图像方式把视频数据送回航标处运保中心。如果配置高清晰度的数码摄像机,能够对现场进行高质量的视频采集以及音频的实时采集。

(3) 现场支援。无人机能够携带一些重要的设备从空中完成特殊任务,如搭载扩音设备对现场进行喊话,向现场群众及时传递有关信息;搭载生命探测仪帮助搜寻生命迹象,使救援队伍更迅速、安全地采取救援行动;可将救援物资直接空投到需要的地方,为偏远地区运送医疗用品、食品和其他材料,帮助那些道路无法通行地区的群众及时获得救援物资。

(4) 跟踪事件的发展态势。由于无人机使用方便、快捷,到达现场之后能够迅速展开工作,并能够不间断地跟踪事件的发展,利于运保中心及时掌握事件态势。

9.2 无人机在军、警领域的应用

9.2.1 军用无人机

1. 靶机

靶机是指作为射击训练目标的一种军用飞行器,如图9-20所示,利用遥控或预先设定好的飞行路径与模式,于军事演习或武器试射时模拟敌军之航空器或来袭导弹,为各类型火炮或是导弹系统提供假想的目标与射击的机会。

靶机上的核心和专门设备有飞行控制系统(包括程序控制或无线电指令控制)、射击准

图 9-20 靶机

确性的测定装置、向地面传送飞行参数的无线电遥测装置、模拟敌典型空袭兵器的红外线辐射、有效散射面积的设备和无线电干扰模拟设备等。靶机还需配备一系列辅助技术设备,与靶机一起配成一套靶标综合设备。

靶机可按使用性质、机型大小、动力装置、控制方式和飞行性能等方式进行分类。

1) 按使用性质分类

(1) 作用部队训练用靶。初级的活塞螺桨式航模靶机,如美国诺思罗普训练靶公司的 MQM-33 和 MQM-36 等。仿形靶是一种低速靶,使用活塞螺桨发动机,如米格-27 仿形靶等。

(2) 防空兵器实验、鉴定用靶。高性能动力靶,如美国"火蜂""石鸡"系列靶机,英国的"小鹰"靶机等。其中也包括具有代表性的退役有人机改装成的靶机。

2) 按机型大小分类

(1) 微型。空机重量小于 0.25kg,设计性能同时满足飞行真高不超过 50m、最大飞行速度不超过 40km/h 的无人机。

(2) 轻型。同时满足空机重量不超过 4kg,最大起飞重量不超过 7kg,最大飞行速度不超过 100km/h 的无人机。

(3) 小型。空机重量不超过 15kg,或最大起飞重量不超过 25kg 的无人机。

(4) 中型。最大起飞重量超过 25kg 不超过 150kg,且空机重量超过 15kg 的无人机。

(5) 大型。最大起飞重量超过 150kg 的无人机。

3) 按动力装置分类

(1) 活塞螺桨推进靶。一般用于微小型训练靶,其飞行速度低、高度低。

(2) 涡轮喷气发动机动力靶。一般用于中大型靶机,具有高空和超低空大范围工作高度、高速、可变速、续航时间在 2h 左右等飞行性能。

(3) 冲压式喷气发动机或火箭发动机动力靶。具有高速、续航时间短等特点,如 D-21/GTD-21B、AQM-127A、AQM-81A 等。

4) 按控制方式分类

(1) 无线电指令遥控靶。是小型训练靶,属于几乎都可回收、可重复使用的低速靶。

(2) 自主控制靶。指那些全程按程序编制的指令控制飞行的靶机,有些属于消耗型,如美国的 AQM-37A。

(3) 组合控制靶。现代靶机的代表,是一种无线电遥控与自主控制相组合的控制靶,近距离实施无线电遥控,进入打靶程序飞行路线后改用机上计算机指令控制,靶机即按预定飞行路线飞行。

5) 按飞行性能分类

(1) 高空高速靶机。也称高空超音速靶机,是用来模拟高空高速入侵目标,如高空高速侦察机、中远程战略轰炸机、高性能战斗轰炸机或空对地导弹。

(2) 低空高速靶机。用于模拟巡航导弹、空地导弹或反舰导弹,也可以模拟水面高速快艇。

先进的多用途靶机,大多为亚音速,也称先进亚音速靶机,采用涡轮喷气发动机或涡扇发动机的中大型靶机。它具有多用途、多功能等特点,可模拟从有人机到反舰导弹等多种性能的威胁目标,具有大速度范围、大高度范围、机动性强、续航时间长的飞行性能,它们代表先进靶机的主流,也是未来靶机的发展趋势。如"火蜂"系列、"石鸡"系列、MQM-107变速机、英国的"小鹰"、法国的 C.22、意大利的"米拉奇"系列等都属此类靶机。

2. 侦察无人机

侦察无人机是指专门用于获取情报的军用无人机,如图 9-21 所示。侦察无人机是侦察卫星和有人侦察机的重要补充与增强手段。它与侦察卫星相比,具有成本低、侦察地域控制灵活、地面目标分辨率高等特点;与有人侦察机相比,具有可昼夜持续侦察的能力,不必考虑飞行员的疲劳和伤亡等问题,特别在对敌方严密设防的重要地域实施侦察时,或在有人驾驶侦察机难以接近的情况下,使用侦察无人机就更能体现出其优越性。

图 9-21　侦察无人机

1) 关键技术

(1) 气动技术。由于对飞行性能以及雷达反射面积等有特殊的要求以及不用考虑飞行员等因素,因此对气动技术有特殊要求。

(2) 动力技术。侦察无人机一般要求长航程,因此必须采用高效率的动力技术。

(3) 通信技术。宽带、大数据流量的数据链技术可以使侦察无人机远距离快速传输信息。

(4) 发射回收。不依赖跑道起降发射和回收,侦察无人机将具有更大的竞争力。

(5) 小型化。更加先进和小型化的侦察无人机,将更加适应于侦测敌情。

2) 各国经典侦察无人机

(1) 中国的无侦-5 型无人远程侦察机、无侦-9/-2000、天翅高空侦察无人机。

(2) 以色列的"搜索者"侦察无人机。

(3) 美国的"全球鹰"侦察无人机、超音速侦察无人机、幻影射线侦察无人机。

(4) 英国的"不死鸟"侦察无人机。

(5) 苏联的 243 侦察无人机。

(6) 土耳其的"安卡"侦察无人机。

(7) 法德合作的"月神"近程侦察无人机。

3. 诱饵无人机

诱饵无人机是指携带雷达回波增强器或红外模拟器，模拟空中目标，欺骗敌方雷达和导弹，引诱敌防空兵器射击，掩护己方机群突防的一类军事无人机。

诱饵无人机最有名的是 ADM-20 诱饵无人机，如图 9-22 所示，这是一种亚音速、喷气动力、空射诱饵巡航无人机，由 B-52 战略轰炸机携带，设计用来在敌方的雷达屏幕上呈现成轰炸机的形态，继而干扰并使敌方防空系统失效。

美国雷神公司设计的 MALD-J，如图 9-23 所示，是一个飞航式诱饵，能在敌方雷达上模拟北约军机的雷达和飞行特征，消耗对方防空力量。已从 2010 年起装备 F-16 和 B-52 战机。

图 9-22　ADM-20 诱饵无人机

图 9-23　MALD-J 诱饵无人机

诱饵无人机重量不超过 136kg，内装 36kg 燃料，航程约 805km，滞空时间超过 2h，因此完全可以发射到敌方防区内执行电子攻击任务。它的最大飞行高度达 11km，飞行速度 245~1100km/h，由于外形尺寸较小，难以探测，因此它还可以利用这一优势接近目标地域，而有人机和较大的无人机容易被雷达探测和跟踪，都无法做到这点。诱饵无人机是各种任务的理想执行者，包括使用电磁脉冲技术攻击电子设备，瘫痪、终端或毁伤各种传感器、雷达和计算机设备。

4. 电子对抗无人机

电子对抗无人机是指通过在无人机上安装有源相控阵雷达或直接将无人机作为杂波铝箔片，对敌人造成饱和式对抗或干扰敌人的雷达杂波。一方面，使敌人的雷达显示过滤界面造成混淆或变成雪花片，成为聋子。另一方面，对敌人的反导系统造成饱和式攻击，使其丧失战斗力。对敌方飞机、指挥通信系统、地面雷达和各种电子设备实施侦察与干扰。

目前，随着电子对抗手段的多样化，无人机在电子对抗中的运用越来越广泛。通过无人机对敌重点区域进行抵近侦察、定位，可获得较为精确的敌方目标分布情况，利用无人机对敌方通信设施实施干扰，可使得敌方指挥通信系统瘫痪。无人机在电子对抗中发挥了较大的作战效能，因此开展电子对抗无人机的应用研究颇具军事意义。

1）电子对抗无人机的特点

电子对抗无人机除了高机动性、长航时、低成本等特点以外，还有以下特点。

（1）侦察优势。具体如下。

① 精度优势。无人机的雷达有效反射面积较小，光学可探测性低，隐身性能好，可更接近目标进行侦察。

② 距离优势。相比地面电子侦察设备，无人机可对目标实施抵近侦察，侦察目标范围扩大。

③ 设备优势。对目标实施抵近侦察降低了设备的灵敏度要求。

（2）干扰优势。对目标实施抵近侦察可以较小的干扰功率获得较强的干扰效果。

（3）具备优良的滞空能力。可实施较长时间不间断侦察干扰。

2）常用电子对抗类无人机介绍

（1）ASN-206系列无人机，如图9-24所示，是目前我国常用的一种战术无人机，采用发射车导轨发射，降落伞回收。其最大飞行速度210km/h左右，留空时间8～10h，航程600km。

（2）BQM-147A"敢死蜂"无人机是美国的一种低成本、消耗型多用途小型无人机。续航时间2.5h，续航速度72～121km/h，使用高度范围915～1525m，最大任务载荷17.2kg。

图9-24　ASN-206系列无人机

5. 攻击无人机

攻击无人机是指攻击、拦截地面和空中目标的一类无人机。攻击无人机携带有小型和大威力的精确制导武器、激光武器或反辐射导弹，对敌雷达、通信指挥设备、坦克等重要目标实施攻击以及拦截处于助推段的战术导弹。对敌方飞机、指挥通信系统、地面雷达和各种电子设备实施侦察与干扰。

1）特点及分类

（1）按使用次数分类，具体如下。

① 多次性使用型。以大中型无人机为主，机上携带导弹、鱼雷、炸弹或其他武器，可回收，多次使用。

② 一次性使用型。以中小型无人机为主，攻击目标时与目标"同归于尽"。

（2）按有效载重和起飞重量分类，具体如下。

① 大型攻击无人机。如美国"捕食者"系列无人机中A型与B型的最大任务载荷分别为204kg和1724kg。

② 中型攻击无人机。如美国"猎人"无人机最大任务载荷约91kg。

③ 小型攻击无人机。如法国"麻雀"无人机可作为一次性的自杀性攻击武器。

2）攻击型无人机发展的关键技术

（1）气动、结构、隐身一体化综合设计技术。

（2）无人机与攻击武器匹配与兼容性设计技术。

（3）无倾斜水平转弯技术。

（4）武器投掷前后气动力平衡控制技术。

（5）大角度俯冲攻击技术。

（6）高性能动力装置设计技术。

（7）多种任务设备综合控制技术。

（8）武器和设备的小型化技术。

3）发展方向

（1）发展高速攻击型无人机。

（2）发展隐身攻击型无人机。

（3）发展具有远距离攻击能力的攻击型无人机。

（4）发展对空攻击型无人机。

（5）发展高度智能化攻击型无人机。

（6）发展多用途攻击型无人机。

6. 无人战斗机

无人战斗机是一种全新的空中武器系统，如图 9-25 所示，无人作战飞机从过去主要是执行空中侦察、战场监视和战斗毁伤评估等任务的作战支援装备，升级成为能执行压制敌防空系统对地攻击，可以执行对空作战的主要作战装备之一。现阶段主要功能是实施防空压制和纵深打击。20 世纪 90 年代，美国将其列入军事装备发展计划，引起各国军界极大关注，掀起了世界范围的研制无人战斗机热潮。无人战斗机的速度将达到 12～15mach，既可用于对地攻击，又可用于空战，还可用于反战术导弹。

图 9-25　无人战斗机

7. 信息中继无人机

信息中继无人机是指作为中继平台进行通信的无人机。与卫星相比，无人机具有灵活机动、成本低、维修方便等特点。

基于无人机中继通信的实际应用环境以及双向中继信道模型,可将地面终端、中继无人机、任务无人机构成的无线中继链路建立为非对称双向中继信道模型,如图9-26所示,节点A为地面终端,节点R为中继无人机,节点B为任务无人机。节点A通过节点R向节点B发送指令信息,节点B通过节点R向节点A发送遥测信息,节点A和节点B之间没有直接链路。

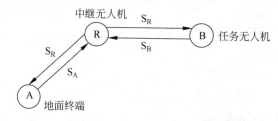

图9-26 信息中继无人机模型

无人机航空遥感平台可广泛应用于减灾应急勘察、城乡规划勘察测图、农业用地/建设用地土地资源调查、森林草场资源调查、防火巡查与应急勘察、城乡建设/土地利用执法监察、生态环境调查评估、环境污染和环境事故监测调查、输电线路巡线、农业保险、林业保险和工程保险等财产保险的承保理赔勘察等领域。

8. 其他军用无人机

其他用途的无人机还可以用于目标鉴别、激光照射、远程数据传递的空中中继站、反潜、炮火校正和远方高空大气的测量以及对化学、细菌污染和核辐射的侦察等。

9.2.2 警用无人机

1. 警务监控

目前,我国陕西、广西、江西、湖北、山东和浙江等地的交通部门陆续将无人机投入交通监控,推动智慧交通建设。一种典型的警务监控无人机如图9-27所示。

图9-27 警务监控无人机

在违规查处方面,无人机为执法人员提供了一个更广阔的视野,提高了执法效率,除此之外,无人机还具备以下重要作用。

(1) 航拍事故现场,实现画面还原。交管可以利用无人机获得直观画面,从而准确掌握涉事车辆的最后位置,更迅速地还原交通事故发生时的场景,为事故责任认定提供数据支持。

(2) 疏通道路,快速排堵。在高速公路发生拥堵或重大事故时,拥堵车辆可能会长达数千米,人力很难在短时间内抵达核心区域发现问题所在,而无人机却可以快速采集完整现场信息,明确堵点,促进疏导工作的展开。

(3) 流量统计,优化交通管理。无人机可以对主要路口和重要路段进行全方面高空视频采集,并长期保存以供大数据分析使用,从而便于交警部门根据长期流量情况做出调整,比如,重新设定路口信号灯配时提高通行效率。

2. 环境监测

无人机在环保领域的应用主要有以下3方面。

(1) 环境监测。观测空气、土壤和水质状况,也可以实时快速跟踪和监测突发环境污染事件的发展。

(2) 环境执法。环检部门利用搭载了采集与分析设备的无人机在特定区域进行巡航,检测企业工厂的废气与废水排放,寻找污染源。

(3) 环境治理。利用携带了催化剂和气象探测设备的柔翼无人机在空中进行喷洒,与无人机洒播农药的工作原理一样,在一定区域内消除雾霾。

用于环境监测的无人机,需要在无人机上搭载遥感系统和大气监测传感器,用于检测空气质量。例如,气体滤光分析器、红外干涉仪、傅里叶变换干涉仪、可见光辐射偏振仪和激光雷达等;另一种是基于泵吸式点状采样监测模式的机载气体监测设备,如粒子探测仪、差分吸收光谱探测系统和电化学类气体监测设备等。一种典型的环境监测无人机如图9-28所示。无人机具有不受空间和地形限制、时效性好、机动性好、巡查范围广等特点,便于执法部门查找污染源头并测试污染程度。

图 9-28　环境监测无人机

3. 刑事追捕

无人机还可应用于罪犯的追捕,一种典型的刑事追捕无人机如图9-29所示,无人机可以第一时间到达事发现场,通过可见光视频和红外热成像等机载设备,对嫌疑人进行动态跟踪,将犯罪嫌疑人的武器装备、人员数量等第一现场情况及时回传指挥部,为制订行动方案提供决策依据。

4. 海洋监测

1) 灾害监测

利用无人机搭载遥感传感器摄取目标区影像、搭载摄像设备拍摄现场实时视频,比其他常规手段获取监测信息更加快速、客观和全面,能够做好"灾前预报、灾中监控、灾后评估"的监测效果。一种典型的海洋监测无人机如图9-30所示。

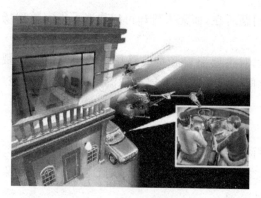
图 9-29　刑事追捕无人机

图 9-30　海洋监测无人机

灾前预报：利用无人机在灾害频发时段加强对海域的巡检，视察防暴大堤是否受损，调查浒苔、赤潮、海冰的分布，预测走向，及时向可能受到危害的地区发布灾害预警；并且可通过长时间的观测，掌握灾害发生的规律，以便在后期做到提前预知，采取应对措施。

灾中监控：在海洋灾害发生时，一方面，通过无人机调查灾害发生的范围、程度，制订合理的消灾方案；另一方面，利用无人机在空中获取的实时遥感影像、视频，布置消灾方案，指挥消灾任务，观察消灾成效。

灾后评估：与 GIS 技术相结合，对无人机获取的受灾海域遥感数据分析，提取受灾范围、受灾等级、损失程度等量化信息，指导灾后补救和后期防范。

2）海洋测绘

港口、河流入海口、近海岸等水陆交界地带是人类活动相对频繁的海域，在人为因素和自然环境因素的作用下，这些区域的地形地势变化也比较频繁。在人为因素方面，随着经济的发展和需求，人们对水陆交界海域的开发利用度不断增强，如填海造地、养殖区扩展、港口平台搭建等；在自然环境因素的作用下，海岸侵蚀造成海岸线变更，入海口冲击、淤积等原因造成入海口地形变更。加强对这些海域的测绘，对指导人们的开发和利用具有重要意义。

利用无人机进行海洋测绘，比传统的测绘方法速度快，并能深入海水区域，获取的遥感数据具有更高的空间分辨率，可以完成大比例尺制图。从无人机遥感影像中可以提取海岸、入海口、港口等海域的轮廓线及其变化，结合 GIS 技术对面积、长度、变化量等量化分析并预测变化趋势。在填海造地时，利用无人机搭载 LiDar 实时测量填造区域，指导工程的实施。利用 SAR 和高光谱遥感数据可以探测浅海区域的海底地形，绘制海底地形图。利用 LiDar 数据建立海岸线 DEM，为风暴潮的预警提供参考。在海岛礁测绘中，利用无人机同时搭载 LiDar 和光谱传感器获取多源数据，提取海岛礁的轮廓线、面积、DEM、覆被类型等信息，可建立三维海岛礁模型。

3）海洋参数反演

海洋是全球气候变化中的关键部分，海表温度、盐度、海面湿度等环境参数是全球气候变化、全球水循环、海洋动力学研究的重要输入参数。遥感技术是快速大范围监测海洋环境参数的有效手段，可以对海洋长时间连续观测，为气候变化、水循环和海洋动力等研究提供依据数据。

无人机可以监测局部重点海域的环境参数，是卫星遥感大范围监测的重要补充，为海洋区域气候、海洋异常变化、海洋生物环境、入海口海水盐度变化、沿海土地盐碱化等研究提供数据信息。无人机获取的海洋环境参数还可以为海上油气平台、浮标、人工建筑等耐腐蚀性、抗冻性研究提供数据支持。

无人机配备微波辐射计、热红外探测仪、高光谱成像仪等传感器探测海洋得到遥感数据，利用海洋参数的定量遥感反演模型反演海洋的各个参数。目前，反演模型大多是统计模型，利用遥感数据与反演的海洋参数之间建立起统计关系，通过统计回归的方法可以反演得到海洋温度、湿度、盐度等环境参数。

4）海事监管

无人机配备高清照相机、摄像机及自动跟踪设备，可以执行海上溢油应急监控、肇事船舶搜寻、遇险船舶和人员定位与海洋主权巡查等任务，能够快速到达事故现场，立体地查看事故区域、事故程度、救援进展等情况，即刻回传影像和视频，在事故调查、取证等工作中为事故救援决策提供实时、准确的信息，监视事故发展，是海事监管救助的空中"鹰眼"；而且由于无人机的特殊性，抗风等级大，遥控不受视觉条件限制，比舰载有人直升机更适于恶劣天气下的搜寻救助工作；一旦发生危险，不会危及参与搜救人员的生命，最大限度地规避了风险，是海洋恶劣天气下搜寻救助的可靠装备。目前，我国利用无人机进行海域巡检、监管已经开始进入业务阶段。

5. 边境巡逻

一方面，我国边境地区地形复杂，走私、偷渡通道就隐藏在这些交通不便的地区之间，边境线长、面积大、地形复杂都给边防管控带来了巨大的挑战。另一方面，沿海港口、内陆铁路、口岸边检站出入境货轮、列车等交通运输工具的监护任务，货轮列车体形庞大，实施随船、随车监护时检查员从船体、车体头部走到尾部需要很长时间，整体把握船员和列车员的活动情况存在一定困难。

小型无人机通过地面站软件设置飞行路线，可实现高效的边境巡逻，在边境山林地区，可以采用无人机进行低空搜索，每隔一定距离自动拍摄一组高清照片，通过对照片进行分析，一旦发现嫌疑人活动区或窝点，随派遣警用直升机和相关人员去该区域详细侦察；对于各类突发事件，无人机能够实时跟进事件的发展态势，采集现场数据，帮助指挥中心不断指挥处理；进行随船、随车监护时，可以采用无人机在货轮、列车行进方向上配合检查员工作，随时调动无人机前往不同位置对船体进行全方位、多角度动态监控。

将无人机应用于边境巡逻，实现了360°无死角监控，解决了边境指挥、监控难的问题，有力提升边境管控能力。一种典型的边境巡逻无人机如图9-31所示。

6. 抢险救援

无人机具有成本低、易操纵、高度灵活性等优点，适用于抢险救援工作。无人机能够携带一些重要的设备从空中完成特殊任务，比如，空中监测、空中监视、空中转信、空中喊话、紧急救援等。在执行特殊任务时，一般不会造成人员伤亡，生存能力强、机动性能好、使用方便，在处理自然灾害、事故灾难以及社会安全事件等方面能发挥出重要作用。

搭载高清相机的无人机能够及时获取现场信息，为后续人力工作提供信息支持，尤其是存有危险化学品的地区，随时可能发生突发事故，无人机可以先于消防人员奔赴现场，实现

图 9-31 边境巡逻无人机

科学勘察。此外,无人机搭载红外热成像传感器,可用于查找热源,做到提前发现、提前控制;也适用于灭火后寻找热区,避免重燃。无人机搭载灭火弹则可以实施小规模灭火,尤其适合高层建筑物扑救。

参 考 文 献

[1] 吴森堂.飞行控制系统[M].北京:北京航空航天大学出版社,2013.
[2] 段连飞,章炜,黄瑞祥.无人机任务载荷[M].西安:西北工业大学出版社,2017.
[3] 程多祥.无人机移动测量数据快速获取与处理[M].北京:测绘出版社,2015.
[4] 王宝昌.无人机航拍技术[M].西安:西北工业大学出版社,2017.
[5] 郭学林.航空摄影测量外业[M].郑州:黄河水利出版社,2011.
[6] 张宇雄.电动模型飞机动力系统配置[M].北京:北京航空航天大学出版社,2015.
[7] 于坤林,陈文贵.无人机结构与系统[M].西安:西北工业大学出版社,2016(2018年重印).
[8] 邓非,闫利.摄影测量实验教程[M].武汉:武汉大学出版社,2012.
[9] Terry Kilby,Belinda Kliby.自己动手制作无人机[M].姚军,等,译.北京:机械工业出版社,2017.
[10] 鲁道夫·乔巴尔.玩转无人机[M].吴博,译.北京:人民邮电出版社,2015.
[11] 鲍凯.玩转四轴飞行器[M].北京:清华大学出版社,2015.
[12] 贾玉红.航空航天概论[M].北京:北京航空航天大学出版社,2013.
[13] 段连飞.无人机图像处理[M].西安:西北工业大学出版社,2017.
[14] 美国 Make 杂志.爱上无人机:原料结构、航拍操控与 DIY 实例精汇[M].陈立畅,等,译.北京:人民邮电出版社,2017.
[15] 万刚,等.无人机测绘技术及应用[M].北京:测绘出版社,2015.
[16] 王永虎.直升机飞行原理[M].成都:西南交通大学出版社,2017.
[17] 孙毅.无人机驾驶员航空知识手册[M].北京:中国民航出版社,2014.
[18] 杨华保.飞机原理与构造[M].西安:西北工业大学出版社,2016.
[19] 贾忠湖.飞行原理基础[M].北京:国防工业出版社,2016.
[20] 邢琳琳.飞行原理[M].北京:北京航空航天大学出版社,2016.
[21] 刘星,司海青,蔡中长.飞行原理[M].北京:科学出版社,2016.
[22] 杨浩.城堡里学无人机原理、系统与实现[M].北京:机械工业出版社,2017.
[23] 陈康,刘建新.直升机结构与系统(ME-TH、PH)[M].北京:清华大学出版社,2016.
[24] 陈金良.无人机飞行管理[M].西安:西北工业大学出版社,2014.
[25] 马丁·西蒙斯.模型飞机空气动力学[M].北京:航空工业出版社,2007.